JN069819

自分でつくる

Access

販売・顧客・帳票 **管理**システム

2021/2019/2016、Microsoft 365 対応

きたみあきこ●著

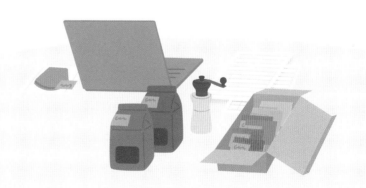

マイナビ

・本書の正誤に関するサポートを以下のサイトで提供していきます。

サンプルデータダウンロードについてもこのサイトをご確認ください。

https://book.mynavi.jp/supportsite/detail/9784839977399.html

ご注意

- 本書の動作確認環境はAccess 2021、2019、2016で行っており、画像は2021で撮影しています。
  これ以外の環境については操作が異なる場合がありますのでご注意ください。
- 本書は執筆段階（2022年4月）の情報に基づいて執筆されています。本書に登場する製品やソフトウェア、サービスのバージョン、画面、機能、URL、製品のスペックなどの情報は、すべてその原稿執筆時点でのものです。執筆以降に変更されている可能性がありますので、ご了承ください。
- 本書に記載された内容は、情報の提供のみを目的としております。したがって、本書を用いての運用はすべてお客様自身の責任と判断において行ってください。
- 本書の制作にあたっては正確な記述につとめましたが、著者や出版社のいずれも、本書の内容に関して何らかの保証をするものではなく、内容に関するいかなる運用結果についても一切の責任を負いません。あらかじめご了承ください。
- 本書中の会社名や商品名は、該当する各社の商標または登録商標です。
  本書中では™および®は省略させていただいております。

はじめに

　たくさんのデータが飛び交う企業活動の中で、業務を円滑に進めるために、煩わしいデータ管理を効率化したいと思ったことはないでしょうか。そのためには、データを体系立てて整理し、データベース化する必要があります。さらに、そのデータベースを部署内のみんながスムーズに操作できるように、システム化する必要もあります。

　そのような目的を叶えてくれるのが、Microsoft（マイクロソフト）社の「Access」（アクセス）です。Accessは一般のパソコン向けのデータベースソフトなので、小規模な企業や部署、事務所、商店などで、気軽に低コストで利用できます。

　しかし、データベースの知識やAccessの操作方法を身に付けても、自分の業務に合ったデータベースシステムを作り上げるのは難しいものです。Accessの個々の機能を組み合わせて1つの大きなシステムにするには、実際のデータベースの設計や開発の経験がものを言うからです。

　本書は、1冊を通してデータベースシステムの開発を体験していただくAccessの入門書です。「商品管理システム」「顧客管理システム」といった比較的単純なデータベースから始めて、最終的にはそれらを統合した「販売管理システム」を作成します。データを効率よく運用するための考え方はもちろん、だれもが便利に使えるような操作性のよいシステムに仕上げるための方法を解説します。複数税率に対応した消費税の計算方法も紹介します。

　実際に手を動かしながら「販売管理システム」を作成することで経験を積み、ご自身の業務用データベースシステムの開発に活かしていただければ、著者として望外の幸せです。

2022年4月　きたみあきこ

CONTENTS

Chapter 1

Access基礎編

Accessの基礎知識

Chapter 2

Access基礎編

商品管理システムを作ろう

Chapter

3

Access基礎編
顧客管理システムを作ろう

Chapter

4

データベース構築編
販売管理システムを設計しよう

Chapter

5

データベース構築編
受注管理用のフォームを作ろう

Chapter

6

データベース構築編
納品書発行の仕組みを作ろう

Chapter

7

Chapter

8

本書の読み方

本書の構成

本書は以下のChapterで構成されています。

▶ Access基礎編

Chapter 1 **Accessの基礎知識**

Chapter 2 **商品管理システムを作ろう**

Chapter 3 **顧客管理システムを作ろう**

Chapter 1では、そもそもAccessとは?ということから起動の仕方、画面構成などの基本を学びます。ご存知の方は飛ばしてください。

Chapter 2〜3では、商品管理システムや顧客管理システムという比較的小規模のデータベースを作りながら、テーブル、フォーム、オブジェクトといった基本機能の操作と、クエリやマクロといったやや高度な機能の操作を学びます。

▶ データベース構築編

Chapter 4 **販売管理システムを設計しよう**

Chapter 5 **受注管理用のフォームを作ろう**

Chapter 6 **納品書発行の仕組みを作ろう**

Chapter 7 **販売管理システムを仕上げよう**

Chapter 4以降は、Chapter2〜3で作成した2つのシステムと、新たに作成する受注管理システムを統合して、1つの販売管理システムを作ります。

Chapter 7では、Accessに不慣れなスタッフでも扱える「メニュー画面」を作成して仕上げます。

▶ データ分析編

Chapter 8 **販売データを分析しよう**

販売管理システムに蓄積された売上データを、月ごとや商品ごとに集計して売れ筋などを明らかにすれば、今後の販売戦略に役立ちます。さまざまな集計テクニックを身に付けましょう。

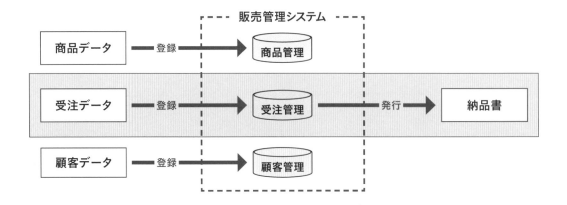

本書の誌面

　本書の誌面構成は以下のとおりです。図版を多く入れて操作をイメージしやすくするとともに、豊富な
コラムでさまざまな知識が身に付きます。

●タイトル
ここで解説したい
操作です。

●サブタイトル
操作の機能名などを
挙げています。

●サンプルファイル
ここで使用するサンプルファイル名
です。

※この誌面は実際とは異なります。

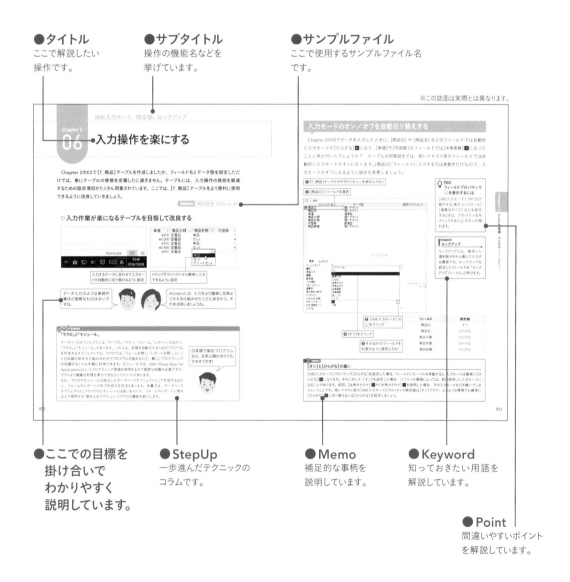

●ここでの目標を
掛け合いで
わかりやすく
説明しています。

●StepUp
一歩進んだテクニックの
コラムです。

●Memo
補足的な事柄を
説明しています。

●Keyword
知っておきたい用語を
解説しています。

●Point
間違いやすいポイント
を解説しています。

サンプルデータのダウンロード

URL

https://book.mynavi.jp/supportsite/detail/9784839977399.html

上記URLを、以下の手順どおりにブラウザーのアドレスバーに入力してください。

❶ ブラウザー（ここではWindows 10の Microsoft Edge）を起動

❷ ここをクリックして、上記URLを入力し、[Enter] キーを押す

❸ 画面をスクロールし、「サンプルデータのダウンロードはこちら」のリンクをクリック

❹ ［開く］をクリック

❺ フォルダーウィンドウが開くので、ファイルをクリック

❻ 展開したい場所（ここでは［デスクトップ]）をクリックすると展開が始まる

❼ ファイルが展開された「mynavi_ access2021」フォルダーをダブルクリックすると、

❽ Chapterごとのフォルダーが表示される（フォルダーの中にサンプルファイルが収録されている）

Point
サンプルファイルを開く際は、通常は「セキュリティの警告」が表示されます。本書 P.28〜29を参照して「コンテンツの有効化」をクリックし、編集できるようにしてください。

Chapter

1

Access基礎編

●

Accessの
基礎知識

本書では、Microsoft Accessを使用して、業務用のデータベースアプリケーションを作成します。このChapterでは、Accessを使うメリットや、データベースの構成要素、Accessの起動方法など、基本事項を学びましょう。

Accessで自作データベースアプリを実現！

● プロローグ

　総合商社の食品部門に在籍するナビオ君は、サポートを担当するコーヒー店の通販事業に乗り出しました。常連客を対象に小規模で始めた事業ですが、徐々に売上が伸び、Excelでのデータ管理に限界が見え始め、ナビオ君は悩みます。

 顧客情報や商品情報をひっくるめて、受注から納品までを一括管理してくれる販売管理アプリがほしい！

　しかし、アプリケーションの開発を専門業者に発注する予算はありません。社内のIT部門に頼むにもコストがかかります。かといって、市販の販売管理ソフトでは、業務にぴったりマッチするとは限りません。

　そんなとき、同社の社内SEとして活躍する大学時代の先輩マイコにアドバイスをもらいます。

Access（アクセス）を使って自作のデータベースアプリを開発してみたら？

　たしかに、自作のアプリなら開発費は抑えられるし、自分たちの業務にピタッとはまる機能を付けることもでき、いいこと尽くめ。

 でも、アプリの開発なんて難しそうなこと、文系人間のボクにできるでしょうか？

Accessはデータベースソフトの中でもユーザーにやさしい使いやすいソフトだから大丈夫。一緒に開発を進めていきましょう。

 はい、よろしくお願いします！

　みなさんも、ナビオ君と一緒にマイコ先輩に教わりながら、データベースアプリケーションの開発を体験してみませんか？　作成するのはナビオ君の業務用アプリケーションですが、Accessの習得と並行してアプリケーション開発の進め方を会得できれば、ご自身の業務用アプリケーション開発の礎となるでしょう。

Excelでのデータ管理には限界がある

　販売管理をExcelで行う場合について、考えてみましょう。保管用の受注伝票や商品に同梱する納品書などは、1回分の受注データを1枚の用紙に印刷することを前提として入力するのが普通です。一方、今月どれだけの売上があったのか、どんな商品が売れているのか、といった情報を得るためには、複数の受注データが表形式で入力されているのが理想です。

　伝票と一覧表の両方を作成するには、同じデータを2回入力する、または一方に入力したデータを他方へコピーする、などの手間がかかり面倒です。注文内容の変更があった場合は、両方の表で正しく修正しなければ、データの整合性が取れなくなります。事業が軌道に乗り、受注数が増えてきたら作業ミスが起きかねません。

▶ 印刷用の受注伝票

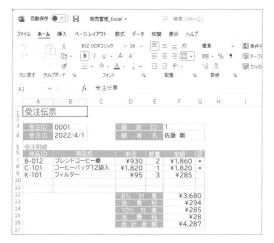

2つの表に同じデータを入力するのは面倒！

2つの表の整合性を保つのは大変！

▶ データ分析用の受注データ

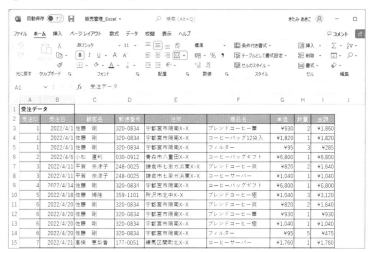

015

Access を使えばこんなに便利！

　Accessは、データベース専門のソフトです。大量のデータを蓄積すること、蓄積したデータをさまざまな用途に活用することが得意です。ここでは、ExcelからAccessに乗り換えるメリットを具体的に紹介します。

▶ データを一元管理できる

　Excelでは、基本的に表に入力したデータをそのまま保存、印刷します。一方、Accessでは、データの保管機能と、表示・印刷機能がそれぞれ独立しています。データを入力すると、保管専用の入れ物に入れられます。画面表示や印刷を行うときは、その入れ物からデータが取り出され、あらかじめ設計してあった位置にデータが印刷されます。つまり、データを1回入力するだけで、同じデータをさまざまな形で表示、印刷することができるのです。

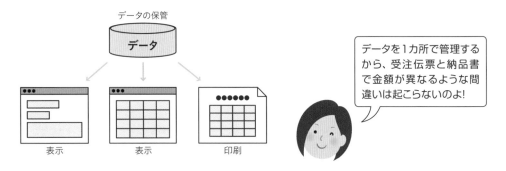

> データを1カ所で管理するから、受注伝票と納品書で金額が異なるような間違いは起こらないのよ！

▶ わかりやすい入力画面や見栄えのよい帳票が作れる

　リスト入力、入力モード自動切り替え、入力チェックなど、入力を補助する機能が充実しており、入力をスムーズに行うための工夫を施した使い勝手のよい入力画面を用意できます。また、表の印刷はもちろん、宛名ラベルやはがき宛名など、用途に合わせた印刷が簡単に行えます。

入力画面

宛名ラベル

● プログラミングの知識がなくても簡単に自動化できる

Excelで処理を自動化するには、英字の命令文を並べた難しいプログラムが必要です。一方Accessには日本語の命令文を並べてプログラムを作成する機能があり、だれでも簡単に処理の自動化を図れます。メニュー画面から目的の画面を呼び出せるようにしたり、一覧表に検索機能を付けたりと、アプリケーションの完成度を高めるのに役立ちます。

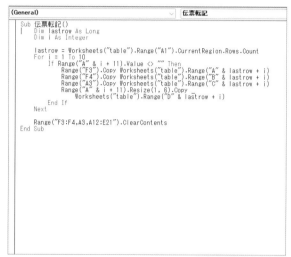

Excelのプログラム

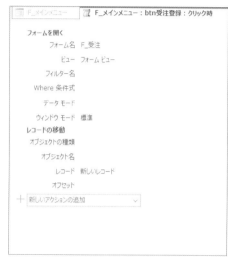

Accessのプログラム

● 大量のデータをサクサク集計してデータ分析できる

Excelはデータ量が多いと処理が非常に重くなりますが、データベースソフトのAccessなら大量のデータ処理もお手の物です。蓄積された中から必要なデータを瞬時に取り出し、商品別、月別、四半期別など、さまざまな項目で集計して、データ分析を行えます。

Q_商品別売上	
商品名	売上高
コーヒーバッグ ギフト B	¥408,000
ブレンドコーヒー華	¥154,380
ブレンドコーヒー極	¥147,680
ブレンドコーヒー爽	¥110,700
コーヒーバッグ ギフト A	¥108,500
コーヒーバッグ12袋入	¥54,600
ブレンドお試しセット	¥30,600
コーヒーサーバー	¥28,160
フィルター	¥11,970
ドリッパー	¥6,960

売れ筋商品を分析

Q_月別売上	
年月	売上高
2022/04	¥35,490
2022/05	¥70,995
2022/06	¥109,230
2022/07	¥83,890
2022/08	¥79,840
2022/09	¥94,175
2022/10	¥88,895
2022/11	¥90,240
2022/12	¥132,250
2023/01	¥112,920

月単位の売上推移を分析を分析

新商品の企画や営業戦略の立案に活かせますね！

商品ID	商品名	第1四半期	第2四半期	第3四半期	第4四半期	合計
B-101	ブレンドコーヒー爽	¥31,160	¥18,040	¥43,460	¥18,040	¥110,700
B-102	ブレンドコーヒー華	¥19,530	¥40,920	¥53,010	¥40,920	¥154,380
B-103	ブレンドコーヒー極	¥31,200	¥27,040	¥62,400	¥27,040	¥147,680
B-201	ブレンドお試しセット	¥5,400	¥9,900	¥5,400	¥9,900	¥30,600
C-101	コーヒーバッグ12袋入	¥20,020	¥9,100	¥16,380	¥9,100	¥54,600
C-201	コーヒーバッグ ギフト A	¥28,000	¥24,500	¥31,500	¥24,500	¥108,500
C-202	コーヒーバッグ ギフト B	¥68,000	¥115,600	¥88,400	¥136,000	¥408,000
K-101	フィルター	¥2,755	¥3,135	¥2,945	¥3,135	¥11,970
K-102	ドリッパー	¥2,610	¥870	¥2,610	¥870	¥6,960
K-103	コーヒーサーバー	¥7,040	¥8,800	¥5,280	¥7,040	¥28,160

商品別の売上推移を分析

本書で作成する販売管理システムの概要

　本書では、ナビオ君が手掛けるコーヒーの通販事業を円滑に進めるための、下図のような機能を持つデータベースアプリケーションを作成します。「商品管理」「顧客管理」「受注管理」を三本柱とする、名付けて「販売管理システム」です。

　読者のみなさんが欲しいシステムに当てはまらないかもしれませんが、まずはいったんナビオ君の「販売管理システム」でアプリ開発を経験してみてください。プロの開発者も、いくつかの開発経験を経る中で力を付けていくものです。この経験を通して、ご自身の業務用アプリを開発するための基盤を身に付けていただけると思います。

▶ 商品データの登録・一覧表示、商品リストの印刷（商品管理）

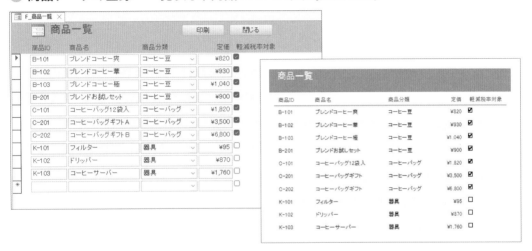

▶ 顧客データの登録・一覧表示、宛名ラベルの印刷（顧客管理）

● 受注データの登録・一覧表示、納品書の印刷(受注管理)

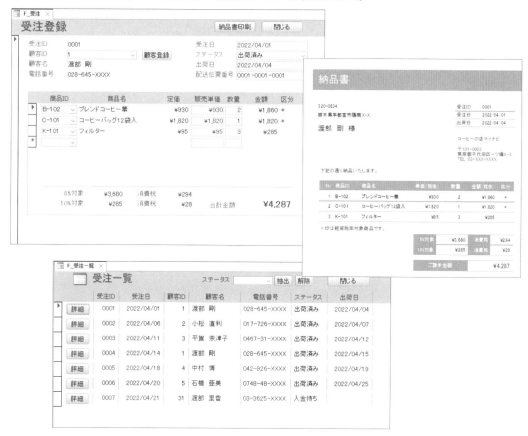

● メニューの表示

ボクの業務にピッタリの
システムになりそうです!

自分に必要な機能を組み
込めるのが自作アプリの
醍醐味よ。

データベースとは？

　Accessの作業に入る前に、データベースやデータベースを構成する要素について、大まかに
理解しておきましょう。

データベースとは

　「データベース」と聞くと、「大量のデータを蓄積したもの」をイメージされることでしょう。狭
義の意味では、そのとおり、データの集まりをデータベースと呼びます。ただし、データを雑然
と集めただけでは意味がありません。必要なときにすぐに取り出せるように、データを整理して
蓄積しなければなりません。広義では、データベースから必要なデータを取り出す仕組みを含め
てデータベースと呼びます。広義のデータベースは、「データベース管理システム」とも呼ばれます。

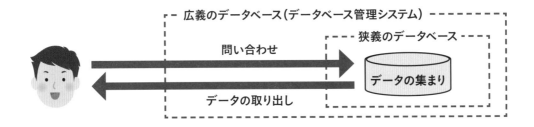

リレーショナルデータベースとは

　データベースは、データを格納する構造や管理方式によって、いくつかの種類に分類されます。
その主流は、データを表の形式で管理する「リレーショナルデータベース」です。データを管理す
る表は「テーブル」と呼ばれます。リレーショナルデータベースでは、複数のテーブルを連携させ
ながらデータを管理します。「リレーショナル」は、この「連携」からくる語です。Accessは、リレー
ショナルデータベースの1つです。

データベースを構成するオブジェクト

Accessでは、1つのデータベースファイルの中に、次の機能を含みます。

●テーブル……データの保管機能

●クエリ………データの抽出・加工・集計機能

●フォーム……データの入力・表示機能

●レポート……データを見栄えよく印刷する機能

これらを「データベースオブジェクト」または「オブジェクト」と呼びます。各オブジェクトには、データの表示画面と、表示内容を定義するための設計画面が用意されています。

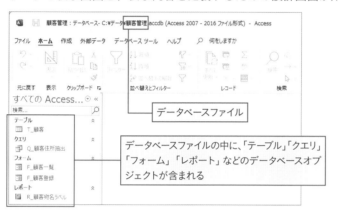

データベースファイル

データベースファイルの中に、「テーブル」「クエリ」「フォーム」「レポート」などのデータベースオブジェクトが含まれる

▶ テーブル

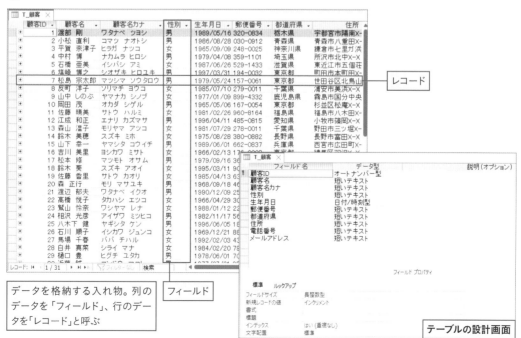

レコード

データを格納する入れ物。列のデータを「フィールド」、行のデータを「レコード」と呼ぶ

フィールド

テーブルの設計画面

▶ クエリ

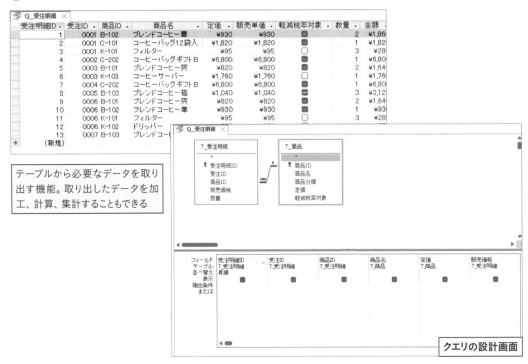

テーブルから必要なデータを取り
出す機能。取り出したデータを加
工、計算、集計することもできる

クエリの設計画面

▶ フォーム

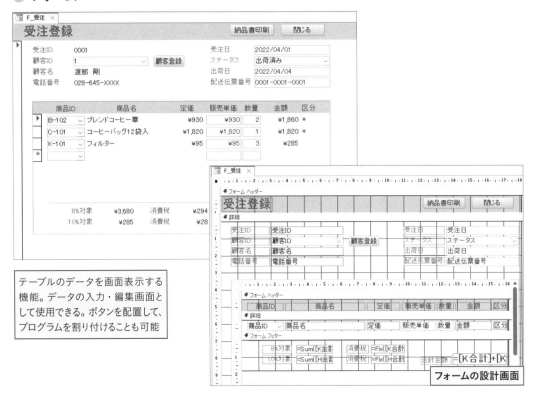

テーブルのデータを画面表示する
機能。データの入力・編集画面と
して使用できる。ボタンを配置して、
プログラムを割り付けることも可能

フォームの設計画面

● レポート

> 見栄えのよい印刷物を作成する機能。
> 設計画面はフォームと似ているが、改ページ位置の設定など、印刷に関する設定項目が充実している

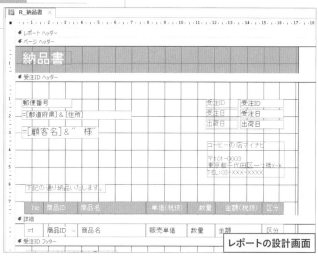

レポートの設計画面

StepUp

「マクロ」と「モジュール」

データベースオブジェクトには、「テーブル」「クエリ」「フォーム」「レポート」のほかに、「マクロ」と「モジュール」があります。これらは、処理を自動化するためのプログラムを作成するオブジェクトです。マクロでは、「フォームを開く」「レポートを開く」といった日本語の命令文の組み合わせでプログラムを組めるので、難しいプログラミングの知識がなくても手軽に利用できます。モジュールでは、VBA (Visual Basic for Applications)というプログラミング言語を使用するので高度な知識が必要ですが、マクロより複雑な処理を実行できるというメリットがあります。

なお、マクロやモジュールは独立したデータベースオブジェクトとして作成するほかに、フォームやレポートの中で作成する方法もあります。本書では、データベースオブジェクトとしてのマクロとモジュールは扱いませんが、フォームやレポートに埋め込んで使用する「埋め込みマクロ」というマクロの機能を紹介します。

> 日本語で組むプログラムなら、文系人間のボクでもできそうです！

オブジェクトの関係

　Accessでは、データはすべてテーブルに保管されます。クエリ、フォーム、レポートにもデータが表示されますが、表示されるのはテーブルから取り出されたデータです。また、クエリやフォームではデータの入力を行えますが、入力したデータはテーブルに格納されます。

　フォームやレポートは、テーブルのデータを直接表示することもできますし、テーブルのデータをクエリで抽出・加工してから表示することもできます。クエリのデータを表示するフォームの場合、入力したデータはクエリを経由してテーブルに格納されます。

テーブル（データの格納先）

ID	氏名	郵便番号	住所
1	田中	111-××××	東京都……
2	山本	222-××××	北海道……
3	佐藤	333-××××	福岡県……
4	上原	444-××××	東京都……
5	鈴木	555-××××	大阪府……

表示 → ← 入力

フォーム（入力・表示画面）

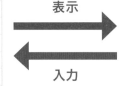

表示　入力

印刷

レポート（印刷物）

クエリ（抽出・加工・集計）

ID	氏名	郵便番号	住所
1	田中	111-××××	東京都……
4	上原	444-××××	東京都……
6	大谷	666-××××	東京都……
7	中村	777-××××	東京都……
8	斉藤	888-××××	東京都……

表示 → ← 入力

フォーム（入力・表示画面）

印刷

レポート（印刷物）

どのオブジェクトにもデータが表示されているけれど、実際にデータが保存されているのはテーブルだけよ。

データベースアプリケーションとは

　本書では、「販売管理システム」というデータベースアプリケーションを作成します。データベースアプリケーションとは、メニュー画面のようなわかりやすい操作画面を用意したデータベースのことです。データベースをアプリケーション化せずにそのまま使用する場合、Accessの知識がある人でなければデータベースの操作方法がわからないでしょう。しかし、データベースをアプリケーション化すれば、メニュー画面から目的の画面を呼び出したり、ボタンのワンクリックで宛名ラベルを印刷したりと、Accessの知識がない人でも簡単に間違えずにデータベースの操作を行えるようになります。

▶ データベースをそのまま使用する場合

受注データを入力したいんだけど、どう操作するんだっけ??

▶ データベースをアプリケーション化した場合

受注データを入力するには、［受注登録］を押せばいいんだね!

「販売管理システム」作成の流れ

　Chapter 1の01で紹介したとおり、販売管理システムは「商品管理」「顧客管理」「受注管理」の3つの管理機能を持ちます。本書では、以下の流れで販売管理システムを作成します。

Chapter 2…………商品管理機能の作成

Chapter 3…………顧客管理機能の作成

Chapter 4 ～ 7……受注管理を含む販売管理システムの仕上げ

Chapter 8…………販売管理システムに蓄積されたデータの分析

Chapter 1 03 Accessの起動と画面構成

ここからは実際にAccessを起動して、手を動かしながら作業していきます。この節では、Accessの起動・終了の方法、ファイルを開く方法、画面構成などを説明します。

Access を起動してデータベースファイルを作成する

Accessを起動して、新規のデータベースファイルを作成しましょう。ここでは、Chapter 2で使用する商品管理用のデータベースファイルを作成します。

❶[スタート] → [すべてのアプリ] をクリックしておく

❷[Access]をクリック

> **Memo**
> **ピン留めしておくと便利**
> 手順❷の画面で[Access]を右クリックして、[詳細]→[タスクバーにピン留めする]をクリックすると、[Access]のアイコンがタスクバーに追加されます。アイコンのワンクリックで素早く起動できるので便利です。

❸Accessが起動した

❹[空のデータベース]をクリック

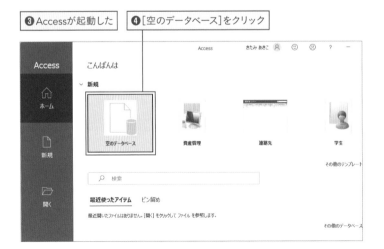

> **Memo**
> **Access 2016の場合**
> 手順❶の実行後、[Access 2016]をクリックします。

> **Point**
> **空のデータベース**
> ここでは、新しいデータベースファイルにテーブルなどのオブジェクトを一から作成したいので、手順❹で[空のデータベース]を選びました。

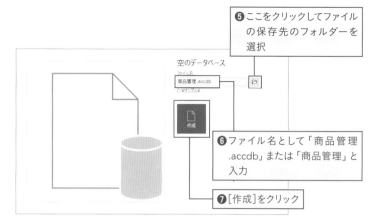

❺ここをクリックしてファイルの保存先のフォルダーを選択

❻ファイル名として「商品管理.accdb」または「商品管理」と入力

❼[作成]をクリック

❽データベースファイルが作成された　❾新しいテーブルが表示された

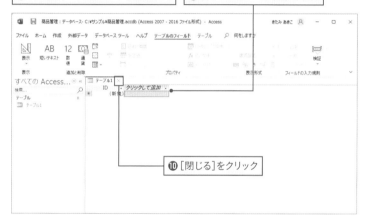

❿[閉じる]をクリック

⓫テーブルが閉じた

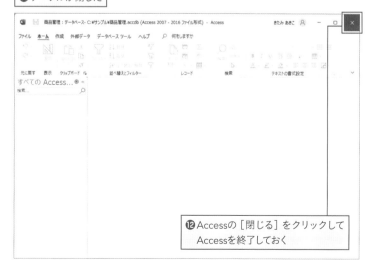

タブの右端の☒をクリックすると、オブジェクトが閉じるのよ。

Accessの画面右端の☒をクリックすると、Accessが閉じるのですね!

⓬Accessの[閉じる]をクリックしてAccessを終了しておく

データベースファイルを開く

前ページで作成したデータベースファイルを開いてみましょう。ファイルを開くと［セキュリティの警告］が表示されます。セキュリティに問題がないファイルであれば、警告を解除しましょう。

❶ Accessを起動しておく　　❷ ［開く］をクリック

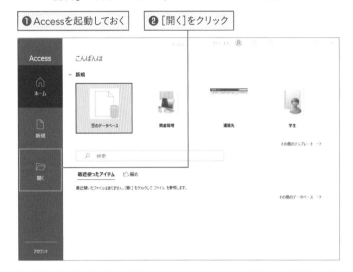

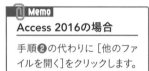

Memo

Access 2016の場合

手順❷の代わりに ［他のファイルを開く］をクリックします。

❸ ［参照］をクリック

❹ ［ファイルを開く］ダイアログボックスが表示された

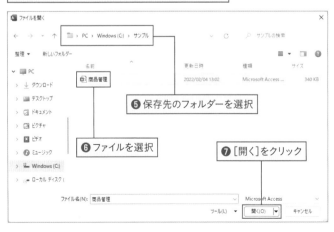

❺ 保存先のフォルダーを選択

❻ ファイルを選択

❼ ［開く］をクリック

Memo

エクスプローラーからも開ける

データベースの保存先のフォルダーをエクスプローラーで開き、データベースファイルのアイコンをダブルクリックすると、Accessが起動してファイルが開きます。

ダブルクリック

❽ファイルが開いた

❾[セキュリティの警告]が
表示された

❿[コンテンツの有効化]を
クリック

⓫[セキュリティの警告]が消えた

:::Point
セキュリティの警告

データベースファイルには、処理を自動化するマクロなどの機能を含めることができますが、そのような機能を悪用して、悪意のある人がファイルにウィルスを忍ばせないとも限りません。そこで、Accessの初期設定では、ファイルを開いたときに、危険となり得る機能（一部のマクロやモジュール、アクションクエリ）が無効になります。[コンテンツの有効化]をクリックすると、無効とされた機能が使えるようになります。
:::

:::Memo
コンテンツの有効化

一度[コンテンツの有効化]をクリックすると、次回からそのファイルに[セキュリティの警告]は表示されなくなります。
:::

身に覚えのないファイルでは、[コンテンツの有効化]をクリックしないようにしましょう。

:::Memo
セキュリティの設定を確認するには

[ファイル]タブをクリックして[オプション]をクリックすると、[Accessのオプション]ダイアログボックスが表示されます。左のメニューから[トラストセンター]をクリックし、[トラストセンターの設定]ボタンをクリックすると、今度は[トラストセンター]ダイアログボックスが表示されます。続いて左のメニューから[マクロの設定]を選ぶと、Accessのセキュリティの設定を確認できます。初期設定では[警告を表示してすべてのマクロを無効にする]が選ばれており、その場合、ここで紹介したように初めて開くファイルに[セキュリティの警告]が表示されます。なお、Access 2016では「トラストセンター」を「セキュリティセンター」に読み替えてください。
:::

Access の画面構成

今後の操作を円滑に進めるために、Accessの画面構成を確認しておきましょう。

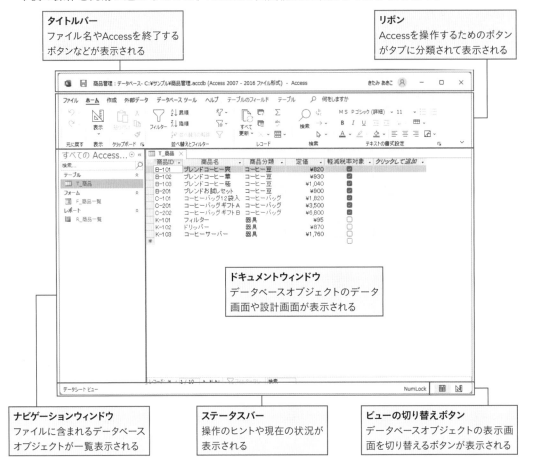

タイトルバー
ファイル名やAccessを終了する
ボタンなどが表示される

リボン
Accessを操作するためのボタン
がタブに分類されて表示される

ドキュメントウィンドウ
データベースオブジェクトのデータ
画面や設計画面が表示される

ナビゲーションウィンドウ
ファイルに含まれるデータベース
オブジェクトが一覧表示される

ステータスバー
操作のヒントや現在の状況が
表示される

ビューの切り替えボタン
データベースオブジェクトの表示画
面を切り替えるボタンが表示される

▶ リボン

［ファイル］［ホーム］［作成］［外部データ］［データベースツール］［ヘルプ］の6つのタブは
いつも表示されますが、そのほかに、前面に開いているオブジェクトに応じて追加表示される
タブがあります。例えば、テーブルのデータ画面が開いている場合、［テーブルのフィールド］［テー
ブル］タブが表示されます。リボンやタブについてはP.32のColumnも参照してください。

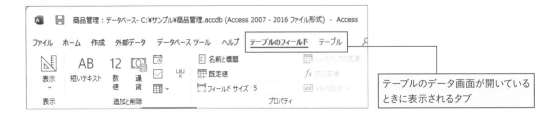

テーブルのデータ画面が開いている
ときに表示されるタブ

● ドキュメントウィンドウ

　ナビゲーションウィンドウでオブジェクトをダブルクリックすると、ドキュメントウィンドウにオブジェクトが開きます。複数のオブジェクトを開いたときは、タブの部分をクリックすると、前面に表示されるオブジェクトを切り替えられます。

ダブルクリックして
オブジェクトを開く

タブをクリックして前面に表示されるオブジェクトを切り替える

● ビューの切り替え

　Chapter 1の02で紹介したとおり、オブジェクトはデータを表示する画面と設計画面を持ちます。それらの画面のことを「ビュー」と呼びます。例えば、テーブルにはデータの表示画面である「データシートビュー」と設計画面である「デザインビュー」があります。ビューを切り替えるには、[ホーム]タブの[表示]ボタンや画面右下の切り替えボタンを使用します。

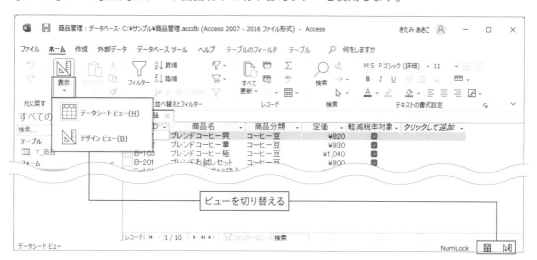

ビューを切り替える

Accessのメリットやデータベースアプリケーションの意義について、理解できたかしら？

はい。便利だということはわかりました。ただ、初めての用語が多くて、ちょっと不安です。

今は理解できなくても、これから操作していく中で身に付いていくはずよ。わからなくなったときは、いつでもこのChapterに戻って復習してね。

バージョンや画面サイズによるリボンの違い

　リボンに表示されるタブの名前は、Accessのバージョンによって変わります。また、同じバージョンでもOfficeの更新プログラムを適用することでタブ名が変化することもあります。しかし、タブが持つ基本的な機能は変わらないので、適宜読み替えながら本書の学習を進めてください。

●Access 2021のリボンとAccess 2016のリボン

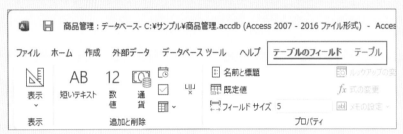

Access 2021では[テーブルのフィールド]タブと[テーブル]タブが表示される

Access 2016では[テーブルツール]の[フィールド]タブと[テーブル]タブが表示される

　また、Accessの画面のサイズによって、ボタン上にボタン名が表示される場合とされない場合があります。ボタンにアイコンしか表示されない場合は、ボタンにマウスポインターを合わせ、ポップヒントに表示されるボタン名を確認しながら操作してください。

●Accessの画面サイズを変えたときのリボンの変化

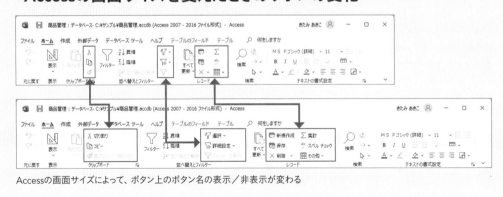

Accessの画面サイズによって、ボタン上のボタン名の表示／非表示が変わる

Chapter

2

Access基礎編

●

商品管理システムを
作ろう

このChapterでは、いよいよAccessを使ったデータベース作りに取り掛かります。まずは、商品情報を管理する小規模なデータベース作りを通して、Accessのオブジェクトに馴染みましょう。

Chapter 2

01 全体像をイメージしよう

● 商品管理システムを作る

 まずは、商品情報を管理するデータベースを作りましょう。

商品は10点ほどですから、データベースで管理するほどの情報量ではありません。

 情報量がそれほど多くないなら単純なシステムで済むから、むしろ手慣らしのデータベースとして打って付けよ。

なるほど。

 商品管理システムを作成しながら、テーブル、フォーム、レポートといったオブジェクトの役割や作り方、使い方を見ていきましょう。

必要なオブジェクトとデータの流れを考える

　システムの開発は、システムにどのような機能を持たせるのかを考えるところから始めます。
　商品管理システムでは、どのような商品があるのかを一覧できる表示画面と印刷機能が必要です。表示画面は、既存データを編集したり新規データを登録するための入力画面としても使用します。表示・入力機能はフォーム、印刷機能はレポートを使用して作成します。そして、大元となる商品情報は、テーブルに格納します。

▶ 商品管理システム

 図に表すと、各機能の関係がわかりやすいですね。

作成するオブジェクトを具体的にイメージする

商品管理システムに必要なオブジェクトとデータの流れが決まったら、それを実現するための各オブジェクトの具体的な機能をイメージします。

▶ 商品テーブル

商品ID	商品名	商品分類	定価	軽減税率対象	クリックして追加
B-101	ブレンドコーヒー爽	コーヒー豆	¥820	☑	
B-102	ブレンドコーヒー華	コーヒー豆	¥930	☑	
B-103	ブレンドコーヒー極	コーヒー豆	¥1,040	☑	
B-201	ブレンドお試しセット	コーヒー豆	¥900	☑	
C-101	コーヒーバッグ12袋入	コーヒーバッグ	¥1,820	☑	
C-201	コーヒーバッグ ギフトA	コーヒーバッグ	¥3,500	☑	
C-202	コーヒーバッグ ギフトB	コーヒーバッグ	¥6,800	☑	
K-101	フィルター	器具	¥95	☐	
K-102	ドリッパー	器具	¥870	☐	
K-103	コーヒーサーバー	器具	¥1,760	☐	
*				☐	

商品名、商品分類、定価、さらに軽減税率対象商品かどうかを指定する項目からなるテーブルを定義し（Chapter 2の03）、データを入力する（Chapter 2の06）。商品分類はドロップダウンリストから簡単に入力できるようにする（Chapter 2の07）

▶ 商品一覧フォーム

商品一覧

[印刷] [閉じる]

商品ID	商品名	商品分類	定価	軽減税率対象
B-101	ブレンドコーヒー爽	コーヒー豆 ∨	¥820	☑
B-102	ブレンドコーヒー華	コーヒー豆 ∨	¥930	☑
B-103	ブレンドコーヒー極	コーヒー豆 ∨	¥1,040	☑
B-201	ブレンドお試しセット	コーヒー豆 ∨	¥900	☑
C-101	コーヒーバッグ12袋入	コーヒーバッグ ∨	¥1,820	☑
C-201	コーヒーバッグ ギフトA	コーヒーバッグ ∨	¥3,500	☑
C-202	コーヒーバッグ ギフトB	コーヒーバッグ ∨	¥6,800	☑
K-101	フィルター	器具 ∨	¥95	☐
K-102	ドリッパー	器具 ∨	¥870	☐
K-103	コーヒーサーバー	器具 ∨	¥1,760	☐
*		∨		☐

商品テーブルの全データを表形式で表示（Chapter 2の08）。[印刷] ボタンを用意し、商品印刷レポートの印刷プレビューが表示される仕組みを付ける（Chapter 2の10）

▶ 商品一覧レポート

商品一覧

商品ID	商品名	商品分類	定価	軽減税率対象
B-101	ブレンドコーヒー爽	コーヒー豆	¥820	☑
B-102	ブレンドコーヒー華	コーヒー豆	¥930	☑
B-103	ブレンドコーヒー極	コーヒー豆	¥1,040	☑
B-201	ブレンドお試しセット	コーヒー豆	¥900	☑
C-101	コーヒーバッグ12袋入	コーヒーバッグ	¥1,820	☑
C-201	コーヒーバッグギフトA	コーヒーバッグ	¥3,500	☑
C-202	コーヒーバッグギフトB	コーヒーバッグ	¥6,800	☑
K-101	フィルター	器具	¥95	☐
K-102	ドリッパー	器具	¥870	☐
K-103	コーヒーサーバー	器具	¥1,760	☐

> 商品テーブルの全データを表形式で印刷する（Chapter 2の09）

📎 Memo

1つのファイルに複数のオブジェクトを保存する

Accessでは、ファイルの中に複数のオブジェクトを作成して1つのシステムを完成させます。このChapterで作成する商品管理システムは、「商品管理」というデータベースファイルの中に、「商品テーブル」「商品一覧フォーム」「商品一覧レポート」という名前の3つのオブジェクトを作成します。作成した3つのオブジェクトは、ナビゲーションウィンドウに一覧表示されます。

ナビゲーションウィンドウ

画面遷移を考える

　最後に、画面遷移を考えましょう。画面遷移とは、フォームやレポートの画面が切り替わる流れのことです。このChapterでは、商品一覧フォームに[印刷]ボタンを配置して、商品一覧レポートに速やかに遷移できるようにします。たった1つのボタンを配置するだけで、データベースアプリケーションの使い勝手がグンと上がります。

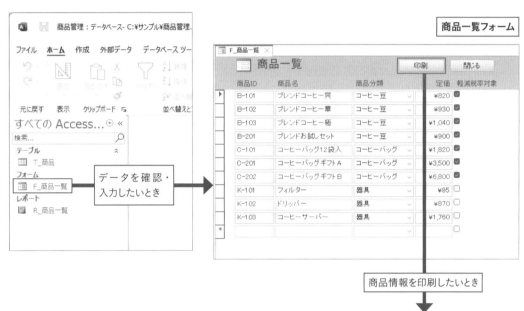

画面遷移の中に商品テーブルは出てこないんですか。

ユーザーが操作するのはフォームとレポートだけ。テーブルは舞台裏で働くオブジェクトよ。

Chapter 2
02 テーブルの構成を理解する

テーブルの作成を始める前に、テーブルの画面構成と基本用語を確認しておきましょう。

テーブルの構成

テーブルは、データを保存するためのオブジェクトです。テーブルに保存されているデータは、「データシート」と呼ばれるマス目状のシートに表形式で表示されます。表の行に当たるデータを「レコード」、列に当たるデータを「フィールド」、フィールドの名称を「フィールド名」と呼びます。データシートには、レコードやフィールドを選択するセレクターや、レコードを切り替えるボタンなどが用意されています。

レコードセレクター
レコードを選択するときに使用

フィールドセレクター
フィールド名が表示される。フィールドを選択するときに使用

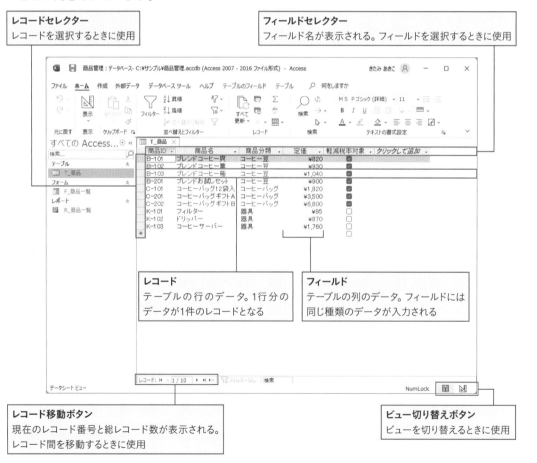

レコード
テーブルの行のデータ。1行分のデータが1件のレコードとなる

フィールド
テーブルの列のデータ。フィールドには同じ種類のデータが入力される

レコード移動ボタン
現在のレコード番号と総レコード数が表示される。レコード間を移動するときに使用

ビュー切り替えボタン
ビューを切り替えるときに使用

テーブルのビュー

テーブルには、データを表示するデータシートのほかに、テーブルの構造を定義するための設計画面が用意されています。データシートの表示画面を「データシートビュー」、設計画面を「デザインビュー」と呼びます。各ビューの使い方は、このあとのSectionで紹介します。ここでは、テーブルに2つのビューがあることを覚えておいてください。

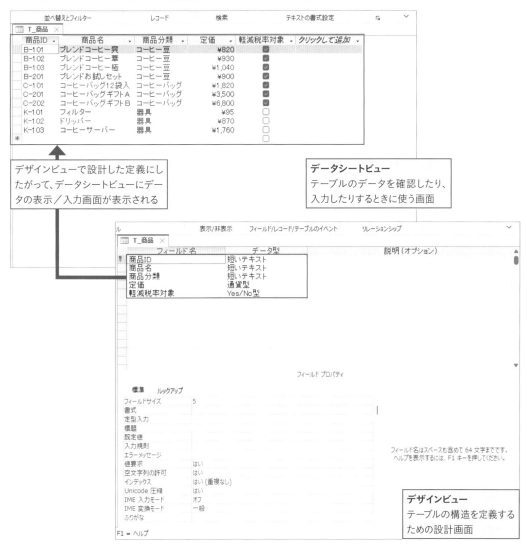

デザインビューで設計した定義にしたがって、データシートビューにデータの表示／入力画面が表示される

データシートビュー
テーブルのデータを確認したり、入力したりするときに使う画面

デザインビュー
テーブルの構造を定義するための設計画面

データシートって、Excelのワークシートと同じ見た目ですよね。Excelに設計画面なんてありませんけど……!?

データの蓄積は堅牢な"入れ物"があってこそだから、テーブルの設計はデータベースの根幹をなす大仕事。専用の設計画面できっちり定義する必要があるのよ。

Chapter 2
03 商品テーブルを設計する

商品テーブルの作成に先立って、テーブルの設計を行いましょう。データの入れ物となるテーブルを事前にきっちり設計しておくことが、データのスムーズな入力と運用につながります。

商品データを洗い出す

商品テーブルにどんな種類のデータを入力するのかを洗い出しましょう。文字データの場合は、何文字くらいのデータを入れるのかを見積もっておきます。数値データの場合は、通貨、整数、実数（小数）の3種類に分類しておきます。YesかNoで答えられるデータも、データの種類として扱えます。データを洗い出したら、それぞれのデータにわかりやすいフィールド名を考えます。

フィールドは［商品ID］［商品名］［商品分類］［定価］［軽減税率対象］の5つ　　フィールド名

商品ID	商品名	商品分類	定価	軽減税率対象
B-101	ブレンドコーヒー爽	コーヒー豆	¥820	（チェックあり）
B-102	ブレンドコーヒー華	コーヒー豆	¥930	（チェックあり）
B-103	ブレンドコーヒー極	コーヒー豆	¥1,040	（チェックあり）
B-201	ブレンドお試しセット	コーヒー豆	¥900	（チェックあり）
C-101	コーヒーバッグ12袋入	コーヒーバッグ	¥1,820	（チェックあり）
C-201	コーヒーバッグギフトA	コーヒーバッグ	¥3,500	（チェックあり）
C-202	コーヒーバッグギフトB	コーヒーバッグ	¥6,800	（チェックなし）
K-101	フィルター	器具	¥95	（チェックなし）
K-102	ドリッパー	器具	¥870	（チェックなし）
K-103	コーヒーサーバー	器具	¥1,760	（チェックなし）

ぴったり5文字　　20文字あれば十分　　10文字あれば十分　　通貨データ　　YesかNoで答えられるデータ

Excelならファイルを開いてすぐにデータを入力できるのに。

Accessでは、行き当たりばったりは禁物。あらかじめどんなデータを入力するのかをイメージして、テーブルをきっちり設計するのよ！

各フィールドのデータ型を決める

　テーブルを作成するときは、「[商品名]は短いテキスト型、[定価]は通貨型、…」という具合に、各フィールドに入力するデータの種類を定義します。データの種類のことを「データ型」と呼びます。Accessの主なデータ型を次表にまとめます。

▶ Accessに用意されている主なデータ型

データ型	格納するデータ	
短いテキスト	「氏名」「住所」などの文字列や、「内線番号」のような計算に使わない数字データを格納。255文字までの範囲で、格納するデータの文字数を指定	
長いテキスト	255文字を超える長い文字列	
数値型	バイト型	0 〜 255の整数
	整数型	-32,768 〜 32,767の整数
	長整数型	-2,147,483,648 〜 2,147,483,647の整数
	単精度浮動小数点型	最大有効桁数7桁の実数。-3.4×10^{38}〜 3.4×10^{38}
	倍精度浮動小数点型	最大有効桁数15桁の実数。-1.797×10^{308}〜 1.797×10^{308}
日付／時刻型	日付と時刻	
通貨型	通貨データ。整数部15桁、小数部4桁	
オートナンバー型	レコードごとに異なる値が自動で入力されるデータ型。初期設定では「1、2、3…」と連番が振られる。手動での入力、変更は不可	
Yes ／ No型	YesかNoのいずれかの値を格納。「入金済み」「販売中止」など、YesかNoで答えられるデータに使う	
ハイパーリンク型	WebサイトのURL、メールアドレスなど。入力したデータをクリックすると、Webサイトやメールの作成画面が表示される	
添付ファイル	写真などのファイルを格納	

「バイト型」「整数型」「長整数型」…。こんなにたくさん、覚えきれませんよ（涙）。

最初から全部覚える必要はないわ。必要なときにこのページに戻って確認すればいいのよ!

▶ [商品]テーブルの各フィールドに設定するデータ型

フィールド	データ型
商品ID	短いテキスト（5文字）
商品名	短いテキスト（20文字）
商品分類	短いテキスト（10文字）
定価	通貨型
軽減税率対象	Yes/No型

指定したデータ型のデータしか入力できないなんて、不便じゃないですか?

そんなことないわ。データの種類を限定することで、誤入力を防げるし、データを正しく活用するための道筋ができるのよ。

💡 **Point**

数値データのデータ型の決め方

数値データを格納するデータ型には複数の種類があります。次の基準でデータ型を決めましょう。

短いテキスト…郵便番号や内線番号など、数字を並べたデータには、短いテキスト型を設定します。数値として計算に使用するわけではない数字データは、Accessでは文字列として扱います。

通貨型…通貨を格納するフィールドには、必ず通貨型を設定しましょう。通貨型は、計算の誤差が抑えられる仕組みになっています。

長整数型…通貨以外の数値のうち、整数のみを格納するフィールドには長整数型を設定するのが一般的です。

倍精度浮動小数点型…通貨以外の数値のうち、小数が入力される可能性があるフィールドには倍精度浮動小数点型を設定するのが一般的です。

📎 **Memo**

オートナンバー型って何？

オートナンバー型は、レコードごとに異なる値が自動入力されるデータ型です。初期設定では「1、2、3…」と連番が自動入力されます。ただし、レコードの入力の途中で入力を取り消すと、そのレコードに割り当てられた番号が欠番になります。また、レコードを削除しても欠番ができます。「連番を自動入力する」というよりは、「レコード固有の番号を自動で割り当てる」ことを主目的に利用してください。

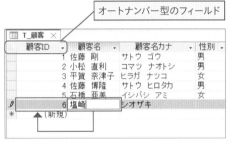

「オートナンバー型は小さい順の番号が自動入力されるデータ型」と認識していれば、欠番も気にならないわよ。

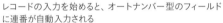

レコードの入力を始めると、オートナンバー型のフィールドに連番が自動入力される

📎 **Memo**

[軽減税率対象]フィールドの「Yes/No型」って何？

Yes/No型は、YesかNoのどちらかになるデータに使用するデータ型です。Yes/No型を設定したフィールドにはチェックボックスが表示され、チェックを付けると「Yes」、外すと「No」という意味になります。商品テーブルでは、[軽減税率対象]フィールドにYes/No型を設定します。チェックを付けると、その商品は軽減税率対象ということになります。

商品ID	商品名	商品分類	定価	軽減税率対象
B-101	ブレンドコーヒー爽	コーヒー豆	¥820	☑
B-102	ブレンドコーヒー華	コーヒー豆	¥930	☑
B-103	ブレンドコーヒー極	コーヒー豆	¥1,040	☑
B-201	ブレンドお試しセット	コーヒー豆	¥900	☑
C-101	コーヒーバッグ12袋入	コーヒーバッグ	¥1,820	☑
C-201	コーヒーバッグギフトA	コーヒーバッグ	¥3,500	☑
C-202	コーヒーバッグギフトB	コーヒーバッグ	¥6,800	☑
K-101	フィルター	器具	¥95	☐
K-102	ドリッパー	器具	¥870	☐
K-103	コーヒーサーバー	器具	¥1,760	☐

Yes/No型のフィールド

軽減税率対象の商品（消費税8%）

軽減税率対象でない商品（消費税10%）

主キーを決める

「主キー」とは、テーブルに入力するレコードを明確に区別するためのフィールドのことです。身近な例でも、顧客を区別するために顧客番号を割り当てたり、注文を区別するために注文番号を振ったりするでしょう。テーブルでも、レコードを管理しやすくするために、レコード固有の値を持つ主キーフィールドを用意します。

主キーにするフィールドは、以下のルールにしたがう必要があります。[商品]テーブルでは、商品1つ1つに重複のないように割り当てられた[商品ID]フィールドを主キーとするのが適切です。

主キーのルール
❶ほかのレコードと重複しない値にすること
❷必ず値を入力すること（未入力は許されない）

商品ごとに異なる値が割り当てられている
[商品ID]フィールドを主キーに決める

商品ID	商品名	商品分類	定価	軽減税率対象
B-101	ブレンドコーヒー爽	コーヒー豆	¥820	（チェックあり）
B-102	ブレンドコーヒー華	コーヒー豆	¥930	（チェックあり）
B-103	ブレンドコーヒー極	コーヒー豆	¥1,040	（チェックあり）
…	…	…	…	…
K-103	コーヒーサーバー	器具	¥1,760	（チェックあり）

Point
値の変更のないシンプルなコード番号を主キーにしよう
主キーのフィールドを決める必要最低限の条件は、上記の「主キーのルール」の❶と❷です。しかし、そのほかにも主キーのフィールドには「値の変更がない」「シンプルな表記」であることが望まれます。主キーはレコードを区別する大切な値なので、途中で値を変更するとトラブルのもとになります。また、表記（アルファベット/数値などの文字種や文字数）が揃っていないデータを主キーにすることも、入力ミスなどにつながります。商品テーブルでは[商品名]フィールドもルール上は主キーに設定することが可能ですが、こうした観点から[商品ID]フィールドが主キーに適していると判断できます。

Memo
どのフィールドを主キーにすればいい？

上の[商品]テーブルの[商品ID]のように、主キーにふさわしいフィールドがあれば、そのフィールドを主キーにします。ない場合は、主キー用のフィールドを新たに追加してオートナンバー型を設定しておくと、レコードを入力するたびに自動的に「1」「2」「3」…とレコード固有の番号が振られていきます。

ID	氏名	…
1	田中	…
2	中尾	…
3	水谷	…
…	…	…

オートナンバー型のフィールドを
追加して主キーにする

04 商品テーブルを作成する

ここからは、実際にテーブル作成に取り組みます。Chapter 1の03で作成した「商品管理」の
データベースに、商品テーブルを作成します。

Sample 商品管理_0204.accdb

デザインビューの構成

テーブルの設計は、基本的にデザインビューで行います。画面の上部でフィールド名とデータ
型を指定し、下部で各フィールドの詳細設定を行います。

フィールドセレクター
フィールドを選択するときに使用

フィールド名
フィールド名の設定に使用

データ型
データ型の設定に使用

T_商品 ×		
フィールド名	データ型	説明（オプション）
商品ID	短いテキスト	
商品名	短いテキスト	
商品分類	短いテキスト	
定価	通貨型	
軽減税率対象	Yes/No型	

フィールド プロパティ

標準　ルックアップ

フィールドサイズ	5
書式	
定型入力	
標題	
既定値	
入力規則	
エラーメッセージ	
値要求	はい
空文字列の許可	はい
インデックス	はい (重複なし)
Unicode 圧縮	はい
IME 入力モード	オフ
IME 変換モード	一般
ふりがな	

フィールド名はスペースも含めて 64 文字までです。
ヘルプを表示するには、F1 キーを押してください。

F1 = ヘルプ　　　　　　　　　　　　　　　　　NumLock

フィールドプロパティ
フィールドの詳細な設定をするときに使用

テーブルを作成する

それではテーブルを作成しましょう。Chapter 1の03で作成したデータベースを開いて作業を開始してください。

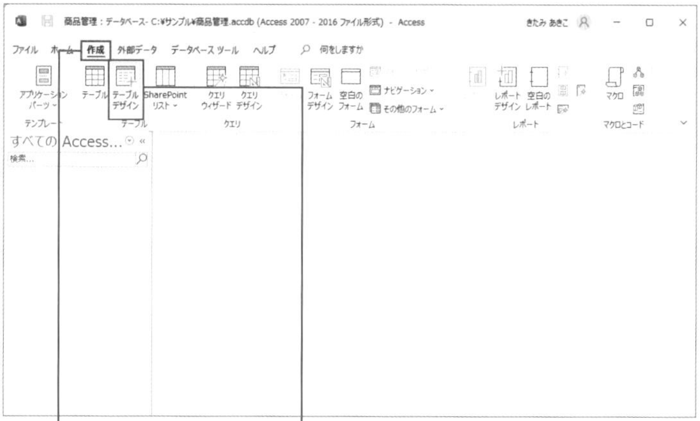

❶ [作成]タブをクリック

❷ [テーブルデザイン]をクリック

Memo

デザインビューでの作成方法を覚えよう

本書では、デザインビューを使って新規テーブルを作成する方法を紹介します。データシートビューで作成する方法もありますが、その場合、設定できる機能が限られており、詳細な設定をするためにデザインビューに切り替える必要が出てきます。それなら最初からデザインビューで作成したほうが覚える操作も少なくて済みます。

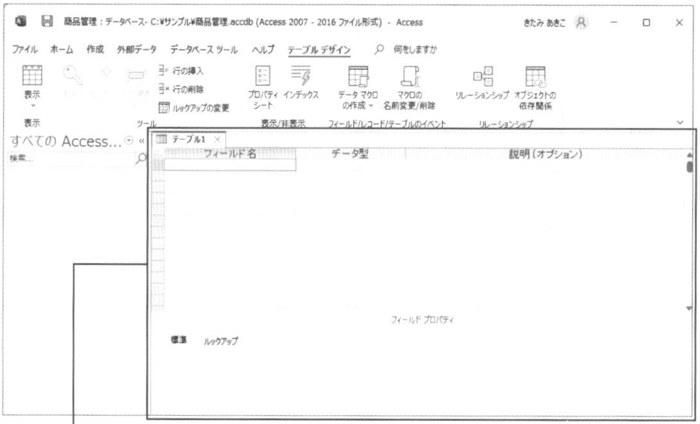

❸ 新しいテーブルのデザインビューが表示された

この画面に、P.41の表のフィールドを入力していくわよ!

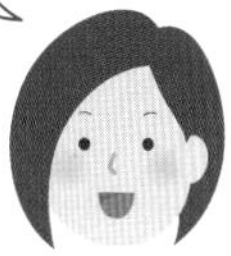

❹ フィールド名を入力

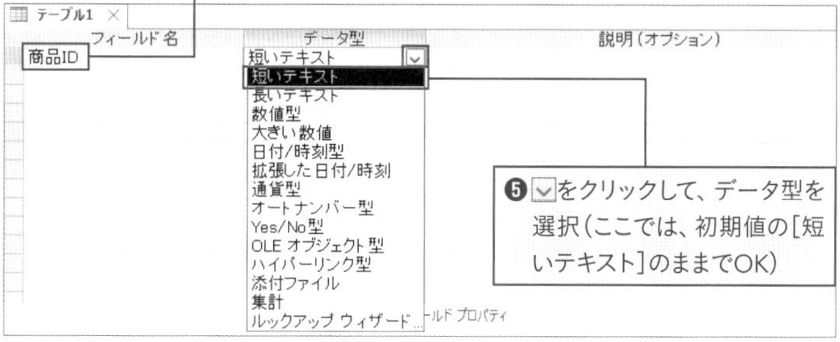

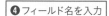

❺ をクリックして、データ型を選択（ここでは、初期値の[短いテキスト]のままでOK）

❻ そのほかのフィールドも入力しておく

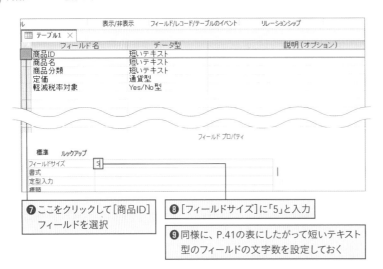

❼ ここをクリックして [商品ID] フィールドを選択

❽ [フィールドサイズ] に「5」と入力

❾ 同様に、P.41の表にしたがって短いテキスト型のフィールドの文字数を設定しておく

❿ [商品ID] フィールドを選択

⓫ [テーブルデザイン] タブをクリック

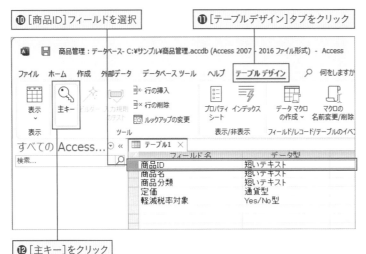

⓬ [主キー] をクリック

⓭ カギのマークが表示された

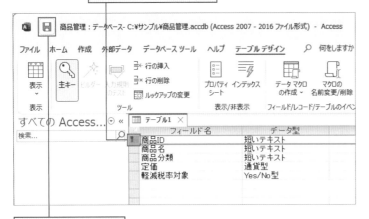

⓮ [上書き保存] をクック

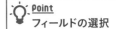

Point
フィールドの選択

フィールドの設定を行うときは、事前にフィールドを選択します。行頭の [フィールドセレクター] ☐ をクリックすると、クリックした行のフィールドを選択できます。

Keyword
フィールドサイズ

[フィールドサイズ] は、文字数や数値の種類を指定するための設定項目です。短いテキストの場合、「255」までの範囲で文字数を入力します。初期値は「255」です。

「255」のままでもデータベースを運用できるけど、必要十分な文字数を設定することで、ファイルのサイズがムダに大きくなるのを防げるのよ。

Memo
カギのマークが表示される

主キーを設定したフィールドのフィールドセレクターには、カギのマーク 🔑 が表示されます。

「主キー」は、レコードを区別するためのフィールドのことでしたね。

⓯「T_商品」と入力

⓰[OK]をクリック

Point

[上書き保存]で
オブジェクトを保存する

WordやExcelでは[上書き保存]ボタン 🖫 をクリックすると編集中のファイルが保存されますが、Accessの場合は編集中のオブジェクトがデータベースファイルに保存されます。

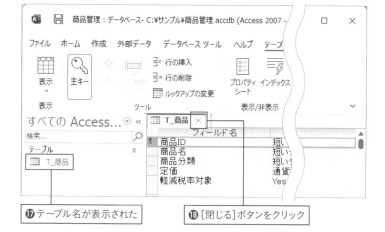

⓱テーブル名が表示された

⓲[閉じる]ボタンをクリック

Point

テーブルの命名

Accessではファイルの中に複数のオブジェクトを保存します。自分なりにわかりやすい命名規則を考えて名前を付けましょう。本書では、テーブルに「T_」、クエリに「Q_」、フォームに「F_」、レポートに「R_」という接頭語を付けます。「_」（アンダーバー）は、Shift キーを押しながらひらがなの「ろ」のキーを押して入力します。

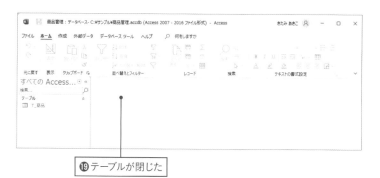

⓳テーブルが閉じた

Memo

数値型のフィールドサイズ

データ型として数値型を設定した場合、[フィールドサイズ] 欄で数値の種類を選択します。初期値は[長整数型]です。

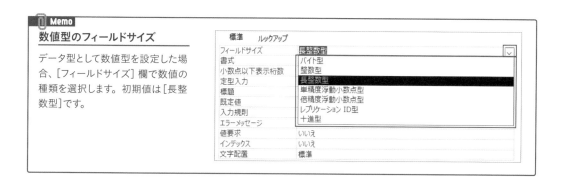

テーブルを開く・
ビューを切り替える

レコードの入力を始める前に、テーブルの開き方とビューの切り替え方を確認しておきましょう。この先、テーブルでの作業をするうえで大切な操作です。

Sample 商品管理_0205.accdb

テーブルを開く

ナビゲーションウィンドウには、データベースに保存されているオブジェクトが一覧表示されます。オブジェクトをダブルクリックすると、ドキュメントウィンドウにオブジェクトが開きます。

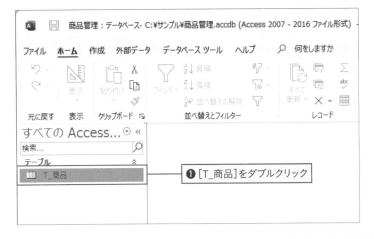

❶ [T_商品]をダブルクリック

Chapter 2の04で作成した[T_商品]テーブルを開いてみましょう。

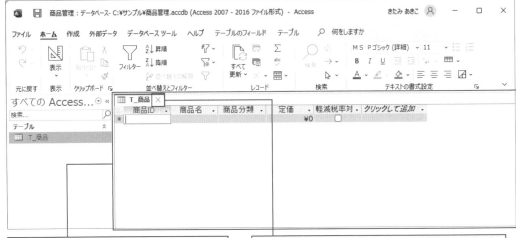

❷ [T_商品]テーブルのデータシートビューが開いた

❸ [閉じる]をクリックすると、テーブルを閉じることができる

ビューを切り替える

　テーブルには、「データシートビュー」と「デザインビュー」がありましたね。ビューを切り替えるには、[ホーム]タブなどにある[表示]ボタンを使います。

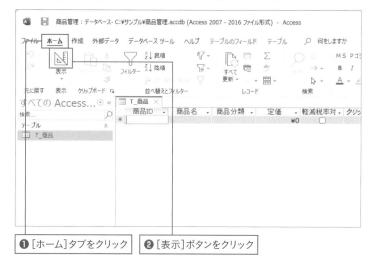

❶ [ホーム]タブをクリック　　❷ [表示]ボタンをクリック

❸ デザインビューに切り替えられた

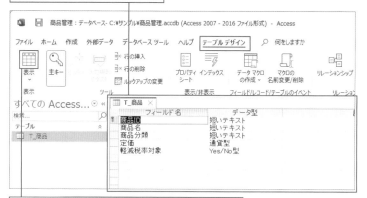

❹ [テーブルデザイン]タブの[表示]をクリックすると、
　 データシートビューに切り替えることができる

Memo

最初からデザインビューを開くには

ナビゲーションウィンドウでテーブルを右クリックして❶、[デザインビュー]をクリックすると❷、最初からテーブルのデザインビューを開くことができます。

このアイコンはデザインビューへの切り替えボタンですね。

この絵アイコンはデータシートビューへの切り替えボタンよ。

Memo

ビューの切り替えボタン

ビューを切り替えるためのボタンは複数あり、どのボタンを使用してもかまいません。

●デザインビューへの切り替え
・[ホーム]タブ
・[テーブルのフィールド]タブ
・Accessのウィンドウ右下（P.30参照）

●データシートビューへの切り替え
・[ホーム]タブ
・[テーブルデザイン]タブ
・Accessのウィンドウ右下（P.30参照）

Chapter 2
06 データを入力・編集する

Chapter 2の04で作成した[T_商品]テーブルにデータを入力してみましょう。テーブルのデータシートビューを表示して、入力作業を行います。

Sample 商品管理_0206.accdb

◦ データシートビューでデータを入力する

たくさんのレコードを入力したいのに、データシートの行数が足りません!

Accessでは、レコード単位で入力を行うのよ。レコードを1件入力するごとに、1件分の新規入力行が追加されるから大丈夫。

データシートビューでデータを入力する

データシートビューの行頭にあるレコードセレクターには、レコードの状態を表す記号が表示されます。新規レコードや編集中のレコードを表す記号に注目しながら、入力しましょう。

❶[T_商品]テーブルのデータシートビューを表示しておく

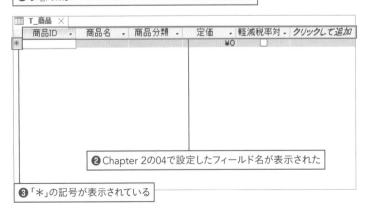

❷Chapter 2の04で設定したフィールド名が表示された

❸「*」の記号が表示されている

Point
レコードセレクターの記号

編集中のレコード

新規レコード

❹ [商品ID]フィールドに「B-101」と入力

❺ 鉛筆の記号に変わった

商品ID	商品名	商品分類	定価	軽減税率対	
✎ B-101			¥0	☐	
＊			¥0	☐	

❻ 次の行に「＊」の記号が表示された　　❼ Enter キーを押す

商品ID	商品名	商品分類	定価	軽減税率対	
✎ B-101			¥0	☐	
＊			¥0	☐	

❽ 次のフィールドにカーソルが移動した

❾ 同様にデータを入力していく

商品ID	商品名	商品分類	定価	軽減税率対	クリックして追加
✎ B-101	ブレンドコーヒ	コーヒー豆	¥820	☑	
＊			¥0	☐	

❿ 通貨型の[定価]フィールドに数値を入
　れると、先頭に「¥」記号が表示される

⓫ チェックボックスをクリックして
　チェックを付けて Enter キーを押す

商品ID	商品名	商品分類	定価	軽減税率対	クリックして追加
B-101	ブレンドコーヒ	コーヒー豆	¥820	☑	
＊			¥0	☐	

⓬ 鉛筆の記号が消えた　　⓭ 新規レコードの先頭フィールドにカーソルが移動した

⓮ ほかのレコードを
　入力しておく

⓯ 境界線を ✛ の形のマウスポインターで
　ドラッグすると、列幅を変更できる

商品ID	商品名	商品分類	定価	軽減税率対象	クリックして追加
B-101	ブレンドコーヒー爽	コーヒー豆	¥820	☑	
B-102	ブレンドコーヒー華	コーヒー豆	¥930	☑	
B-103	ブレンドコーヒー極	コーヒー豆	¥1,040	☑	
B-201	ブレンドお試しセット	コーヒー豆	¥900	☑	
＊			¥0	☐	

Point
レコードの保存

テーブルに入力したレコードは、次のタイミングで自動的に保存されます。

・カーソルを別のレコードに移動したとき
・テーブルを閉じるとき

レコードを意図的に保存したい場合は、レコードセレクター ⬚ をクリックします。レコードが保存されると、レコードセレクターから鉛筆の記号が消えます。

> マイコ先輩、大変です。データの変更や削除の練習をしていたら、そのまま保存されちゃいました!! [上書き保存] ボタン 🔲 を押した覚えはないのに……（涙）。

> やれやれ……。泣きたいのはこっちのほう。WordやExcelのファイルは自分で保存操作をしない限り保存されないけれど、Accessのデータは自動的に保存されるのよ。

Memo
入力や編集を取り消すには

レコードセレクターに鉛筆の記号 ⬚ が表示されているときなら、[Esc] キーを1回押すと、現在カーソルのあるフィールドの入力や編集を取り消せます。
1回押してもまだ鉛筆の記号 ⬚ が表示されている場合は、もう1回 [Esc] キーを押すと、同じレコードのすべてのフィールドの入力や編集を取り消せます。
レコードセレクターが無地の場合は、すでにレコードが保存されています。保存直後なら、[ホーム] タブ（Access 2019/2016の場合はクイックアクセスツールバー）の [元に戻す] ボタン ↺ をクリックすると、保存を取り消して編集前の状態に戻せます。

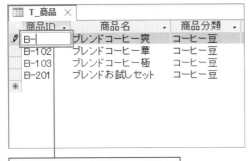

❶ データを編集して [Esc] キーを押すと、

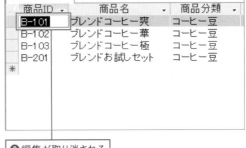

❷ 編集が取り消される

Memo
新規レコードは最下行に追加する

新しいレコードは、必ず最下行にある新規入力行（＊ が表示された行）に入力します。テーブルを開き直すと、主キーの値の昇順に並べ替えられます。

> 入力し忘れたレコードを2行目に追加したいんですけど、[挿入] ボタンが見当たりません! [削除] ボタンならあるのに。

> Excelと違って、途中の行に空行を挿入することはできないのよ。新しいレコードは、最下行に入力してね。

Memo

レコードを削除するには

➡の形のマウスポインターでレコードセレクターをクリック、またはドラッグすると、レコードを選択できます❶。[ホーム]タブの❷[削除]をクリックするか Delete キーを押すと❸、削除確認のメッセージが表示され❹、[はい]をクリックすると❺、選択したレコードが削除されます。削除したレコードは、[元に戻す]ボタン で元に戻せないので、慎重に操作しましょう。

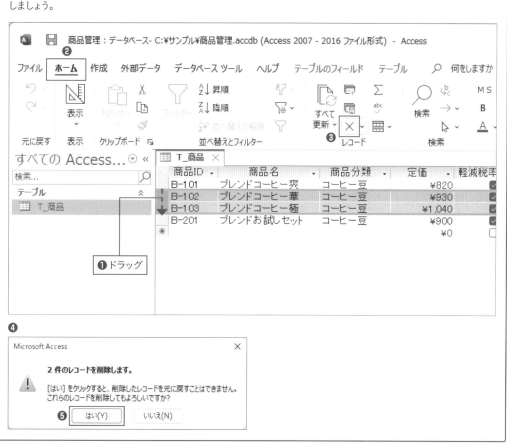

❹

❺

Memo

テーブルを閉じるときに表示される保存確認はどういう意味？

テーブルのデータシートビューを閉じるときに、保存確認のメッセージが表示されることがあります。入力したレコードは自動的に保存されますが、それ以外の操作、例えば列幅の変更などの操作は自動では保存されません。保存したい場合は、[上書き保存]ボタン をクリックして保存するか、閉じるときに表示される保存確認のメッセージで、[はい]をクリックして保存します。

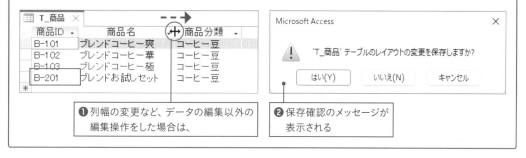

❶列幅の変更など、データの編集以外の編集操作をした場合は、

❷保存確認のメッセージが表示される

入力操作を楽にする

Chapter 2の04で[T_商品]テーブルを作成しましたが、フィールド名とデータ型を設定しただけでは、単にテーブルの骨格を定義したに過ぎません。テーブルには、入力操作の負担を軽減するための設定項目がたくさん用意されています。ここでは、[T_商品]テーブルをより便利に使用できるように改良していきましょう。

Sample 商品管理_0207.accdb

◎ 入力作業が楽になるテーブルを目指して改良する

入力するデータに合わせて入力モードが自動的に切り替わるように設定

ドロップダウンリストから簡単に入力できるように設定

データ入力のような単純作業ほど面倒なものはないですね。

Accessには、入力をより簡単に効率よく行える仕組みがたくさんあるから、それを活用しましょうね。

Point

使い勝手を上げる決め手は「フィールドプロパティ」の活用

テーブルのデザインビューでフィールドを選択すると、選択したフィールドのデータ型に応じた設定項目が、画面下部にたくさん表示されます。これらの設定項目のことを「フィールドプロパティ」と呼びます。「プロパティ」とは、「特性」「性質」「属性」などを表す言葉です。フィールドプロパティを上手に利用することが、テーブルの使い勝手を上げる決め手となります。

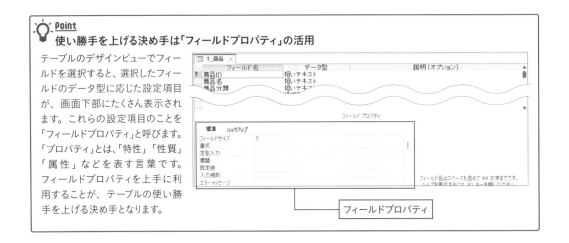

フィールドプロパティ

入力モードのオン／オフを自動切り替えする

Chapter 2の06でデータを入力したときに、[商品ID] や [商品名] などのフィールドでは自動的に入力モードが[ひらがな]あになり、[単価]や[内容数]のフィールドでは[半角英数]Aになったことに気が付いたでしょうか？ テーブルの初期設定では、短いテキスト型のフィールドでは自動的に入力モードがオンになります。[商品ID] フィールドに入力するのは英数字だけなので、入力モードがオフになるように設定を変更しましょう。

❶ [T_商品]テーブルのデザインビューを表示しておく

❷ [商品ID]フィールドを選択

❸ [IME入力モード] の ☑ をクリック

❹ [オフ]をクリック

❺ そのほかのフィールドを右表のように設定しておく

フィールド	設定値
商品ID	オフ
商品名	ひらがな
商品分類	ひらがな

Memo
[オン]と[ひらがな]の違い

[IME入力モード]プロパティで[ひらがな]を設定した場合、フィールドにカーソルを移動すると、入力モードは確実に[ひらがな]あになります。それに対して、[オン]を設定した場合、さまざまな要因によって前回使用した入力モードになることがあります。前回、[全角カタカナ]カや[半角カタカナ]ｶを使用した場合、その入力モードを引き継いでしまうということです。短いテキスト型の[IME入力モード]プロパティの既定値は[オン]ですが、どのような環境でも確実に[ひらがな]あに切り替えるには[ひらがな]を設定しましょう。

新規レコードに「¥0」が表示されないようにする

通貨型や数値型のフィールドでは、新規レコードに「¥0」や「0」が表示されます。[T_商品]テーブルでは、通貨型の[定価]フィールドに「0」を入力する可能性はありません。「0」が最初から表示されていると煩わしいので、表示されないように設定を変更しましょう。

❶[定価]フィールドを選択

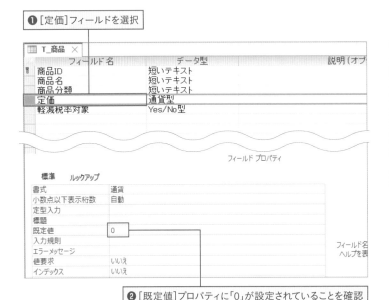

この「¥0」が表示されないようにしましょう。

❷[既定値]プロパティに「0」が設定されていることを確認

❸「0」を削除する

StepUp

[既定値]プロパティの使い道

[既定値]プロパティには、新規レコードのフィールドにあらかじめ入力しておく値を設定します。レコードに入力された既定値は、データシートビューで自由に変更できます。例えば、顧客からの入金を管理するテーブルで、[入金ステータス]フィールドの[既定値]プロパティに「入金待ち」と設定すると、新規取引のレコードの[入金ステータス]フィールドに「入金待ち」と表示されます。入金が確認できた時点で「入金済み」に入力し直せばよいので簡単です。

ドロップダウンリストから選択できるようにする

[商品分類] フィールドに入力されるデータは、「コーヒー豆」「コーヒーバッグ」「器具」の3種類です。このように入力されるデータの種類が限られている場合は、ドロップダウンリストから入力できるようにしておくと入力の負担を軽減できます。

❶ [商品分類]フィールドを選択

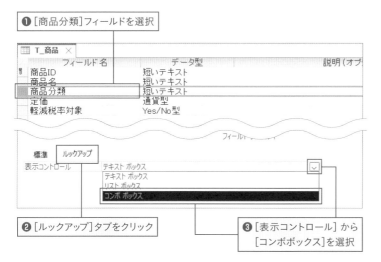

こんなリストを表示させましょう。

❷ [ルックアップ]タブをクリック

❸ [表示コントロール]から[コンボボックス]を選択

❹ ルックアップ設定用のプロパティが表示された

❺ [値集合タイプ]から[値リスト]を選択

Keyword
ルックアップ

ルックアップとは、指定した選択肢の中から選んで入力する機能です。ルックアップを設定したフィールドを「ルックアップフィールド」と呼びます。

❻ [値集合ソース]欄に「コーヒー豆;コーヒーバッグ;器具」と入力

❼ [値リストの編集の許可]で[いいえ]を選択

Point
選択肢を「;」で区切る

リストに表示する選択肢を設定するには、[値集合タイプ]プロパティで[値リスト]を選択し、[値集合ソース]に選択肢を半角セミコロン「;」で区切って入力します。なお、[値リストの編集の許可]についてはP.58を参照してください。

[値リストの編集の許可]プロパティ

[値集合タイプ]で[値リスト]、[値リストの編集の許可]で [はい]を設定すると、データシートでドロップダウンリス トを開いたときに、[リスト項目の編集]ボタンが表示され ます❶。クリックすると設定画面が開き、リストに表示 する項目の編集を行えます❷。ここでは、ユーザーに勝 手に編集されたくないので、[いいえ]を設定しました。

ルックアップを解除するには

[表示コントロール]プロパティで[テキストボックス]を選択すると、ルックアップフィールドを解除できます。

[表示コントロール]って何?

[表示コントロール]プロパティで[リストボックス]か[コンボボックス]を選択すると、フィー ルドがルックアップフィールドになります。いずれの場合も、テーブルのデータシートビュー ではドロップダウンリストが表示されます。違いが出るのは、テーブルを基にフォームを作成 したときです。[表示コントロール]の設定に応じて、フォームに表示される入力欄がリストボッ クスまたはコンボボックスになります。リストボックスでは、常に選択肢の一覧が表示されま す。コンボボックスでは、☑をクリックしたときに選択肢の一覧が表示され、入力欄に手入 力することもできます。

●リストボックス

●コンボボックス

データシートビューで動作を確認する

　データシートビューに切り替えて、フィールドプロパティの設定の効果を確認してみましょう。 入力がグンと楽になるはずです。

❶[上書き保存]をクリック　❷[表示]をクリック

ビューの切り替えには 保存が必要

デザインビューでテーブルの 設定を変更したりしたあと は、テーブルを保存しないと データシートビューに切り替 えられません。必ず上書き保 存しましょう。

❸ 新規レコードの［定価］フィールドに
「0」が表示されなくなった

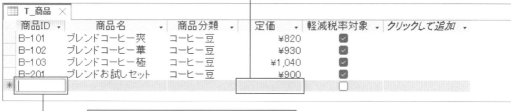

❹ ［商品ID］フィールドにカーソルを移動すると、
入力モードが自動的に［半角英数］Ａ になる

❺ ［商品分類］フィールドにカーソルを移動すると、☑ が表示される

❻ ドロップダウンリストから選んで入力できる

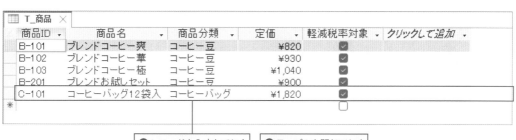

❼ レコードを入力しておく　　❽ テーブルを閉じておく

📖 Memo

入力に便利なショートカットキー

ショートカットキーを使うと、マウスを併用するより効率よく入力できます。 Enter キーや Tab キーで目的のフィールドに移動した状態で、ショートカットキーを実行してください。

操作内容	キー
上のレコードと同じフィールドの値を入力する	Ctrl + 7 キー（ 7 はテンキー不可）
チェックボックスにチェックを付ける／外す	□ キー
コンボボックスを開く	F4 キー
開いたコンボボックスから入力する	↓ キーで項目を選択して Enter キー
レコードを保存する	Shift + Enter キー

Chapter 2
08 商品一覧フォームを作成する

　Accessには、データ入力・表示用のオブジェクトである「フォーム」が用意されています。フォームには、「コントロールと呼ばれる便利な入力用の部品を配置して思い通りの入力画面を作れる」「ボタンを配置して処理の自動化を行える」など、テーブルでは太刀打ちできないさまざまなメリットがあります。ここでは「表形式」のフォームを作成します。

Sample 商品管理_0208.accdb

◎ フォームを使ってテーブルのデータを表示／入力する

フォームビュー
データの表示・入力画面

商品テーブルのデータを表示するフォームを作りましょう。テーブルとフォームは双方向だから、フォームでデータを入力すると、テーブルに格納されるのよ。

テーブル

◎ レイアウトビューでフォームの設計を調整する

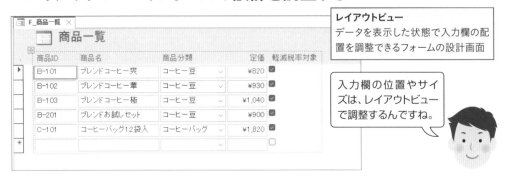

レイアウトビュー
データを表示した状態で入力欄の配置を調整できるフォームの設計画面

入力欄の位置やサイズは、レイアウトビューで調整するんですね。

オートフォームで表形式のフォームを自動作成する

　フォームの作成方法は複数ありますが、もっとも手軽なのが「オートフォーム」という機能を利用する方法です。ナビゲーションウィンドウでテーブルを選択し、[作成] タブのボタンをクリックするだけで作成できます。

❶ [T_商品] をクリックして選択　❷ [作成] タブをクリック

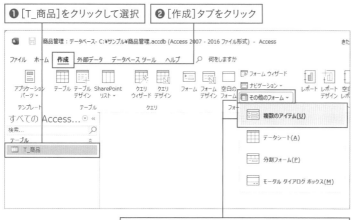

❸ [その他のフォーム]→[複数のアイテム] をクリック

❹ 表形式のフォームが作成され、
レイアウトビューが表示された

❺ [上書き保存] をクリック

❻ 「F_商品一覧」と入力　　❼ [OK] をクリック

Keyword
コントロール

フォームに配置されているさまざまな部品を「コントロール」と呼びます。このSectionで作成するフォームには、次のコントロールが配置されています。

ラベル
決められた文字を表示するコントロール

商品ID

テキストボックス
入力用のコントロール

B-101

コンボボックス
入力・選択用のコントロール

コーヒー豆
コーヒーバッグ
器具

チェックボックス
チェックの有無で「Yes」か「No」を指定するコントロール

Memo
あとからオブジェクト名を変更するには

オブジェクトが閉じた状態で、ナビゲーションウィンドウでオブジェクトを右クリックし、表示されるメニューから [名前の変更] をクリックすると、オブジェクト名を変更できます。

❾ナビゲーションウィンドウとタブにフォーム名が表示された

Memo

フォームのビュー

フォームのビューの種類と用途は以下のとおりです。
- **フォームビュー**
データの表示・入力画面
- **レイアウトビュー**
データを見ながら設定を行うフォームの設計画面
- **デザインビュー**
フォームの詳細設定を行う設計画面

レイアウトビューでコントロールの配置を調整する

オートフォーム機能を使用して表形式のフォームを作成すると、コントロールに「表形式レイアウト」と呼ばれるグループ化機能が適用されます。表形式レイアウトでは、一部のコントロールの位置やサイズを変更したときに、ほかのコントロールが自動で再配置され、常に表の形に整列するのでレイアウト作業が簡単です。

❶[商品ID]の任意のテキストボックスをクリック

❷選択したテキストボックスの下端をドラッグ

❸すべての行の高さが変わる

Point
列全体が選択される

オートフォーム機能で作成した表形式のフォームでは、コントロールをクリックすると、そのコントロールを含む列全体が選択されます。

Point
すべての行の高さが揃う

オートフォーム機能で作成した表形式のフォームでは、1カ所でコントロールの高さを変更すると、すべての行のすべてのコントロールの高さが変更されます。

❹右端をドラッグ

コントロールの配置が自動調整されて、常に表の体裁が整うのよ。便利でしょ!

❺［商品ID］のテキストボックス
の幅が狭くなった

❻［商品名］以降の列が
自動的に左にずれた

Point

**列幅を変えると配置が
自動調整される**

1カ所でコントロールの幅を
変更すると、上端にあるラベ
ルも同じ幅に変わります。同
時に、変更した右の列のテキ
ストボックスが自動的にずれ
て、配置もきれいに調整され
ます。

❼ 同様に他の列の幅も調整しておく

コントロールの幅を変える
と、それに連動してほかのコ
ントロールの配置が自動調
整されるんですね!

Point

**2回クリックしてから編
集する**

フォームを作成するとラベル
にテーブル名が表示されます
が、適切なタイトルに変更し
ましょう。1回クリックするとラ
ベルが選択され、もう1回ク
リックするとラベル内にカーソ
ルが表示されます。その状態
で文字を編集して、Enter
キーで確定します。

❽ このラベルをクリックして選択

❾ もう一度クリックするとカーソルが
表示されるので、「商品一覧」に書き
換えて Enter キーを押す

❿ 上書き保存しておく

上書き保存するには、画
面左上にある圖ボタンを
クリックしてね。

フォームを開いてデータを入力する

フォームビューを開いて、データを入力してみましょう。テーブルで設定した入力モードやルックアップの設定は、そのまま引き継がれていることも確認しましょう。

❶ [フォームレイアウトのデザイン]タブ、または[ホーム]タブにある[表示]をクリック

❷ フォームビューが表示された

❸ 最下行に新規レコードの入力欄が表示される

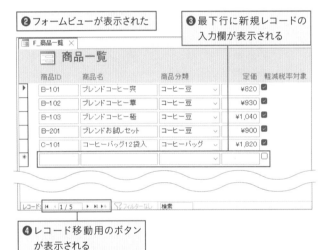

❹ レコード移動用のボタンが表示される

❺ レコードを入力する

❻ フォームを閉じておく

Memo
閉じているフォームを開くには

ナビゲーションウィンドウでフォームをダブルクリックすると、フォームビューが開きます。

ダブルクリック

Point
テーブルの設定が継承される

Chapter 2の07で行ったフィールドの設定は、フォームに継承されます。レコードを入力するときに入力モードが自動的に切り替わります。また、[商品分類]はリストから入力できます。

Memo
フォームビューでレコードを削除するには

レコードセレクター（各行の左端にある四角形）をクリックして、レコードを選択します。[ホーム]タブの[削除]をクリックするか [Delete] キーを押すと、削除確認のメッセージが表示されます。[はい]をクリックすると、選択したレコードが削除されます。

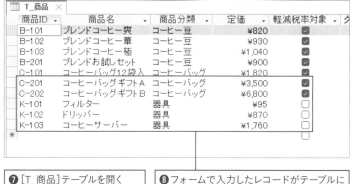

❼[T_商品]テーブルを開く

❽フォームで入力したレコードがテーブルに格納されていることを確認しておく

Memo

移動ボタン

一画面に収まらないほどレコード数が多い場合は、フォーム下端に表示される移動ボタンを使うと素早く移動できます。

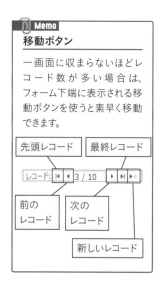

StepUp

コントロールレイアウトを理解する

　フォームやレポートには、「コントロールレイアウト」と呼ばれるコントロールのグループ化の機能があります。コントロールレイアウトの種類は、「集合形式レイアウト」と「表形式レイアウト」の2種類です。コントロールレイアウトが適用されたコントロールは、常に自動的に整列します。

　フォームやレポートの作成方法は複数あり、作成方法によって、コントロールレイアウトが適用される場合とされない場合があります。適用されている場合、コントロールを1つ選択したときに、コントロールレイアウト全体が点線で囲まれ、左上に田マークが表示されます。

　コントロールレイアウトを適用する方法はP.194、解除する方法はP.199で紹介します。

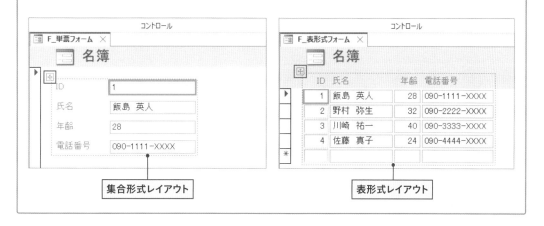

集合形式レイアウト　　　　　　　表形式レイアウト

Chapter 2

09 商品一覧レポートを作成する

このSectionでは、オートレポートを使用してレポートを作成し、作成したレポートのレイアウトやデザインを調整する方法を紹介します。

Sample 商品管理_0209.accdb

○ 印刷用にレポートを作成する

商品一覧

商品ID	商品名	商品分類	定価	軽減税率対象
B-101	ブレンドコーヒー爽	コーヒー豆	¥820	☑
B-102	ブレンドコーヒー華	コーヒー豆	¥930	☑
B-103	ブレンドコーヒー極	コーヒー豆	¥1,040	☑
B-201	ブレンドお試しセット	コーヒー豆	¥900	☑
C-101	コーヒーバッグ12袋入	コーヒーバッグ	¥1,820	☑
C-201	コーヒーバッグギフトA	コーヒーバッグ	¥3,500	☑
C-202	コーヒーバッグギフトB	コーヒーバッグ	¥6,800	☑
K-101	フィルター	器具	¥95	☐
K-102	ドリッパー	器具	¥870	☐
K-103	コーヒーサーバー	器具	¥1,760	☐

商品テーブルのデータを印刷する

フォームやレポートのレイアウトの調整は、根気のいる力仕事。少しでも要領よく作業するコツをつかみましょう!

オートレポートで表形式のレポートを自動作成する

オートレポートを使用すると、テーブルのデータを一覧印刷するレポートを自動作成できます。作成されるレポートにはさまざまなコントロールが配置されるので、不要なものは削除します。

❶ [T_商品]をクリックして選択

❷ [作成]タブの[レポート]をクリック

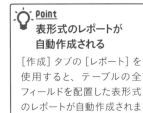

Point
表形式のレポートが自動作成される

[作成] タブの [レポート] を使用すると、テーブルの全フィールドを配置した表形式のレポートが自動作成されます。

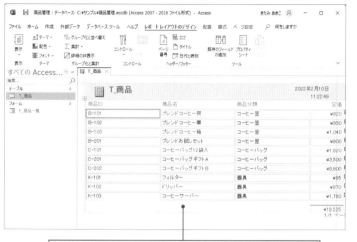

❸ 表形式のレポートが作成され、レイアウトビューが表示された

Point
レイアウトビューが表示される

オートレポートでレポートを作成すると、レイアウトビューにレポートが表示されます。フォームの場合と同様に、レイアウトビューではデータを表示した状態でコントロールの配置の調整を行えます。

表が用紙からはみ出しているけど、このあと1ページに収まるように調整していくから安心して!

❹ ここをクリック

❺ Ctrl キーを押しながら日付、時刻、点線の枠、定価の合計を選択し、Delete キーを押して削除する

Point
点線の空白枠も残らず削除する

作成された表の下部に点線の空白枠が複数表示され、そのうちの1つに定価の合計が表示されます。それらをまとめて選択して削除しましょう。なお、1つずつ削除する場合、先に合計のテキストボックスを削除してから、点線枠を削除します。日付と時刻も別々に削除すると削除した位置に点線枠が残るので、忘れずに削除してください。

点線の枠も削除する

❻ [上書き保存]をクリック

❼「R_商品一覧」と入力

❽ [OK]をクリック

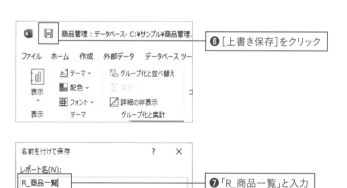

レイアウトビューでデザインを調整する

レポートは印刷が目的のオブジェクトなので、用紙のサイズにきれいに収めることを意識しながらレイアウトを調整しましょう。レイアウトビューでは、改ページの位置に破線が表示されます。ページ設定をしてから、改ページの破線を目安にコントロールの配置を調整します。

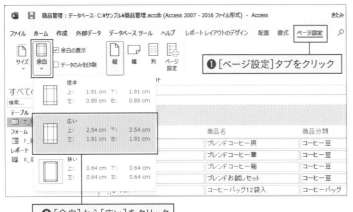

❶ [ページ設定] タブをクリック

❷ [余白] から [広い] をクリック

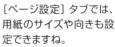

[ページ設定] タブでは、用紙のサイズや向きも設定できますね。

コントロールの配置調整後にページ設定するとバランスが崩れるから、ページ設定は必ず最初にしてね。

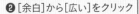

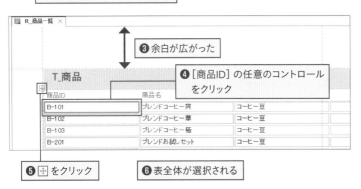

❸ 余白が広がった

❹ [商品ID] の任意のコントロールをクリック

❺ ⊞ をクリック

❻ 表全体が選択される

> **Memo**
>
> **レイアウト内のコントロールの選択**
>
> コントロールレイアウト内の任意のコントロールを選択すると、左上に ⊞ マークが表示されます。これをクリックすると、コントロールレイアウトの全コントロールを選択できます。

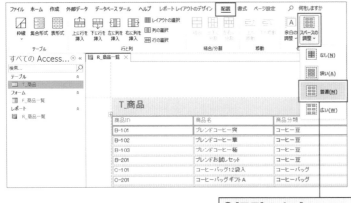

❼ [配置] タブの [スペースの調整] から [普通] をクリック

> **Point**
>
> **コントロール間の距離**
>
> コントロールレイアウトが適用されている場合、[スペースの調整] からコントロール間の距離を [広い] [狭い] などから設定できます。あらかじめコントロールレイアウトを選択してから設定します。

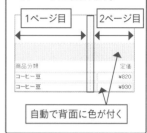

Point
破線を目安に配置する

レポートの背面に色が付きますが、すべてのコントロールを1ページ目（破線の左側）に収めると、背面の色も自動で1ページに収まります。

自動で背面に色が付く

Memo
背面の色が自動調整されない場合

デザインビューで操作した場合などは、背面の色が自動調整されません。その場合は、P.260を参考にレポートの幅を手動で調整します。

⑧ コントロールを選択して右境界線をドラッグすると、列幅を変更できる

⑨ ページ番号が破線の内側に収まるように配置を調整しておく

⑩ 表の全列が破線の内側に収まるように、1列ずつ列幅を調整しておく

Point
表全体が自動調整される

コントロールをクリックすると列全体が選択され、幅を変更すると列全体の幅が変わります。同時に右の列のコントロールが自動的にずれ、表全体の配置が自動調整されます。

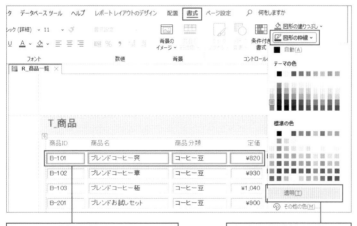

⑪ [商品ID]のテキストボックスをクリックし、[Shift]キーを押しながら[定価]のテキストボックスをクリックして、すべてのテキストボックスを選択

⑫ [書式]タブの[図形の枠線]から[透明]をクリック

Memo
コントロールの書式

[書式]タブには、コントロールの見栄えを設定する機能が揃っています。ここでは枠線を透明にしました。

このグレーの枠を透明にする

⑬ テキストボックスの枠が消えた

⑭ ラベルを2回クリックするとカーソルが現れるので、文字を変更しておく

デザインビューでセクションの色とサイズを調整する

レポートの設計画面には、レイアウトビューのほかにデザインビューがあります。レポートは複数のセクションから構成されますが、デザインビューではセクションが明確に分かれて表示されるので、セクション単位の設定をわかりやすく行えます。

❶[レポートレイアウトのデザイン]タブをクリック

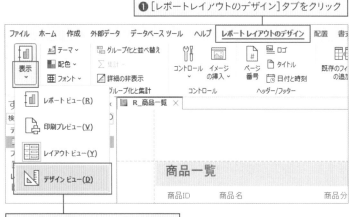

❷[表示]→[デザインビュー]をクリック

Memo
レポートのビュー

レポートのビューの種類と用途は以下のとおりです。
・**レポートビュー**
レポートのデータを画面上で確認する
・**印刷プレビュー**
印刷イメージを確認する
・**レイアウトビュー**
データの状態を見ながら設計を行う
・**デザインビュー**
レポートの詳細設定を行う

❸デザインビューが表示された

❹[レポートヘッダー]セクションの下境界線をドラッグしてセクションを広げる

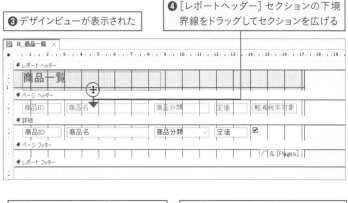

Keyword
セクションバー

セクションの上部にある横長のバーを「セクションバー」と呼びます。これをクリックすると、セクションを選択できます。

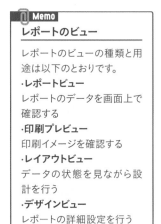

セクションバー

❺セクションバーをクリックして[レポートヘッダー]セクションを選択

❻[書式]タブの[図形の塗りつぶし]から色を選択

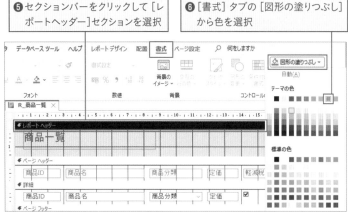

Memo
縞模様の色を変えるには

初期状態ではレコードの背面がグレーの縞模様になります。[詳細]セクションを選択して、[書式]タブの[交互の色]から縞模様の色の変更や解除ができます。設定結果は、レイアウトビューで確認してください。

❼[レポートヘッダー]セクションの色が変わった

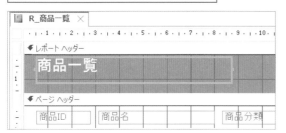

❽ラベルを選択して、[書式]タブの
[フォントの色]で色を変更

❾上書き保存しておく

印刷プレビューで印刷イメージを確認する

フォームの設計が完了したら、印刷プレビューで印刷イメージを確認します。

❶[レポートデザイン]タブをクリック

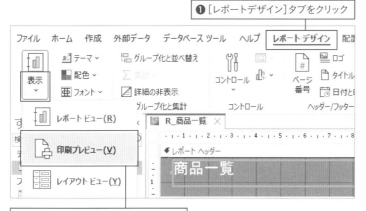

❷[表示]→[印刷プレビュー]をクリック

📘Memo

ズーム機能を利用する

[印刷プレビュー]タブの[1
ページ]をクリックすると、1
ページ全体を表示できます。
また、[ズーム]の上側をクリッ
クすると、🔍や🔍のマウス
ポインターで見たい部分を拡
大／縮小できるようになりま
す。

❸印刷プレビューが表示された

❺[印刷プレビューを閉じる]を
クリックすると、直前のビュー
に戻る

❹実際に印刷するには
「印刷」をクリック

Chapter 2
10 画面遷移用のボタンを作成する

部署の複数のメンバーで利用するデータベースでは、誰が使ってもわかりやすい操作性のよい
システムに仕上げることが大切です。このSectionでは、フォームにボタンを配置して、ワンクリッ
クでフォームやレポートを開く仕組みを作ります。

Sample 商品管理_0210.accdb

○ 商品一覧フォームにボタンを配置する

> **Memo**
> **ボタン作成の仕組み**
>
> ボタン自体は単なる図形ですが、「コントロールウィザード」という仕組みを使うと、ボタンに自動で「マクロ」と呼ばれる
> プログラムを割り当てられます。ウィザードが提示する選択肢から「レポートを印刷する」「フォームを閉じる」などの項
> 目を選択するだけで、その動作を行うマクロを自動作成できるので、プログラミングの知識がなくても簡単に操作の自
> 動化を図れます。

デザインビューでレイアウトを調整する

[F_商品一覧] フォームをデザインビューで開き、ボタンを配置するための準備としてレイアウトを整えます。また、フォームヘッダーの色を変更します。

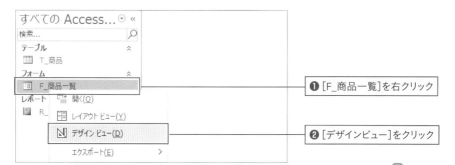

❶ [F_商品一覧]を右クリック

❷ [デザインビュー]をクリック

❸ [F_商品一覧] フォームがデザインビューで表示された

❹ ラベルの幅を縮小してボタンの場所を開ける

❺ フォームの右端をドラッグして、コントロールが収まるギリギリの位置までフォームの幅を縮小する

❻ ヘッダーバーをクリックして [書式] タブの [図形の塗りつぶし]からフォームヘッダーの色を設定

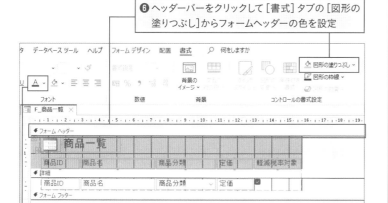

❼ ラベルを選択して、[フォントの色] から文字の色を設定する

Memo

コンテンツの有効化

一度 [コンテンツの有効化] をクリックすると、次回からそのファイルに [セキュリティの警告] は表示されなくなります。

Point

コントロールの複数選択

・**ルーラー**

「ルーラー」(デザインビューの上端と左端に表示される目盛り)上を ↓ や → のマウスポインターでクリックすると、矢印の方向にあるコントロールを一括選択できます。

・**ドラッグ**

デザインビューの無地の部分を ▷ のマウスポインターで斜めにドラッグすると、ドラッグした領域に含まれるコントロールを一括選択できます。

・**[Ctrl]＋クリック**

1つ目のコントロールをクリックし、2つ目以降のコントロールを [Ctrl]＋クリックすると、複数のコントロールを選択できます。この方法は、レイアウトビューでも使えます。

レポートを開くボタンを作成する

フォームヘッダーに［印刷］ボタンを配置して、ボタンのクリックで［R_商品一覧］レポートの
印刷プレビューが開くように設定します。

❶［フォームデザイン］タブをクリック　　❷［コントロール］をクリック

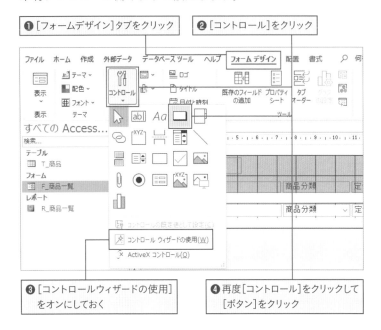

❸［コントロールウィザードの使用］をオンにしておく

❹ 再度［コントロール］をクリックして［ボタン］をクリック

❺ マウスポインターが ▛ になったら、フォームヘッダーの無地の部分をクリック

❻［コマンドボタンウィザード］が表示された

❼ ボタンの動作として、［レポートの操作］→［レポートのプレビュー］を選択

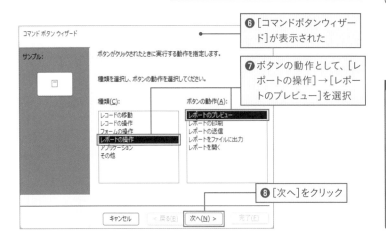

❽［次へ］をクリック

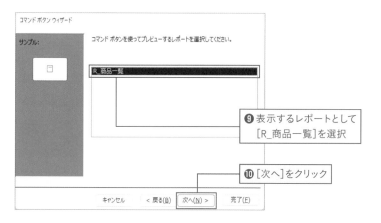

⑨ 表示するレポートとして
[R_商品一覧]を選択

⑩ [次へ]をクリック

Memo
絵柄を表示することも可能

手順⑪で[ピクチャ]から選択
すると、絵柄入りのボタンを
作成できます。

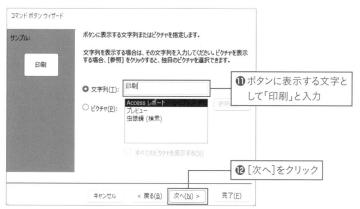

⑪ ボタンに表示する文字と
して「印刷」と入力

⑫ [次へ]をクリック

質問に答えていくだけでプロ
グラムを作成できるなんて、
便利だなぁ♪

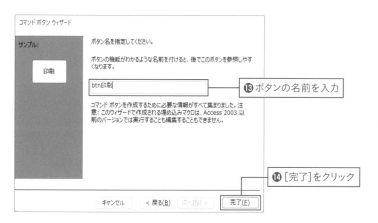

⑬ ボタンの名前を入力

⑭ [完了]をクリック

Memo
ボタンの名前

ここでは印刷用のボタンであ
ることがわかるように⑬で
「btn印刷」と名付けましたが、この先の操作にボタン名
が影響することはないので、
初期値の「コマンド36」のよう
な名前のままでも構いませ
ん。

⑮ ボタンが作成される
ので、サイズと配置
を整えておく

Access基礎編

Chapter 2 商品管理システムを作ろう

075

フォームを閉じるボタンを作成する

[印刷]ボタンの横にもう1つボタンを配置して、フォームを閉じる機能を割り付けます。

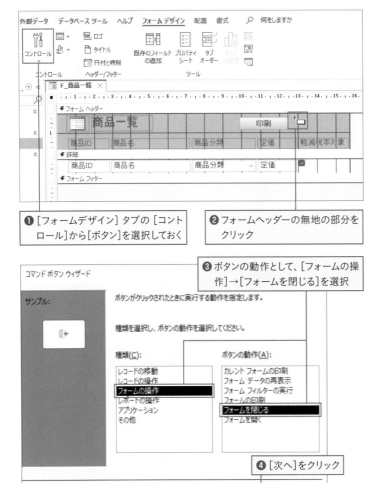

● [フォームデザイン] タブの [コント
ロール]から[ボタン]を選択しておく

❷ フォームヘッダーの無地の部分を
クリック

❸ ボタンの動作として、[フォームの操
作]→[フォームを閉じる]を選択

❹ [次へ]をクリック

❺ 次画面でボタンに表示する文字として「閉じる」と入力して[次へ]をクリック

❻ 次画面でボタンの名前として「btn閉じる」と入力して[完了]をクリック

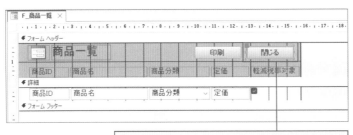

❼ ボタンが作成されるので、サイズと配置を整えておく

Memo

複数のボタンの位置を揃えるには

複数のボタンを選択して❶、[配置] タブにある [配置] ボタンを使うと❷、位置をきれいに揃えられます。例えば [上] を選ぶと❸、選択した中で一番上にあるボタンの上位置に揃います❹。

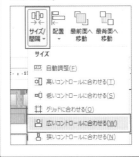

Memo

複数のボタンのサイズを統一するには

複数のボタンを選択して [配置]タブにある[サイズ/間隔]ボタンを使うと、同じサイズに統一できます。例えば [広いコントロールに合わせる]を選ぶと、選択したボタンが一番幅の広いボタンと同じ幅になります。

ボタンの動作を確認する

[F_商品一覧]フォームを開き、ボタンの動作を確認しましょう。

❶[F_商品一覧]フォームをフォームビューで開く

[F_商品一覧]フォーム

❷[閉じる]ボタンをクリックすると[F_一覧]フォームが閉じる

[印刷]ボタンをクリックすると[R_商品登録]レポートが表示される

[R_商品一覧]レポート

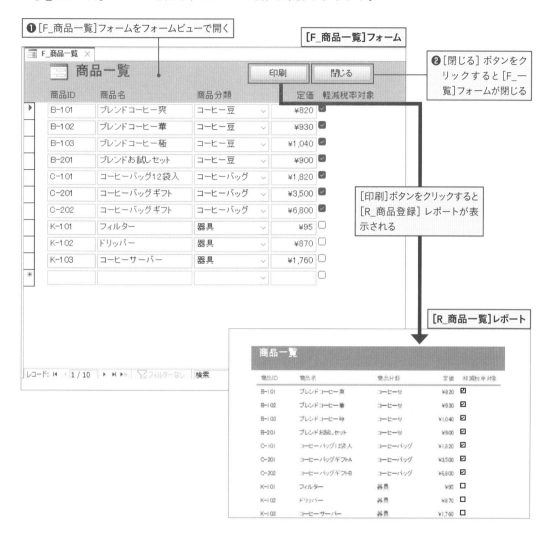

 以上で、商品管理システムの作成は終了よ。

ほんの数個の商品データが、表示・入力、印刷機能を備えた立派なシステムに変身して感激です！

 Chapter 7の02で紹介するメインメニューを追加するとより使いやすくなるから、いつか挑戦してね。

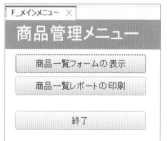

ナビゲーションウィンドウの操作

　ナビゲーションウィンドウには、データベースファイルに含まれるオブジェクトが一覧表示されます。ここでは、ナビゲーションウィンドウの表示に関する操作を確認しましょう。

▶ ナビゲーションウィンドウの折りたたみ

　ナビゲーションウィンドウの右上にある《をクリックすると❶、ナビゲーションウィンドウが閉じ❷、オブジェクトの表示領域が広がります❸。横長の表を表示したいときに便利です。》をクリックすると❹、ナビゲーションウィンドウが再表示されます。

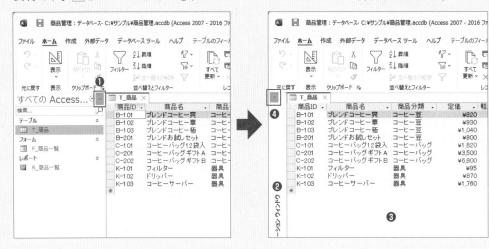

▶ オブジェクトの表示方法の切り替え

　オブジェクトは、通常、[テーブル] [フォーム] [レポート] などの種類ごとに分類されて表示されます❶。そうならない場合は、▽をクリックし❷、[オブジェクトの種類] をクリックして❸、[すべてのAccessオブジェクト]を選択しましょう❹。

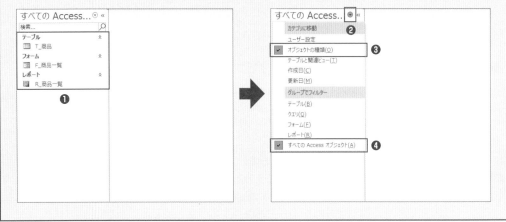

Chapter

3

Access基礎編

●

顧客管理システムを
作ろう

商品管理システムの作成を経験して、Accessの操作に慣れてきたのではないでしょうか?
このChapterでは、顧客情報を管理するデータベースを作成します。前Chapterで作成し
たテーブル、フォーム、レポートに加えて、クエリを活用します。

全体像をイメージしよう

顧客管理システムを作る

 次は、顧客情報を管理するデータベースを作るわよ。

商品管理データベース作成の経験がありますから、僕一人でも大丈夫。バッチリ任せてください！

 ホントに大丈夫？ 氏名・住所入力の便利ワザや宛名印刷など、顧客データ特有の機能を紹介したいし、クエリの機能も新しく出てくるから、一緒に作業しましょう。

なるほど、そうですね。よろしくお願いします。

 商品管理システムの作成で身に付けた操作を再確認しつつ、発展的な操作にもチャレンジしていきましょう！

必要なオブジェクトとデータの流れを考える

　顧客管理システムの中心となるオブジェクトは、顧客情報を格納するための「顧客テーブル」です。顧客テーブルにレコードを登録するための「顧客登録フォーム」、顧客データを一覧表示するための「顧客一覧フォーム」も必要です。顧客にイベント情報を通知する際に使用する宛名ラベルの印刷機能も必須で、イベントの対象地域に住んでいる顧客を抽出するのに「住所抽出クエリ」、ラベルシートに宛名を印刷するのに「宛名ラベルレポート」を使用します。

▶ **顧客管理システム**

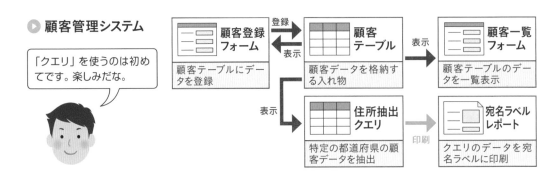

「クエリ」を使うのは初めてです。楽しみだな。

顧客登録フォーム	顧客テーブル	顧客一覧フォーム
顧客テーブルにデータを登録	顧客データを格納する入れ物	顧客テーブルのデータを一覧表示

登録 / 表示 → 表示 →

住所抽出クエリ：特定の都道府県の顧客データを抽出

宛名ラベルレポート：クエリのデータを宛名ラベルに印刷

作成するオブジェクトを具体的にイメージする

顧客管理システムに必要なオブジェクトとその使用目的が決まったら、それを実現するための各オブジェクトの具体的な機能をイメージします。

▶ 顧客テーブル

顧客の氏名や連絡先の情報を保存する。バースデークーポンの企画や年齢層による売上分析などに備えて、生年月日も含める。Excelで作成した顧客名簿をAccessに取り込んで利用する（Chapter 3の02）。顧客名を入力するとふりがなが、郵便番号を入力すると住所が自動入力されるようにする（Chapter 3の03）

▶ 顧客登録フォーム

F_顧客登録

顧客登録　　　　[閉じる]

顧客ID	1
顧客名	渡部 剛
顧客名カナ	ワタナベ ツヨシ
性別	男
生年月日	1989/05/16
クーポン発行月	5
年齢	32
郵便番号	320-0834
都道府県	栃木県
住所	宇都宮市陽南X-X
電話番号	028-645-XXXX
メールアドレス	watanabe@example.com

顧客テーブルの1件分のデータを1画面に表示。生年月日から誕生月や年齢を計算して表示。顧客ID（オートナンバー型とする）と誕生月、年齢は自動入力されるので、Tabキーによるカーソルの移動順から外す。レコードの表示と入力に使用する（Chapter 3の04）

▶ 顧客一覧フォーム

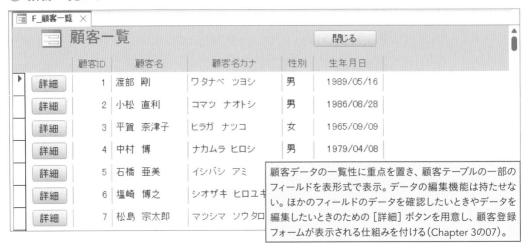

顧客データの一覧性に重点を置き、顧客テーブルの一部のフィールドを表形式で表示。データの編集機能は持たせない。ほかのフィールドのデータを確認したいときやデータを編集したいときのための [詳細] ボタンを用意し、顧客登録フォームが表示される仕組みを付ける(Chapter 3の07)。

▶ 住所抽出クエリ

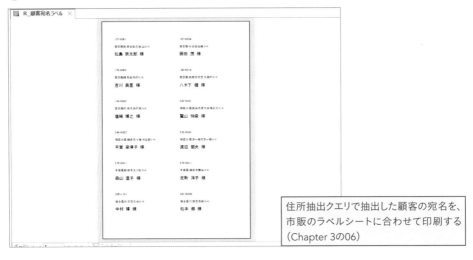

顧客名	郵便番号	都道府県	住所
松島 宗太郎	157-0061	東京都	世田谷区北烏山X-X
岡田 茂	167-0054	東京都	杉並区松庵X-X
吉川 美里	176-0003	東京都	練馬区羽沢X-X
八木下 健	188-0014	東京都	西東京市芝久保町X-X
塩崎 博之	194-0032	東京都	町田市本町田X-X
鷲山 怜奈	222-0021	神奈川県	横浜市港北区篠原北X-X
平賀 奈津子	248-0025	神奈川県	鎌倉市七里ガ浜東X-X
渡辺 郁夫	253-0041	神奈川県	茅ヶ崎市茅ヶ崎X-X
森山 温子	278-0011	千葉県	野田市三ツ堀X-X
反町 洋子	279-0011	千葉県	浦安市美浜X-X
中村 博	359-1101	埼玉県	所沢市北中X-X
松本 修	361-0023	埼玉県	行田市長野X-X

顧客テーブルから、都道府県が東京都、埼玉県、千葉県、神奈川県である顧客の氏名と住所データを抽出する(Chapter 3の05)

▶ 商品一覧レポート

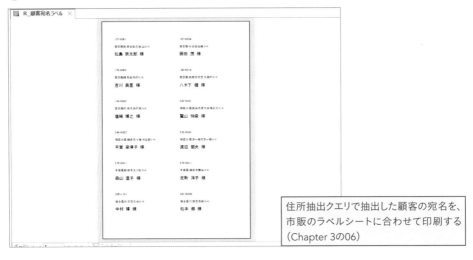

住所抽出クエリで抽出した顧客の宛名を、市販のラベルシートに合わせて印刷する(Chapter 3の06)

画面遷移を考える

最後に、画面の流れを整理しましょう。どのようなときにどの画面をどのような流れで使うのかを、ユーザー側の目線で考えます。

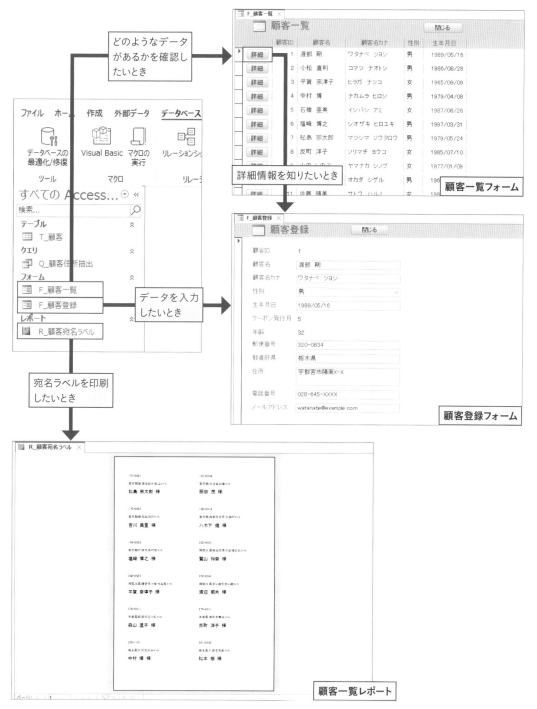

顧客一覧フォーム

顧客登録フォーム

顧客一覧レポート

Chapter 3 02 Excelの表から顧客テーブルを作成する

Excelで管理していたデータをAccessのシステムに移行する場合、テーブルを一から作り直す必要はありません。「インポート」という機能を利用すれば、Excelの表から簡単にAccessのテーブルを作成できます。

Sample 顧客管理_0302.accdb／顧客名簿.xlsx

◎Excelで入力した表からテーブルを作成する

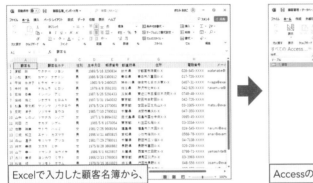

Excelで入力した顧客名簿から、

Accessのテーブルを作成

顧客テーブルの作成に取り掛かろうっと。Excelで作った顧客名簿を見ながらデータを入力すればいいな……。

テーブルを一から作るなんてナンセンス！「インポート」を利用すれば、あっという間にテーブルを作れるわよ。

✎Keyword
インポート

別のファイルのデータを自ファイルに取り込むことを「インポート」と呼びます。Excelからインポートを行うと、データがAccessの形式に変換されて取り込まれます。

💡Point
インポートをスムーズに進めるコツ

以下のような表を用意しておくと、ExcelからAccessへのインポートがスムーズに運びます。実際の手順は、P.85～P.86で紹介します。

・1行目にフィールド名、2行目以降にデータを入力する
・Accessで計算して求められるデータはインポートしないので削除する
・文字列としてインポートしたい数字データに［文字列］の表示形式を設定する

Excel の表を準備する

Accessにインポートする前に、下準備としてExcelの表を整形しておきましょう。スムーズにインポートできるように、取り込むデータ以外の行や列を削除します。なお、元の表を残したい場合は、ファイルをコピーしてから作業をするとよいでしょう。

❶ インポートするExcelのファイルを開く

❷ 表のタイトル行と年齢の列は不要なので削除したい

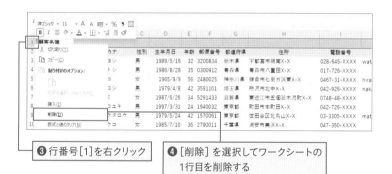

❸ 行番号[1]を右クリック

❹ [削除]を選択してワークシートの1行目を削除する

❺ 列番号[E]を右クリック

❻ [削除]を選択して年齢の列を削除する

Point

1行目にフィールド名を置く

インポートの際に[先頭行をフィールド名として使う]という設定項目があるので、1行目にフィールド名、2行目以降にデータが入力されている状態にしておくと、Accessでスムーズにインポートできます。

Memo

数式の結果が取り込まれる

四則演算や関数などの式が入力されている列をインポートすると、計算結果が取り込まれます。[年齢]列には「DATEDIF」という関数が入力されていますが、仮に[年齢]列をインポートした場合、Accessには関数の式ではなくその結果の数値が取り込まれます。

Point

計算で求められる値はインポートしない

計算で求められるデータはインポートせずに、Access側で改めて計算して求めるのが原則です。年齢は生年月日から計算できます。Accessで計算することで、生年月日を修正した場合に年齢も計算し直されますし、誕生日がくれば年齢が自動更新されます。

❼郵便番号のセルを選択

❽[ホーム]タブの[数値の書式]欄に[文字列]が設定されていることを確認

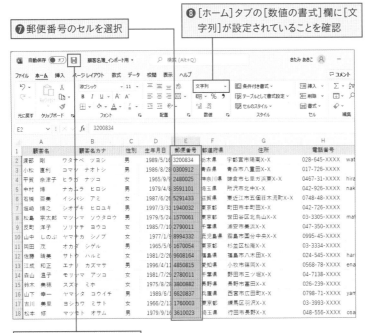

❾ファイルを上書き保存して閉じておく。

Memo

[文字列]の設定とは

セルE3には「0300912」が入力されています。標準のセルに「0300912」と入力すると、先頭の「0」が無視され、「300912」という数値が入力されてしまいます。手順❽のようにあらかじめ[数値の書式]欄で[文字列]を設定してから入力すれば、先頭に「0」を付けたまま、郵便番号を文字列として入力できます。

Point

郵便番号は文字列データ

Excelのデータをインポートするときに、自動的にデータの種類が判別されます。今回インポートする郵便番号にはExcelで[文字列]の表示形式を設定してあるので、Accessでは短いテキスト型と判別されます。なお、[文字列]の表示形式を設定していない数字の並びのデータはAccessでは数値型と判別されるので、P.88手順❸の画面でデータ型を適宜[短いテキスト]に設定してください。

Point

ふりがなを忘れずに取り込む

[顧客名カナ]列には「PHONETIC」という関数が入力されています。PHONETIC関数は、指定したセルのデータのふりがなを求める関数です。Accessにはインポートした顧客名からふりがなを求める機能はありません。Excelから氏名データをインポートするときは、PHONETIC関数でふりがなを求め、求めたふりがなを一緒にインポートするようにしましょう。

「=PHONETIC(A2)」と入力すると、セルA2の氏名のふりがなを求められる

Excelの表をテーブルとして取り込む

それでは実際にインポートを実行しましょう。[ワークシートインポートウィザード] という設定画面の指示にしたがって操作していけばよいので簡単です。

❶ P.26を参考に「顧客管理」の名前で空のデータベースを作成しておく

❷ [外部データ]タブをクリック

❸ 新しいデータソース]→[ファイルから]→[Excel]をクリック

❹ 設定画面が表示された

❺ [参照] をクリックしてインポートするExcelファイルを指定する

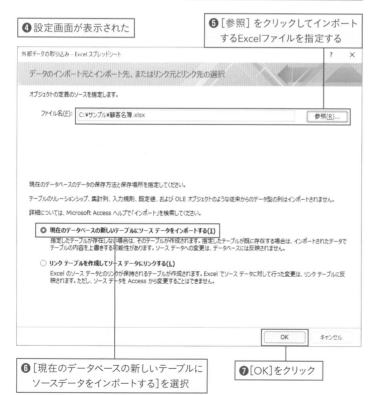

外部データの取り込み - Excel スプレッドシート

データのインポート元とインポート先、またはリンク元とリンク先の選択

オブジェクトの定義のソースを指定します。

ファイル名(F): C:¥サンプル¥顧客名簿.xlsx　　　　　　　　　　　　　　　　　　　　[参照(R)…]

現在のデータベースのデータの保存方法と保存場所を指定してください。

テーブルのリレーションシップ、集計列、入力規則、既定値、および OLE オブジェクトのような従来からのデータ型の列はインポートされません。

詳細については、Microsoft Access ヘルプで「インポート」を検索してください。

◉ 現在のデータベースの新しいテーブルにソース データをインポートする(I)
指定したテーブルが存在しない場合は、そのテーブルが作成されます。指定したテーブルが既に存在する場合は、インポートされたデータでテーブルの内容を上書きする可能性があります。ソース データへの変更は、データベースには反映されません。

○ リンク テーブルを作成してソース データにリンクする(L)
Excel のソース データとのリンクが保持されるテーブルが作成されます。Excel でソース データに対して行った変更は、リンク テーブルに反映されます。ただし、ソース データを Access から変更することはできません。

[OK]　　キャンセル

❻ [現在のデータベースの新しいテーブルにソースデータをインポートする]を選択

❼ [OK]をクリック

Memo

Access 2016の場合

手順❷の実行後、[インポートとリンク] グループにある [Excel]をクリックします。

Memo

Excelファイルの指定

手順❺で [参照] をクリックすると、[ファイルを開く] ダイアログボックスが表示されるので、ファイルの場所を指定してExcelのファイルを選択してください。

Memo

既存テーブルに追加することもできる

Accessのファイルにテーブルが含まれている場合、手順❻の画面に [レコードのコピーを次のテーブルに追加する] という選択肢が追加されます。これを選ぶと、Excelのデータを既存のテーブルに追加できます。

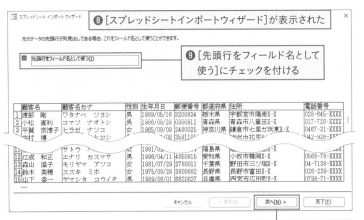

❽ [スプレッドシートインポートウィザード]が表示された

❾ [先頭行をフィールド名として使う]にチェックを付ける

⓾ [次へ]をクリック

> **Memo**
>
> **複数のワークシートがある場合**
>
> 指定したExcelのファイルにワークシートが複数ある場合、手順❾の前にワークシートの選択画面が表示されるので、取り込むワークシート指定します。

⓫ フィールドの設定画面が表示された

⓬ [次へ]をクリック

> **Memo**
>
> **フィールドのオプションを指定する**
>
> 手順⓫の画面では、フィールド名、データ型、インポートするかどうかなどを確認・設定します。各フィールドを順に選択して設定を確認し、必要に応じて変更しましょう。不要なフィールドは、[このフィールドをインポートしない]にチェックを付けると、インポートされません。

⓭ ここをクリックして[郵便番号]フィールドを選択

⓮ データ型が[短いテキスト]になっていることを確認

⓯ [次へ]をクリック

Excelで郵便番号欄に[文字列]を設定していたから、Accessで[短いテキスト]が自動で設定されるんですね。

⑯［主キーを自動的に設定する］を選択

⑰［ID］フィールドが追加されたことを確認

⑱［次へ］をクリック

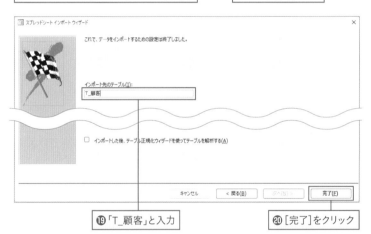

⑲「T_顧客」と入力

⑳［完了］をクリック

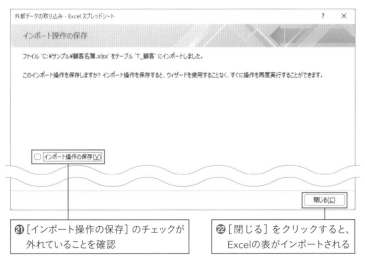

㉑［インポート操作の保存］のチェックが外れていることを確認

㉒［閉じる］をクリックすると、Excelの表がインポートされる

Memo
主キーの設定

主キーにふさわしいデータがExcelの表にない場合は、手順⑯の画面で［主キーを自動的に設定する］を選ぶと、テーブルに「ID」という名前のオートナンバー型のフィールドが追加され、［ID］フィールドが主キーになります。ふさわしいデータがある場合は、［次のフィールドに主キーを設定する］を選び、主キーとするフィールドを指定しましょう。

Point
エラーメッセージが表示されたら

インポートがうまくいかない場合、エラーメッセージが表示されるので、その内容にしたがって対応しましょう。指定したデータ型が不適切、主キーに指定したフィールドに重複する値が入力されていることなどが、エラーの原因になります。

Memo
インポート手順の保存

今後、同じワークシートを何度もインポートする場合は、手順㉑でチェックを付けてインポート手順を保存しておくと便利です。次回からは、［外部データ］タブにある［保存済みのインポート操作］ボタンから、素早くインポートを行えます。

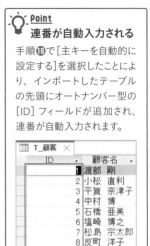

Point
連番が自動入力される

手順⑱で[主キーを自動的に設定する]を選択したことにより、インポートしたテーブルの先頭にオートナンバー型の[ID]フィールドが追加され、連番が自動入力されます。

㉓インポートされたテーブルをダブルクリック

㉔データを確認

㉕[ホーム]タブの[表示]をクリック

テーブルのデザインを適切に設定し直す

　新しいテーブルにデータをインポートすると、短いテキスト型のフィールドサイズは既定値の「255」になります。ディスクスペースを無駄にしないためにも、フィールドサイズを適切に設定し直しましょう。ここではさらに、日本語入力の自動切り替えとルックアップフィールドの設定も行います。

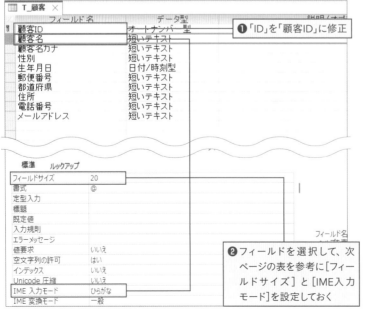

❶「ID」を「顧客ID」に修正

❷フィールドを選択して、次ページの表を参考に[フィールドサイズ]と[IME入力モード]を設定しておく

自動的に設定される主キーフィールドの名前は「ID」になるので、適宜変更しましょう。

次ページでは、性別をドロップダウンリストから選べるように設定します。

フィールド	フィールドサイズ	IME入力モード
顧客名	20	ひらがな
顧客名カナ	20	全角カタカナ
性別	5	ひらがな
郵便番号	7	オフ
都道府県	4	ひらがな
住所	50	ひらがな
電話番号	15	オフ
メールアドレス	30	オフ

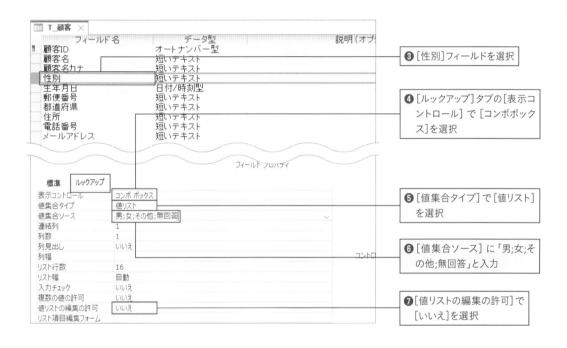

❸ [性別]フィールドを選択

❹ [ルックアップ]タブの[表示コントロール] で [コンボボックス]を選択

❺ [値集合タイプ]で[値リスト]を選択

❻ [値集合ソース] に「男;女;その他;無回答」と入力

❼ [値リストの編集の許可]で[いいえ]を選択

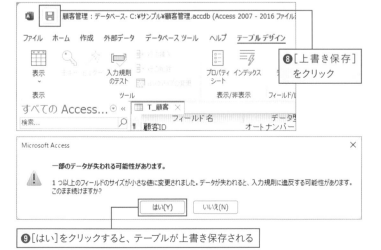

❽ [上書き保存]をクリック

❾ [はい]をクリックすると、テーブルが上書き保存される

> **📱 Memo**
> **メッセージの意味**
>
> 手順❾で「一部のデータが失われる可能性があります」と表示されるのは、手順❷でフィールドサイズの文字数を少なく設定し直したためです。実際にテーブルに入力されているデータの文字数が設定し直した文字数に収まっている場合はデータが失われることはないので、安心して[はい]をクリックしてください。

StepUp

CSVファイルをインポートするには

「CSVファイル」とは、レコード内の各データがカンマ「,」で区切られたテキストファイルで、データを受け渡す際によく利用されます。ここでは、「顧客名簿_追加分.csv」のデータを[T_顧客]テーブルに追加してみましょう。

Sample 顧客管理_0302-S.accdb ／ 顧客名簿_追加分.csv

CSVファイルには、データがカンマ「,」で区切られて入力されています❶。メモ帳で開くと、CSVファイルの様子を確認できます。

Accessの[外部データ]タブをクリックし❷、[新しいデータソース]→[ファイルから]→[テキストファイル]をクリックします❸。

[参照]ボタンをクリックして取り込むファイルを指定します❹。[レコードのコピーを次のテーブルに追加する]を選択して、[T_顧客]を選択し❺、[OK]をクリックします❻。

[テキストインポートウィザード] が表示されたら、[区切り記号付き-コンマやタブなどでフィールドが区切られている] を選択して❼、[次へ] をクリックします❽。

フィールドを区切る記号として [コンマ] を選択し❾、[先頭行をフィールド名として使う] にチェックを付けて❿、[次へ] をクリックします⓫。次画面で [完了]をクリックし、次画面で [閉じる]をクリックすると、インポートが完了します。

[T_顧客] テーブルを開いて、CSVファイルのデータが追加されたことを確認します⓬。

Access基礎編

Chapter 3 顧客管理システムを作ろう

Chapter 3
03

ふりがなと住所を自動入力する

テーブルで氏名や住所を入力する際に、氏名からふりがな、郵便番号から住所が自動入力されると入力の手間が軽減されて大変便利です。このSectionでは、そのような便利な設定を行います。

Sample 顧客管理_0303.accdb

○ ふりがなと住所を自動入力する

	26	石川	順子	イシカワ ジュンコ	女	1969/12/21	880-0932	宮崎県	宮崎市大坪西X−X	096-
	27	馬場	千春	ババ チハル	女	1992/02/03	432-8018	静岡県	浜松市中区蜆塚X−X	053-
	28	白井	真菜	シライ マナ	女	1984/02/20	791-8005	愛媛県	松山市東長戸X−X	089-
🖉	29	樋口	豊	ヒグチ ユタカ						
*	(新規)									

氏名を入力するとふりがなが自動入力される

	26	石川	順子	イシカワ ジュンコ	女	1969/12/21	880-0932	宮崎県	宮崎市大坪西X−X	096-
	27	馬場	千春	ババ チハル	女	1992/02/03	432-8018	静岡県	浜松市中区蜆塚X−X	053-
	28	白井	真菜	シライ マナ	女	1984/02/20	791-8005	愛媛県	松山市東長戸X−X	089-
🖉	29	樋口	豊	ヒグチ ユタカ	男	1978/06/01	709-0802	岡山県	赤磐市桜が丘西	
*	(新規)									

郵便番号を入力すると住所が自動入力される

土地勘のない地域の住所って、読み方がわからなくて入力に苦労するんですよね。

郵便番号がわかれば、住所を自動入力できるから大丈夫♪

StepUp

テーブルのコピー

テーブルの設定を変更するときなどに、バックアップとして変更前のテーブルをコピーしておくと、万が一のときに安心です。テーブルを選択して❶、[ホーム] タブの [コピー] ❷、[貼り付け] を順にクリックします❸。表示される画面でテーブル名を入力し❹、コピー内容として [テーブル構造とデータ] を選択して❺ [OK] をクリックするとコピーできます❻。

入力した氏名のふりがなを自動入力する

Accessで氏名データを管理するときは、漢字の氏名と一緒に読み方を記録するのが原則です。短いテキスト型には、[ふりがな]というフィールドプロパティがあります。これを利用すると、フィールドに入力した氏名の読みを別のフィールドに自動入力できます。

❶[T_顧客]テーブルをデザインビューで開いておく　　❷[顧客名]フィールドを選択

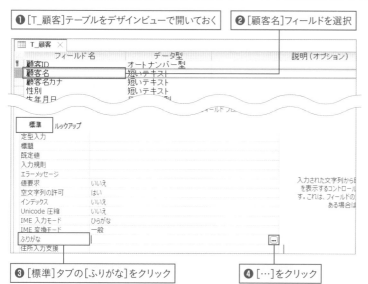

❸[標準]タブの[ふりがな]をクリック　　❹[…]をクリック

❺[ふりがなウィザード]が表示された

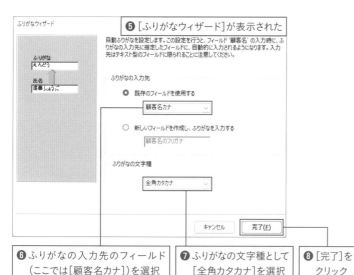

❻ふりがなの入力先のフィールド（ここでは[顧客名カナ]）を選択　　❼ふりがなの文字種として[全角カタカナ]を選択　　❽[完了]をクリック

❾[OK]をクリックすると、[顧客名]のふりがなの入力先が[顧客名カナ]に設定される

Point
ふりがなの文字種

手順❼の[ふりがなの文字種]では、[全角ひらがな][全角カタカナ][半角カタカナ]から選択できます。選択した文字種は、自動的にふりがなの入力先のフィールド（ここでは[顧客名カナ]フィールド）の[IME入力モード]プロパティに設定されます。

Memo
ふりがなの自動入力を解除するには

[ふりがなウィザード]の完了後、[顧客名]フィールドの[ふりがな]プロパティに「顧客名カナ」という文字列が設定されます。この文字列をDeleteキーで削除すると、ふりがなの自動入力を解除できます。

空文字列の許可	はい
インデックス	いいえ
Unicode 圧縮	いいえ
IME 入力モード	ひらがな
IME 変換モード	一般
ふりがな	顧客名カナ

Point
変換前の読みが自動入力される

ふりがなとして自動入力されるのは、キーボードから入力した変換前の漢字の読みです。例えば、「河野」を「こうの」という読みで変換した場合、ふりがなは「コウノ」になります。実際のふりがなが「カワノ」の場合は、[顧客名カナ]フィールドに自動入力されたふりがなを直接修正してください。

郵便番号から住所を自動入力する

読み方がわからない地名や長い住所の入力は面倒です。短いテキスト型には［住所入力支援］というフィールドプロパティがあるので、これを利用して郵便番号から住所を自動入力できるようにしましょう。

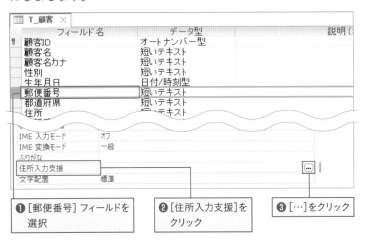

❶［郵便番号］フィールドを選択

❷［住所入力支援］をクリック

❸［…］をクリック

❹［住所入力支援ウィザード］が表示された

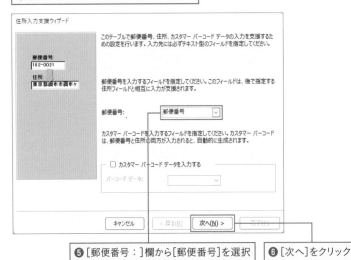

❺［郵便番号：］欄から［郵便番号］を選択

❻［次へ］をクリック

Memo

保存確認される場合がある

テーブルのデザインビューでデザインを編集したあとで［ふりがな］や［住所入力支援］プロパティの［…］をクリックすると、「保存してもよろしいですか?」と書かれたメッセージ画面が表示されます。その場合、［はい］をクリックしてください。

Point

郵便番号を入れるフィールドを選択

手順❺で［郵便番号：］欄の⌄をクリックすると、［T_顧客］テーブルのフィールドが一覧表示されます。その中から、郵便番号の入力先となる［郵便番号］フィールドを選択します。

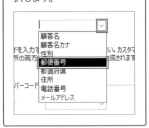

Point

郵便番号のハイフン

［住所入力支援ウィザード］の設定を行うと、郵便番号から住所だけでなく、住所から郵便番号も自動入力できるようになります。ただし、自動入力されるのはハイフンなしの7桁の郵便番号です。テーブルに入力済みの郵便番号がハイフン入りの場合は、今後入力する郵便番号と統一するために、ウィザードの設定前にハイフンを削除しておきましょう。テーブルのデータシートビューで郵便番号のフィールドを選択し、［ホーム］タブにある［置換］ボタンをクリックします。表示される画面の［検索する文字列］欄に「-」を入力し、［置換する文字列］欄に何も入力せず、［検索条件］欄で［フィールドの一部分］を選択して置換を行うと、「-」を一括削除できます。

住所入力支援ウィザード

住所を入力するフィールドを指定してください。住所のフィールドは、4 つまで分割して指定できます。住所の構成を選択すると、必要なフィールドと入力データの例が表示されます。

郵便番号:
182-0021

都道府県:
東京都

住所:
調布市調布ヶ丘

住所の構成
○ 分割なし
○ 住所と建物名の 2 分割
◉ 都道府県と住所の 2 分割
○ 都道府県、住所、建物名の 3 分割
○ 都道府県、市区郡、住所の 3 分割
○ 都道府県、市区郡、町村域、建物名の 4 分割

| 都道府県: | 都道府県 ∨ | 東京都 |
| 住所: | 住所 ∨ | 調布市調布ヶ丘 1-18-1 マイクロソフト調布技術センター |

キャンセル　　< 戻る(B)　　次へ(N) >　　完了(F)

❼ 住所の構成として [都道府県と住所の2分割]を選択

❽ 住所の入力先のフィールドとして [都道府県]と[住所]を選択

❾ [完了]をクリック

住所入力支援ウィザード　　　　×

このテーブル内のフィールドのプロパティを変更します。この変更を元に戻すことはできません。変更してよろしいですか?

OK　　キャンセル

❿ [OK]をクリックすると、住所の自動入力機能が設定される

⬛ T_顧客 ×

フィールド名	データ型	説明(
顧客ID	オートナンバー型	
顧客名	短いテキスト	
顧客名カナ	短いテキスト	
性別	短いテキスト	
生年月日	日付/時刻型	
郵便番号	短いテキスト	
都道府県	短いテキスト	
住所	テキスト	

標準　ルックアップ

フィールドサイズ	7
書式	@
定型入力	000¥-0000;;_
標題	

⓫ [郵便番号]フィールドの[定型入力]プロパティに 「000¥-0000;;_」が設定されたことを確認

標準　ルックアップ

フィールドサイズ	7
書式	∨
定型入力	000¥-0000;;_
標題	

⓬ [書式]プロパティに設定されていた 「@」を [Delete]キーで削除

⓭ テーブルを上書き保存しておく

💡 **Point**
フィールド構成に 合わせて選ぶ

手順 ❼ では、テーブルのフィールド構成に合った選択肢を選びます。選択した内容に応じて、手順❽の設定項目が変化します。例えば、[都道府県、市区郡、住所の3分割]を選ぶと、[都道府県][市区郡][住所]の3種類の選択欄が表示されます。

💡 **Point**
郵便番号の定型入力

[定型入力]プロパティは、データの入力パターンを定義して、不適切なデータが入力されることを防ぐ機能です。手順 ⓫ の「000¥-0000;;_」は、次の内容を定義しています。定型入力の詳細は、**P.150**で解説します。

・数字7桁を入力・保存
・3桁目の後ろに「-」を表示
・入力欄に「_」を表示

2/03	432-8018	静
2/20	791-8005	愛媛
6/01	7|-____	

💡 **Point**
[書式]プロパティの「@」

Excelからインポートしてテーブルを作成すると、短いテキスト型の[書式]プロパティに「@」が設定されます。「@」はフィールドに入力された文字列をそのまま表示させるための記号ですが、これが設定されていると定型入力の設定が無視され、郵便番号の3桁目と4桁目の間にハイフン「-」が表示されません。そこで、手順⓬では「@」を削除しました。

データシートビューで動作を確認する

　データシートビューに切り替えて、フィールドプロパティの設定の効果を確認しましょう。ふりがなや住所が自動入力されるので、大変便利です。

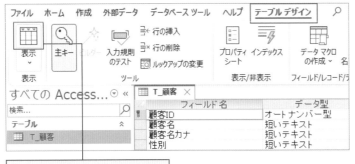

❶[デザイン]タブの[表示]をクリック

❷郵便番号がハイフン「-」で区切られて表示された

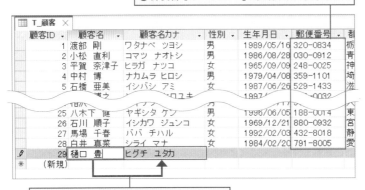

入力作業がラクチン、ラクチン♪

❸氏名を入力するとふりがなが自動入力される

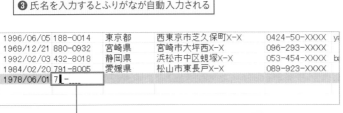

❹郵便番号の1文字目を入力すると入力パターンが表示される

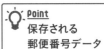

Point

保存される郵便番号データ

[定型入力]プロパティを設定したことによりデータシートでは郵便番号がハイフン入りで「709-0802」と表示されますが、[郵便番号]フィールドに実際に保存されるのは「7090802」という7桁の数字です。[郵便番号]を抽出するときなどは、抽出条件をハイフンなしの「7090802」とする必要があるので注意してください。

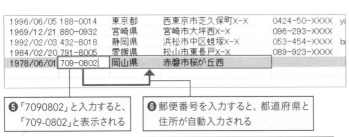

❺「7090802」と入力すると、「709-0802」と表示される

❻郵便番号を入力すると、都道府県と住所が自動入力される

❼動作を確認できたらテーブルを閉じておく

StepUp

住所から郵便番号の逆自動入力をオフにするには

　[住所入力支援ウィザード] の設定を行うと、郵便番号と住所を双方向で自動入力できます。大変便利な反面、「個別郵便番号」のような特殊な住所を入力する場合に、先に入力した郵便番号が後から入力した住所によって書き換えられてしまうケースもまれに発生します。そのような住所を入力するテーブルでは、郵便番号から住所への一方通行にして、住所から郵便番号への自動入力をオフにしておくとよいでしょう。

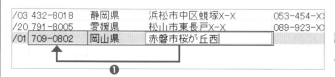

[住所入力支援ウィザード]の設定を行うと、住所から郵便番号が自動入力されます❶。

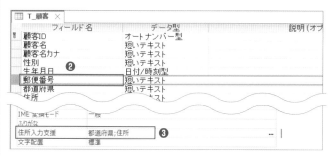

[郵便番号] フィールドの [住所入力支援] プロパティに設定された「都道府県;住所」は郵便番号から住所を自動入力するための設定なのでそのままにしておきます❷❸。

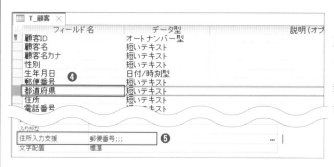

[都道府県] フィールドの [住所入力支援] プロパティに設定された「郵便番号;;;」は住所から郵便番号を自動入力するための設定なので Delete キーで削除します❹❺。

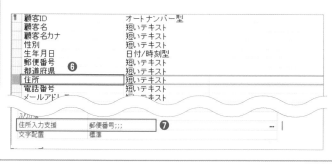

同様に、[住所] フィールドの [住所入力支援]プロパティに設定された「郵便番号;;;」を Delete キーで削除します❻❼。

顧客登録フォームを作成する

このSectionでは、1件の顧客情報を1画面に表示して入力するフォームを作成します。オートフォーム機能を使うので簡単です。さらに、誕生月や年齢を計算するテキストボックスの作成方法と、入力欄だけを次々選択できるような設定方法も紹介します。

Sample 顧客管理_0304.accdb

○ フォームで誕生月や年齢を計算する

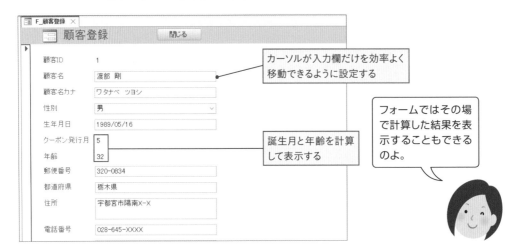

カーソルが入力欄だけを効率よく移動できるように設定する

誕生月と年齢を計算して表示する

フォームではその場で計算した結果を表示することもできるのよ。

オートフォームで単票フォームを作成する

オートフォーム機能を利用して、顧客データ登録用の単票フォームを作成しましょう。

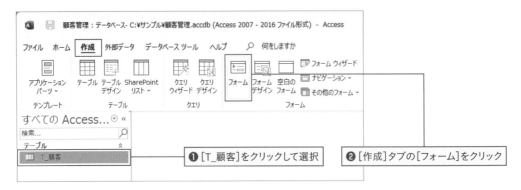

❶ [T_顧客]をクリックして選択　　❷ [作成]タブの[フォーム]をクリック

❸ フォームが作成され、レイアウトビューが表示された

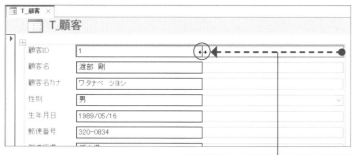

❹ 任意のテキストボックスを選択し、
右端をドラッグして幅を変更

❺ すべてのテキストボックスの幅が変更された

❻ [住所]のテキストボックスをクリックして
選択し、下端をドラッグして高さを変更

❼ 下にあるコントロールが
自動的にずれる

❽ ラベルの幅を調整し、文字を変更しておく

❾ [上書き保存]をクリックして、「F_顧客登録」の
名前で保存しておく

Point

**集合形式レイアウトの
コントロール幅**

[作成]タブの[フォーム]ボタンを使用すると、集合形式レイアウトのフォームが作成されます。集合形式レイアウトでは、コントロールの幅が自動的に同じサイズに揃います。ちなみに、表形式レイアウトでは、コントロールの幅は個別に変更できます。

Point

**集合形式レイアウトの
コントロールの高さ**

集合形式レイアウトでは、コントロールの高さを個別に変更できます。変更すると、下にあるコントロールが自動的にずれて整列します。ちなみに、表形式レイアウトでは、コントロールの高さは自動的に同じサイズに揃います。

Point

**ラベルの文字を
変更するには**

ラベルをクリックして選択し、もう一度クリックすると、ラベルの中にカーソルが表示されます。その状態で文字を編集して、Enterキーで確定します。

テキストボックスを追加する

フォームに顧客の誕生月と年齢を表示するには、テキストボックスを追加して、計算式を入力します。まずは、テキストボックスを追加しましょう。

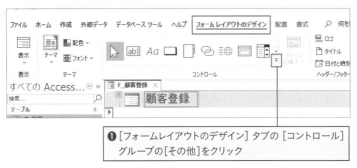

❶[フォームレイアウトのデザイン]タブの[コントロール]グループの[その他]をクリック

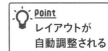

❷[コントロールウィザードの使用]をオフにしておく

❸[テキストボックス]をクリック

❹[生年月日]の下にマウスポインター[ab]を合わせ、挿入位置を示す太線が表示されたらクリックする

❺新しいラベルとテキストボックスが挿入された

❻ラベルの文字を「クーポン発行月」に変更しておく

Point
コントロールウィザード

コントロールウィザードをオンにしてテキストボックスを作成すると、[テキストボックスウィザード]が起動し、フォントや文字配置、IME入力モードなどの設定を行えます。ここでは設定が不要なので、手順❷でオフにします。

Point
レイアウトが自動調整される

レイアウトビューで集合形式レイアウトのコントロールの間に新しいコントロールを追加すると、配置が自動調整されます。

Memo
デザインビューで追加する場合

デザインビューでは、集合形式レイアウトの中にいきなり新しいテキストボックスを追加できません。いったんどこか空いている場所に追加し❶、集合形式レイアウトの中にドラッグすると❷、配置が調整されます。

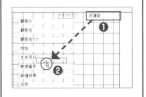

❼ もう1つテキストボックスを
配置して、ラベルの文字を
「年齢」に変更しておく

挿入位置を間違えた
ときは、ラベルとテキ
ストボックスを選択し
て、正しい位置までド
ラッグしてね。

顧客名　　渡部 剛
顧客名カナ　ワタナベ ツヨシ
性別　　　男
生年月日　1989/05/16
クーポン発行月
年齢
郵便番号　320-0834
都道府県　栃木県

誕生月を求めてテキストボックスに表示する

　関数を使うと、数値の集計や日付の操作などさまざまな処理を行えます。日付から月を取り出すには、Month関数を使用します。ここでは、「クーポン発行月」のテキストボックスに生年月日から求めた誕生月を表示します。それには、テキストボックスの［コントロールソース］プロパティにMonth関数を設定します。

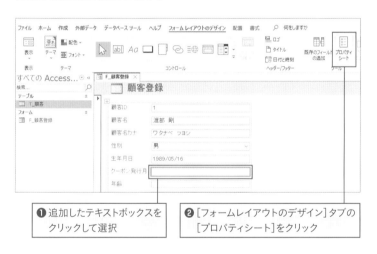

❶ 追加したテキストボックスを
クリックして選択

❷ ［フォームレイアウトのデザイン］タブの
［プロパティシート］をクリック

❸ プロパティシートが表示された

❹ 境界線をドラッグして右側の
入力欄を広げておく

📝 Keyword
プロパティシート

プロパティシートは、フォームやレポートで選択したコントロールの詳細設定を行う画面です。手順❷の操作のほか、F4 キーを押しても表示できます。
プロパティシートの設定対象は、画面上部に表示されます。フォーム上で別のコントロールをクリックすると、設定対象が切り替わります。

プロパティ シート
選択の種類: テキスト ボックス(T)
テキスト32
書式　データ　イベント　その他　すべて
コントロールソース
文字書式　　テキスト形式
定型入力
既定値
入力規則
エラーメッセージ

❺ [データ] タブの [コントロールソース] 欄に「=Month([生年月日])」と入力して [Enter] キーを押す

❻ 生年月日から誕生月を取り出せた

 Point
コントロールソース

コントロールソースとは、コントロールに表示する内容の情報源のことです。例えば、[顧客名] フィールドの値を表示するテキストボックスでは、[コントロールソース] プロパティにフィールド名の [顧客名] が設定されています。

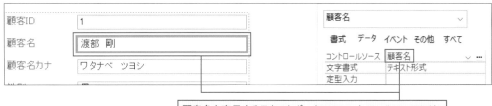

顧客名を表示するテキストボックスのコントロールソースには、[顧客名] が設定されている

[コントロールソース] プロパティに「=式」を設定すると、その式の結果をテキストボックスに表示できます。「式」の部分には、「+」「-」「*」「/」を使った四則演算の式や、「&」を使った文字列連結の式、関数式などを指定できます。

 Point
関数

関数とは、複雑な計算や面倒な処理を1つの式で行う仕組みです。関数を設定する場合は、[コントロールソース]プロパティに

=関数名(引数1, 引数2, …)

と入力します。「引数」(ひきすう)は、計算や処理の材料になるデータです。どのような引数がいくつあるかは、関数によって異なります。引数にフィールド名を指定する場合は、フィールド名を半角の角カッコで囲みます。
手順❺のMonth関数は、引数に指定した日付から、月の数値を求める関数です。

年齢を求めてテキストボックスに表示する

続いて年齢の計算です。Accessには年齢を一発で求める関数はありません。複数の関数を組み合わせた長い式になるので、「式ビルダー」という広い画面を使って入力します。頑張って入力してください。

❶ 年齢のテキストボックスをクリックして選択

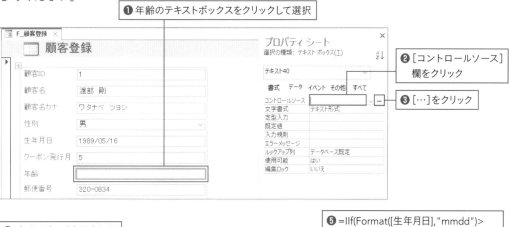

❷ [コントロールソース]欄をクリック

❸ […]をクリック

❹ 式ビルダーが表示された

❺ =IIf(Format([生年月日],"mmdd")>Format(Date(),"mmdd"),DateDiff("yyyy",[生年月日],Date())-1,DateDiff("yyyy",[生年月日],Date()))と入力

❻ [OK]をクリック

式の意味は、次ページのPointを見てね。

❼ 式ビルダーで入力した式が設定された

❽ 年齢が表示された

:bulb: **Point**
年齢の計算

年齢の計算にはIIf関数、Format関数、Date関数、DateDiff関数の4つの関数を使用しています。それぞれの関数の構文は以下のとおりです。

IIf(条件式, 真の場合, 偽の場合)
[条件式]が成立する場合は[真の場合]、しない場合は[偽の場合]を返す

Format(データ, 書式)
[データ]に[書式]を適用した文字列を返す。例えば、[データ]が「1984/05/16」、[書式]が「mmdd」の場合、「0516」という4桁の月日データが返される

Date()
本日の日付を返す

DateDiff(単位, 日時1, 日時2)
[日時1]と[日時2]から[単位]で指定した間隔を求める。[単位]に「"yyyy"」を指定すると、[日時1]と[日時2]間にある1月1日の数がカウントされる

[生年月日]フィールドから年齢を求めるには、[生年月日]の月日と本日の月日を比較して、[生年月日]の月日があとなら誕生日前なので、DateDiff関数で求めた年数から1を引きます。

```
=IIf(Format([生年月日],"mmdd")>Format(Date(),"mmdd"),
DateDiff("yyyy",[生年月日],Date())-1,
DateDiff("yyyy",[生年月日],Date()))
```

> 年齢を求める式はAccess
> 定番の公式だから、あまり深
> く考えずにそのまま入力すれ
> ばいいわ。

📎 **Memo**

フィールド名の簡単入力

式ビルダーの[式の要素]で[F_顧客登録]❶、[式のカテゴリ]欄で[<フィールドリスト>]を選択し❷、[式の値]欄で[生年月日]をダブルクリックすると❸、カーソル位置に「[生年月日]」を入力できます❹。

入力不要なテキストボックスを飛ばして移動できるようにする

　フォームの設計では、効率よく入力できることと、見た目にわかりやすい画面を作ることが大切です。オートナンバー型の[顧客ID]と計算式が入力されている[年齢]の値は編集できないので、入力欄ではないことを示すために書式を変更しましょう。また、これらのコントロールにカーソルが来ないように設定しましょう。

❶[顧客ID]のテキストボックスをクリック

❷[クーポン発行月][年齢]のテキストボックスをそれぞれ[Ctrl]+クリック

Point
複数のコントロールの選択

レイアウトビューの集合形式レイアウトでは、[Ctrl]+クリックで離れた複数のコントロールを選択、[Shift]+クリックで連続する複数のコントロールを選択できます。

❸[その他]タブの[タブストップ]で[いいえ]を選択

❹[閉じる]をクリック

Keyword
タブストップ

[タブストップ]プロパティは、[Tab]キーを押したときにそのコントロールにカーソルが移動するかどうかを制御します。フォームビューでコントロールにカーソルがある状態で[Tab]キーを押すと、通常はカーソルが次のコントロールに移動しますが、[タブストップ]に[いいえ]を設定すると移動しなくなります。

[顧客ID]と[年齢]は編集できないから、ほかの入力欄と区別が付くように色分けするのですね!

❺引き続きテキストボックスを選択しておく

❻[書式]タブの[図形の塗りつぶし]から薄いグレー、[図形の枠線]から[透明]を選択しておく

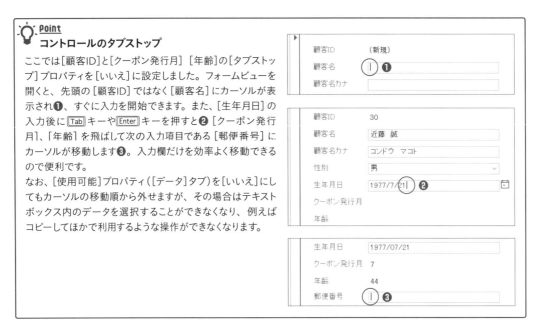

Point

コントロールのタブストップ

ここでは[顧客ID]と[クーポン発行月] [年齢]の[タブストップ]プロパティを[いいえ]に設定しました。フォームビューを開くと、先頭の[顧客ID]ではなく[顧客名]にカーソルが表示され❶、すぐに入力を開始できます。また、[生年月日]の入力後に Tab キーや Enter キーを押すと❷[クーポン発行月]、[年齢]を飛ばして次の入力項目である[郵便番号]にカーソルが移動します❸。入力欄だけを効率よく移動できるので便利です。

なお、[使用可能]プロパティ([データ]タブ)を[いいえ]にしてもカーソルの移動順から外せますが、その場合はテキストボックス内のデータを選択することができなくなり、例えばコピーしてほかで利用するような操作ができなくなります。

デザインビューでフォームを仕上げる

デザインビューに切り替えて、フォームを仕上げましょう。フォームヘッダーの書式を設定し、[閉じる]ボタンを配置します。

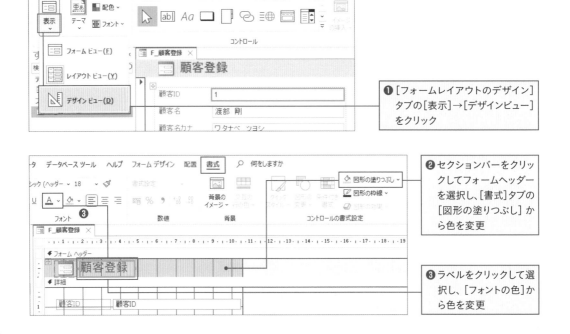

❶[フォームレイアウトのデザイン]タブの[表示]→[デザインビュー]をクリック

❷セクションバーをクリックしてフォームヘッダーを選択し、[書式]タブの[図形の塗りつぶし]から色を変更

❸ラベルをクリックして選択し、[フォントの色]から色を変更

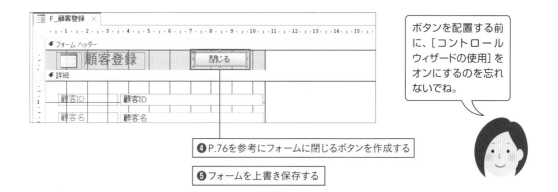

ボタンを配置する前に、[コントロールウィザードの使用]をオンにするのを忘れないでね。

❹ P.76を参考にフォームに閉じるボタンを作成する

❺ フォームを上書き保存する

フォームビューでデータを入力する

　フォームビューに切り替え、データを入力してみましょう。テーブルで設定したフィールドプロパティが引き継がれていることも確認してください。

❶ フォームビューに切り替え、下端にある移動ボタンの▶❋をクリックして新規レコードの登録画面を表示しておく

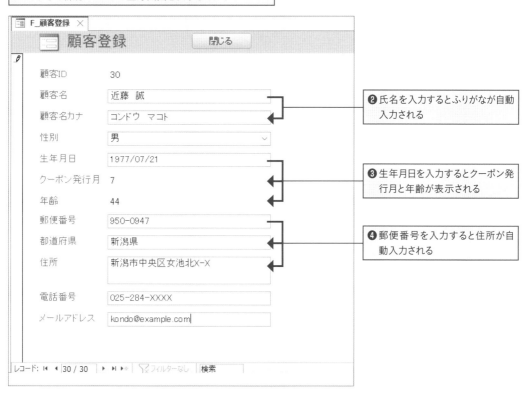

❷ 氏名を入力するとふりがなが自動入力される

❸ 生年月日を入力するとクーポン発行月と年齢が表示される

❹ 郵便番号を入力すると住所が自動入力される

Chapter 3

05

クエリを使用してデータを探す

データベースでは、データを蓄積する一方ではあまり意味がありません。蓄積した中から必要なデータを取り出せてこそ、データが価値のある"情報"として役立ちます。この節では、テーブルから目的のデータを取り出すためのオブジェクトである「クエリ」を紹介します。

Sample 顧客管理_0305.accdb

◎ 顧客テーブルから特定の都道府県の住所データを取り出す

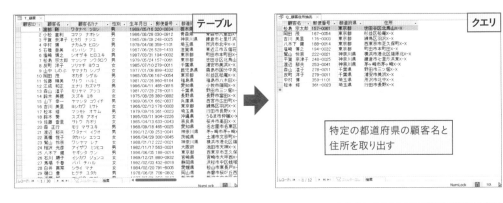

特定の都道府県の顧客名と
住所を取り出す

 銀座のデパートの催事場に出店することになったので、近隣のお客様に案内状を送付したいんですが……。

 そんなときはクエリの出番よ! 顧客テーブルから「東京都」在住の顧客を瞬時に探し出せるのよ。

 Point

クエリとは

「クエリ」とは、テーブルのデータを操作するオブジェクトです。クエリには複数の種類がありますが、この節では「選択クエリ」を使用します。「選択クエリ」では、必要なフィールドと抽出条件を指定して、テーブルからデータを取り出します。

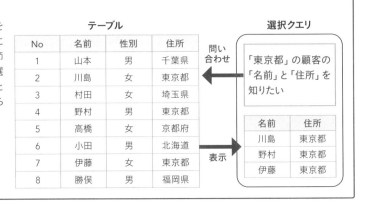

テーブル

No	名前	性別	住所
1	山本	男	千葉県
2	川島	女	東京都
3	村田	女	埼玉県
4	野村	男	東京都
5	高橋	女	京都府
6	小田	男	北海道
7	伊藤	女	東京都
8	勝俣	男	福岡県

選択クエリ

問い合わせ

「東京都」の顧客の「名前」と「住所」を知りたい

名前	住所
川島	東京都
野村	東京都
伊藤	東京都

表示

選択クエリを作成する

[T_顧客]テーブルから顧客の住所情報を取り出すクエリを作成しましょう。

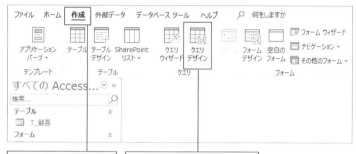

❶[作成]タブをクリック　❷[クエリデザイン]をクリック

テーブル、フォーム、レポート、クエリ…。オブジェクトの作成は、すべて[作成]タブからですね!

❸[テーブルの追加]ウィンドウが表示された

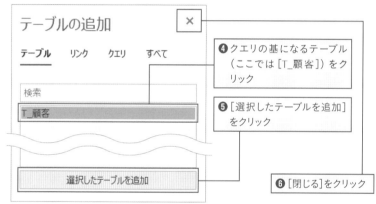

❹クエリの基になるテーブル（ここでは[T_顧客]）をクリック

❺[選択したテーブルを追加]をクリック

❻[閉じる]をクリック

Point
[テーブルの追加]ウィンドウ

クエリは、1つまたは複数のテーブルやクエリを基に作成します。基にするテーブルやクエリは、[テーブルの追加]ウィンドウの[テーブル]タブや[クエリ]タブから選択します。

❼クエリのデザインビューが表示された

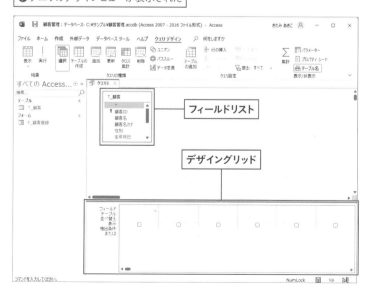

フィールドリスト

デザイングリッド

Keyword
フィールドリスト

フィールドリストには、クエリの基になるテーブルのフィールドが一覧表示されます。外枠をドラッグすると、サイズを変更できます。

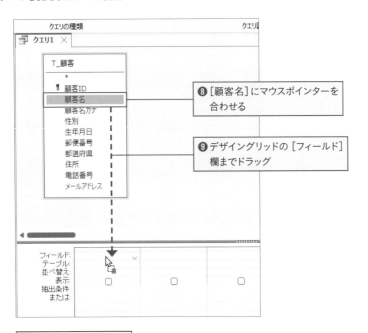

⑧[顧客名]にマウスポインターを合わせる

⑨デザイングリッドの[フィールド]欄までドラッグ

⑩[顧客名]が追加された

⑪同様に[郵便番号][都道府県][住所]を追加しておく

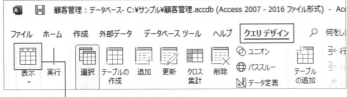

⑫[クエリデザイン]タブの[表示]をクリック

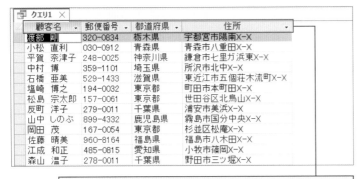

⑬データシートビューに切り替わり、指定したフィールドが表示された

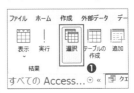

抽出条件を指定する

クエリでは、必要なレコードを取り出すための抽出条件を指定できます。ここでは、[都道府県]フィールドに「東京都」と入力されてるレコードを抽出します。

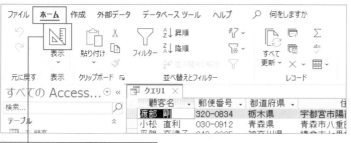

❶ [ホーム]タブの[表示]をクリック

❷ デザインビューが表示された

❸ [都道府県]フィールドの[抽出条件]欄に「東京都」と入力して Enter キーを押す

❹ 「東京都」が半角の「"」で囲まれた

❺ [クエリデザイン] タブの[表示]をクリックしてデータシートビューに切り替える

❻ [都道府県] フィールドの値が「東京都」のレコードだけが表示される

複数の条件で抽出する

クエリでは、レコードの抽出条件を複数指定できます。ここでは、「東京都または埼玉県または千葉県または神奈川県」という条件を指定します。

❶ デザインビューに切り替えておく

❷「"東京都"」の下に「"埼玉県"」「"千葉県"」「"神奈川県"」を入力

❸ データシートビューに切り替える

❹「東京都または埼玉県または千葉県または神奈川県」のレコードが抽出された

Point
Or条件は異なる行に入力する

［抽出条件］行以下の異なる行に複数の条件を入力すると、指定した条件のうちいずれかに当てはまるレコードが抽出されます。このような条件を「Or条件」と呼びます。

Point
開き直すと抽出条件の表示が変わる

クエリを保存して開き直すと、［抽出条件］欄に「"東京都" Or "埼玉県" Or "千葉県" Or "神奈川県"」と表示されます。

Point
And条件を設定するには

指定した条件のすべてに当てはまるレコードを抽出するには、同じ行に抽出条件を入力します。このような条件を「And条件」と呼びます。「And条件」と「Or条件」を組み合わせた条件を指定することも可能です。

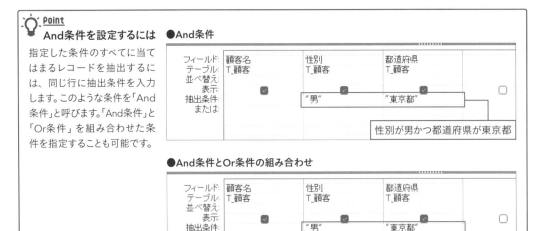

●And条件

性別が男かつ都道府県が東京都

●And条件とOr条件の組み合わせ

「性別が男かつ都道府県が東京都」または「性別が男かつ都道府県が神奈川県」

並べ替えを設定する

クエリでは、レコードの並べ替えを指定できます。ここでは、並べ替えの設定の練習として、[郵便番号]フィールドの値の小さい順に並べ替えてみましょう。

❶ デザインビューに切り替えておく

❷ [郵便番号]フィールドの[並べ替え]欄をクリックして、表示される[▼]をクリック

❸ [昇順]をクリック

❹ データシートビューに切り替える

❺ [郵便番号]フィールドを基準に並べ替えられた

❻ [上書き保存]をクリックして「Q_顧客住所抽出」の名前で保存し、クエリを閉じておく

❼ 次回からはナビゲーションウィンドウで[Q_顧客住所抽出]をダブルクリックすると、データシートビューが開く

Keyword
昇順と降順

昇順は、数値の小さい順、日付の早い順、文字列の文字コード順（五十音順、アルファベット順など）です。降順は、その逆です。文字列は文字コード順になるので、漢字データは読みの順になりません。

Memo
並べ替えの解除

並べ替えの設定を解除するには、[並べ替え]の一覧から[（並べ替えなし）]を選びます。

Point
最新のデータでクエリが実行される

次回、クエリを表示すると、その時点の[T_顧客]テーブルをもとにレコードが抽出されます。

StepUp

複数のフィールドを基準に並べ替えるには

複数のフィールドで並べ替えの設定を行うと、左のフィールドの並べ替えが優先されます。右図の場合、[性別]の昇順に並べ替えられ、同じ[性別]の中では[生年月日]の降順に並べ替えられます。

StepUp

抽出条件の設定例

　目的のデータを正確に抽出できるように、さまざまな抽出条件の設定例を知っておきましょう。

Sample データ分析_0305.accdb

▶ 数値や日付の範囲を指定して抽出する

　抽出条件として数値や日付の範囲を指定するには、「>=」「>」などの記号を使用します。このような記号を「演算子」と呼びます。例えば、「>= # 1995/01/01#」と指定すると、「1995/1/1以降」のデータが抽出されます。「>=」は、半角の「>」と「=」を続けて入力します。「>=1995/1/1」と入力して Enter キーを押すと、「>= # 1995/01/01#」と表示されます。

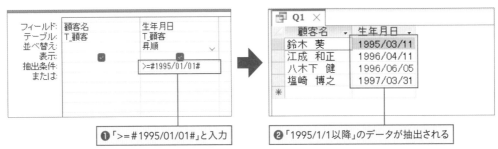

❶「>=#1995/01/01#」と入力　　❷「1995/1/1以降」のデータが抽出される

演算子の例			
演算子	意味	使用例	説明
<	より小さい	<100	100より小さい
<=	以下	<=100	100以下
>	より大きい	>100	100より大きい
>=	以上	>=100	100以上
<>	等しくない	<>100	100でない
Between And	○以上○以下	Between 10 And 20	10以上20以下
And	かつ	>=10 And <20	10以上20未満
Or	または	10 Or 20 Or 30	10または20または30
In	いずれか	In (10,20,30)	10または20または30

　長い抽出条件を入力するときは、列幅を広げましょう。列上端のグレーの部分の境界線をドラッグすると、列幅を変更できます。

部分的に一致する文字列を抽出する

　「○○を含む」「○○で始まる」「○○で終わる」などの条件で文字列を抽出するには、「ワイルドカード」と呼ばれる記号を使用します。例えば、0文字以上の任意の文字列を意味する「*」を使用して「佐藤*」と入力すると、「佐藤」で始まるデータを抽出できます。なお、「佐藤*」と入力して [Enter] キーを押すと、条件は「Like "佐藤*"」に変わります。

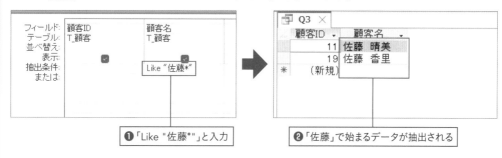

❶「Like "佐藤*"」と入力　　❷「佐藤」で始まるデータが抽出される

記号	意味	使用例	抽出結果の例
*	0文字以上の任意の文字列	*山	山、登山、富士山（「山」で終わる）
?	任意の1文字	??山	富士山（「山」で終わる3文字）
#	任意の1桁の数字	1#3	103、113、123
[]	角カッコ内の1文字	b[ae]ll	ball、bell
[!]	角カッコ内の文字以外	b[!ae]ll	bill、bull
[-]	範囲内の任意の1文字	b[a-c]ll	ball、bbll、bcll

ワイルドカードの例

未入力または入力済みを抽出する

　Accessでは、データが入力されていない状態を「Null」（ヌル）と表現します。Null値を探す抽出条件は「Is Null」、Null値でないものを探す抽出条件は「Is Not Null」です。例えば、[メールアドレス] フィールドの抽出条件として「Is Null」を指定するとメールアドレスが未入力のレコードが、「Is Not Null」を指定するとメールアドレスが入力済みのレコードが抽出されます。

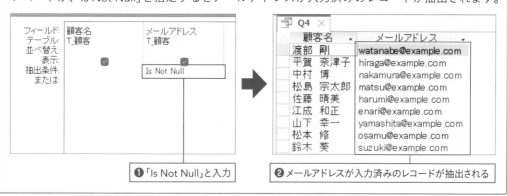

❶「Is Not Null」と入力　　❷メールアドレスが入力済みのレコードが抽出される

Chapter 3
06 宛名ラベルを作成する

Accessではレポートを使用して、市販のラベルシールや郵便はがきのサイズに合わせた宛名印刷が簡単に行えます。このように、業務に沿った機能を追加できるのも、自前のデータベースシステムを開発する醍醐味です。

Sample　顧客管理_0306.accdb

○ 宛名ラベル用のレポートを作成する

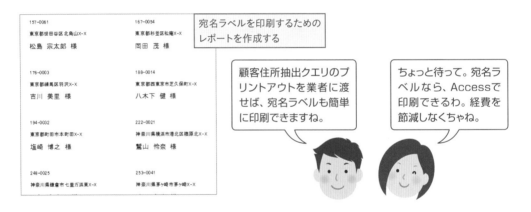

宛名ラベルを印刷するためのレポートを作成する

顧客住所抽出クエリのプリントアウトを業者に渡せば、宛名ラベルも簡単に印刷できますね。

ちょっと待って。宛名ラベルなら、Accessで印刷できるわ。経費を節減しなくちゃね。

宛名ラベルウィザードでレポートを作成する

[宛名ラベルウィザード]を使用すると、ラベルの種類や、宛名データの配置を指定しながら、簡単に宛名ラベル用のレポートを作成できます。

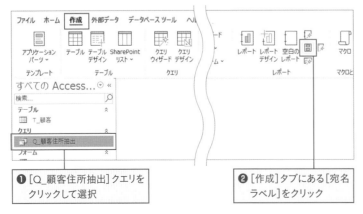

❶[Q_顧客住所抽出]クエリをクリックして選択

❷[作成]タブにある[宛名ラベル]をクリック

💡 Point
テーブルかクエリを選択する

宛名ラベルを作成するときは、ラベルに印刷するレコードを指定するためのテーブルかクエリを選択します。今回は、東京都、埼玉県、千葉県、神奈川県の顧客宛てのラベルを作成したいので[Q_顧客住所抽出]クエリを選択しました。

❸ 宛名ラベルのメーカーを選択　❹ 製品番号を選択　❺［次へ］をクリック

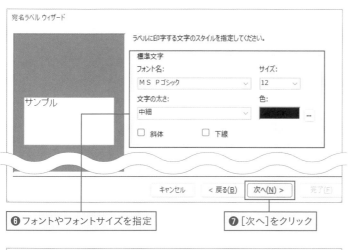

❻ フォントやフォントサイズを指定　❼［次へ］をクリック

❽［郵便番号］を選択　❾［>］をクリック　❿［{郵便番号}］と表示された

📝 Memo

使う製品が一覧にない場合

目的の製品が一覧に見当たらない場合は、サイズが近いものを選んでウィザード終了後に微調整するか、［ユーザー定義ラベル］→［新規］と進んでラベルのサイズを手入力します。

💡 Point

印刷する位置に　フィールドを配置する

手順❽の画面では、［ラベルのレイアウト］欄を1枚の宛名ラベルと見なして、設計を行います。

●印刷するラベル

●ラベルの設計

Access基礎編

Chapter 3　顧客管理システムを作ろう

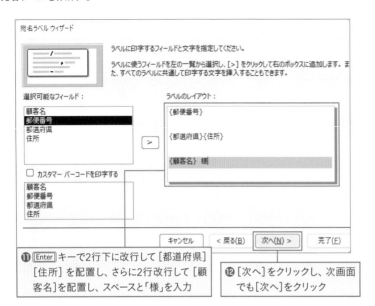

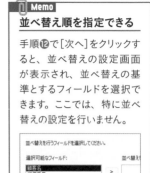

Memo

並べ替え順を指定できる

手順⑫で[次へ]をクリックすると、並べ替えの設定画面が表示され、並べ替えの基準とするフィールドを選択できます。ここでは、特に並べ替えの設定を行いません。

⑪ [Enter]キーで2行下に改行して[都道府県] [住所]を配置し、さらに2行改行して[顧客名]を配置し、スペースと「様」を入力

⑫ [次へ]をクリックし、次画面でも[次へ]をクリック

⑬ レポート名(ここでは「R_顧客宛名ラベル」)を入力

⑭ [完了]をクリック

⑮ 宛名ラベルの印刷プレビューが表示された

Memo

郵便番号の表示

ラベルの郵便番号は、テーブルに格納されている通りに表示されます。Chapter 3の03で[郵便番号]フィールドに定型入力の設定をしたのでテーブルのデータシートビューでは「157-0061」と表示されますが、実際にテーブルに格納されているのは7桁の「1570061」なので、ラベルには「1570061」と表示されます。

●インポート直後

1940032	東京都
1570061	東京都
2790011	千葉県

実際に入力されているのは7桁の数字のみ

●定型入力設定後

194-0032	東京都
157-0061	東京都
279-0011	千葉県

定型入力の設定により、見掛け上、ハイフン「-」が表示される

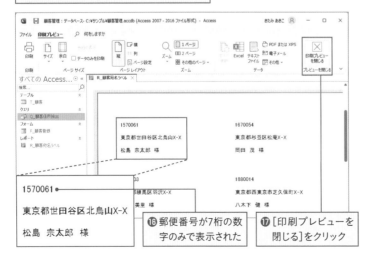

⑯ 郵便番号が7桁の数字のみで表示された

⑰ [印刷プレビューを閉じる]をクリック

郵便番号の書式と氏名のフォントサイズを調整する

宛名ラベルのデザインビューには、宛名ラベル1枚分のデザインが表示されます。ここでは、郵便番号を「157-0061」形式で表示されるように設定します。また、氏名のフォントサイズを拡大します。

❶ 印刷プレビューを閉じるとデザインビューが表示される

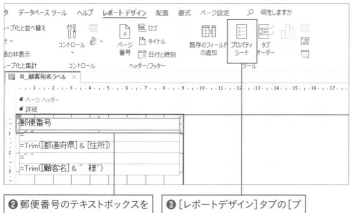

❷ 郵便番号のテキストボックスをクリック

❸ [レポートデザイン]タブの[プロパティシート]をクリック

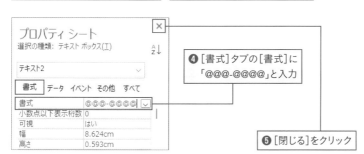

❹ [書式]タブの[書式]に「@@@-@@@@」と入力

❺ [閉じる]をクリック

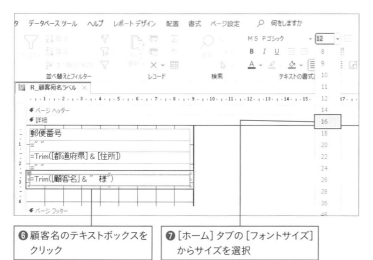

❻ 顧客名のテキストボックスをクリック

❼ [ホーム]タブの[フォントサイズ]からサイズを選択

> **Point**
> **[書式]プロパティ**
>
> [書式]プロパティは、テキストボックスに表示されるデータの見た目を設定する機能です。「@」は文字を表す書式指定文字で、「@@@-@@@@」と指定すると、7文字のうち3文字目と4文字目の間にハイフン「-」を表示できます。

> **Point**
> **自由にカスタマイズできる**
>
> ラベル上のテキストボックスは、[詳細]セクションの領域内で自由に移動、削除、サイズ変更してかまいません。なお、誤って[詳細]セクションのサイズを変えてしまうと、印刷時にラベルがずれてしまうので注意しましょう。

[詳細]セクションのサイズは変更しないこと

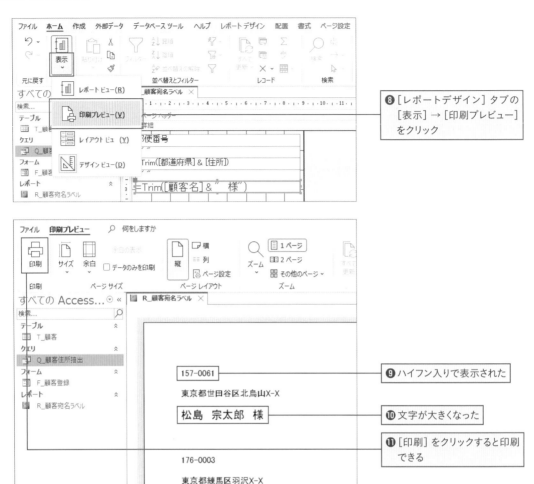

❽［レポートデザイン］タブの
［表示］→［印刷プレビュー］
をクリック

❾ ハイフン入りで表示された

❿ 文字が大きくなった

⓫［印刷］をクリックすると印刷
できる

Point

印刷のずれを調整するには

ラベルのサイズを調整するには、［詳細］セクションのサイズを
調整します。ドラッグするより数値で指定したほうが正確で
す。高さは［詳細］セクションのプロパティシートの［書式］タ
ブの［高さ］で、幅はレポートのプロパティシートの［書式］タ
ブの［幅］で設定できます。

また、デザインビューの［ページ設定］タブから［ページ設定］
ダイアログボックスを表示すると、［印刷オプション］タブで上
下左右の余白を❶、［レイアウト］タブで行間隔と列間隔を設
定できます。設定の単位は「cm」または「mm」です。Access
の内部計算上、入力した数値に端数が付くことがありますが、
気にする必要はありません。

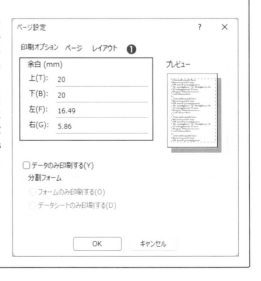

StepUp
印刷プレビューを簡単に表示できるようにする

ナビゲーションウィンドウでレポートをダブルクリックすると❶、通常はレポートビューが開きます❷。レポートビューとは、印刷するデータを画面上で確認するためのビューです。用紙イメージでは表示されず、データのみが表示されるため表示が高速で、画面での閲覧に便利です。しかし、実際には印刷プレビューを確認したいことも多いでしょう。レポートのプロパティシートを表示し❸、[書式]タブの[既定のビュー]で[印刷プレビュー]を選択すると❹、次回からダブルクリックで印刷プレビューが表示されるようになります。

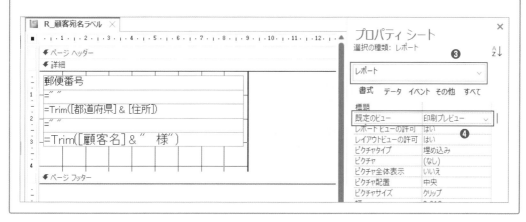

Point
はがき宛名を印刷するには

[作成]タブにある[はがきウィザード]をクリックすると、[はがきウィザード]が起動し、はがき宛名の設定を行えます。年賀状や普通はがきなど、さまざまなはがきに対応しています。用紙サイズは自動設定されないので、はがきウィザードの終了後、[印刷プレビュー]タブにある[サイズ]ボタンをクリックして、[はがき]を選択してください。

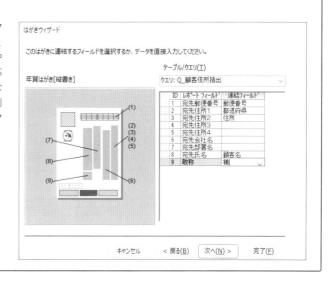

Chapter 3
07 顧客一覧フォームを作成する

顧客の一覧表から顧客を選ぶと、その顧客の詳細情報が表示される仕組みを作りましょう。まず、オートフォームで顧客一覧フォームを作成し、次にコマンドボタンウィザードを利用して詳細情報を表示するためのボタンを配置します。

Sample 顧客管理_0307.accdb

○ 指定したレコードの詳細画面を開く

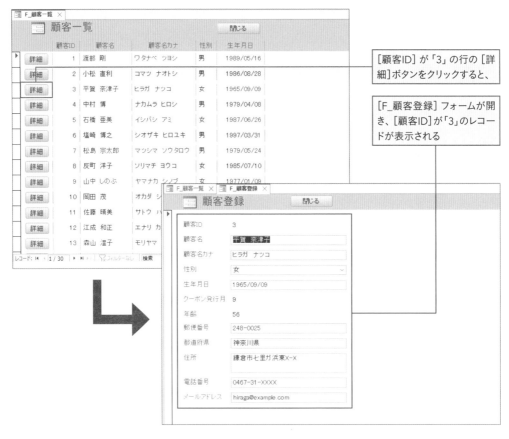

[顧客ID]が「3」の行の[詳細]ボタンをクリックすると、

[F_顧客登録]フォームが開き、[顧客ID]が「3」のレコードが表示される

フォームをただ開くだけでなく、目的の顧客をダイレクトに表示するんですね。難しそう…。

大丈夫、安心して。この仕組みはコマンドボタンウィザードで自動作成できるから!

表形式のフォームを作成する

顧客の簡易情報を一覧表示するフォームを作成します。オートフォームで表形式のフォームを作成すると全フィールドが配置されるので、不要なフィールドを削除しましょう。

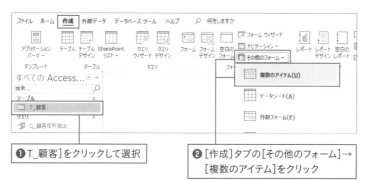

❶ [T_顧客]をクリックして選択

❷ [作成]タブの[その他のフォーム]→[複数のアイテム]をクリック

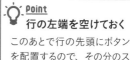

Point
行の左端を空けておく

このあとで行の先頭にボタンを配置するので、その分のスペースを空けておいてください。[顧客ID]のサイズ変更をするときに、左境界線を内側にドラッグするとよいでしょう。

❸ 表形式のフォームが作成されるので、「F_顧客一覧」の名前で保存しておく

❹ ラベルの文字を「顧客一覧」に変える

❺ P.62を参考に[顧客ID]から[生年月日]までの配置を整えておく

❻ [郵便番号]のラベルをクリック

❼ [郵便番号]のラベルをクリックし、Shiftキーを押しながらテキストボックスをクリックすると、[郵便番号]のラベルと全テキストボックスが選択されるのでDeleteキーで削除する

Memo
点線枠が残ったときは

手順❼ではラベルとテキストボックスを一緒に選択して削除します。別々に削除すると、点線枠が残ります。その場合は点線枠をクリックして選択し、Deleteキーで削除してください。

❽ 同様に[都道府県]以降の列も削除しておく

詳細情報を表示するボタンを作成する

デザインビューに切り替え、詳細セクションに[詳細]ボタンを配置して、[F_顧客登録]フォームに現在のレコードが表示されるように設定します。

❶ デザインビューに切り替える

❷ [フォームデザイン]タブの[コントロール]→[ボタン]をクリック

手順❷で、[コントロールウィザードの使用]をオンのまま実行してね。

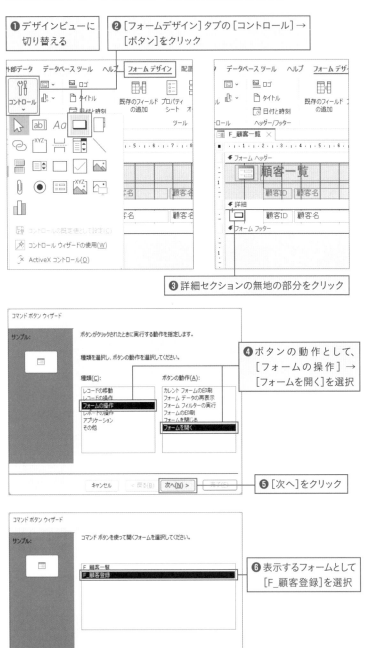

❸ 詳細セクションの無地の部分をクリック

❹ ボタンの動作として、[フォームの操作]→[フォームを開く]を選択

❺ [次へ]をクリック

❻ 表示するフォームとして[F_顧客登録]を選択

❼ [次へ]をクリック

Point
各行にボタンが表示される

デザインビューの詳細セクションは1行ですが、フォームビューに切り替えると、詳細セクションがレコードの数分だけ繰り返し表示されます。詳細セクションにボタンを配置すると、各行にボタンが表示されます。

Point
抽出条件の指定画面が表示される

次ページの手順❽で[特定のレコードを表示する]を選択すると、次にレコードの抽出条件を指定する画面(手順❿の画面)が表示されます。手順❽で[すべてのレコードを表示する]を選択した場合、手順❿の画面は表示されません。

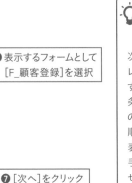

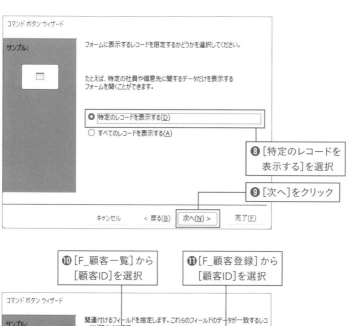

⑧ [特定のレコードを表示する]を選択

⑨ [次へ]をクリック

⑩ [F_顧客一覧]から[顧客ID]を選択

⑪ [F_顧客登録]から[顧客ID]を選択

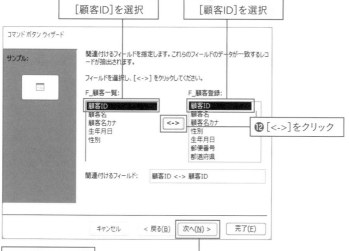

⑫ [<->]をクリック

⑬ [次へ]をクリック

⑭ 次画面でボタンに表示する文字として「詳細」と入力して[次へ]をクリック

⑮ 次画面でボタンの名前として「btn詳細」と入力して[完了]をクリック

⑯ ボタンが作成されるので、サイズと配置を整えておく

Point

クリックした行のレコードが表示される

手順⑩～⑫の操作により、「[F_顧客一覧]の[顧客ID]と同じ値を持つレコードを[F_顧客登録]から抽出する」という抽出条件が設定されます。例えば、[顧客ID]が「2」の行の[詳細]ボタンをクリックすると、[F_顧客登録]に[顧客ID]が「2」のレコードが表示されます。

Memo

詳細セクションを再調整する

前ページの手順❸でクリックした位置によっては、詳細セクションの縦方向のサイズが自動で広がることがあります。その場合は、詳細セクションの下端をドラッグしてサイズを整えましょう。また、必要に応じてコントロールの配置も再調整しましょう。

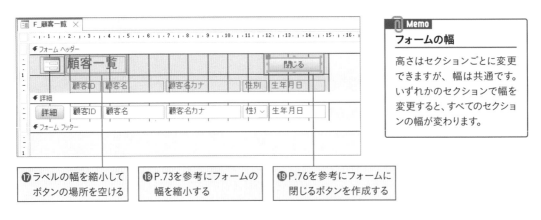

⑰ ラベルの幅を縮小して
ボタンの場所を空ける

⑱ P.73を参考にフォームの
幅を縮小する

⑲ P.76を参考にフォームに
閉じるボタンを作成する

Memo
フォームの幅

高さはセクションごとに変更
できますが、幅は共通です。
いずれかのセクションで幅を
変更すると、すべてのセクショ
ンの幅が変わります。

フォームを表示専用に仕上げる

このChapterでは2つのフォームを作成しましたが、顧客データの入力・編集は [F_顧客登録]
フォームに任せるものとし、[F_顧客一覧] フォームでレコードの追加と編集ができないように設
定します。さらに、入力できないことが見た目で判断できるように、デザインを変更します。

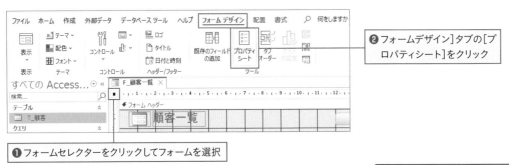

❷ フォームデザイン]タブの[プ
ロパティシート]をクリック

❶ フォームセレクターをクリックしてフォームを選択

Keyword
フォームセレクター

フォームの左上端にある四角
形□をフォームセレクターと
呼びます。フォームセレクター
をクリックすると表示が■に
変わり、フォームが選択され
ます。

❸ プロパティシートが表示された

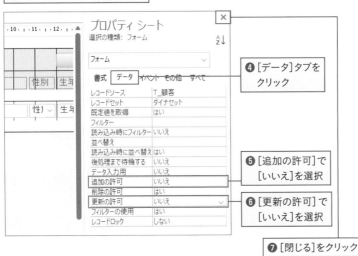

❹ [データ]タブを
クリック

❺ [追加の許可]で
[いいえ]を選択

❻ [更新の許可]で
[いいえ]を選択

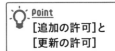

❼ [閉じる]をクリック

Point
**[追加の許可]と
[更新の許可]**

[追加の許可]と[更新の許
可]に[いいえ]を設定するこ
とより、フォームでレコード
の追加と更新ができなくなり
ます。

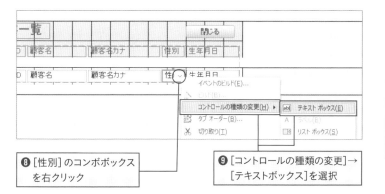

Point
コントロールの種類の
変更

このフォームではコンボボックスからデータを入力することはありません。そこで、手順❽、❾ではコンボボックスをテキストボックスに変更しました。

❽[性別]のコンボボックス
　を右クリック

❾[コントロールの種類の変更]→
　[テキストボックス]を選択

❿[性別]がテキストボックスに変わった

⓫P.70を参考にフォームヘッダーや
　ラベルの文字の色を変えておく

⓬レイアウトビューに切り替えておく

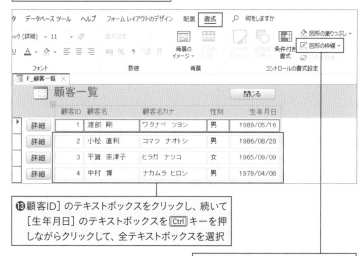

⓭[顧客ID]のテキストボックスをクリックし、続いて
　[生年月日]のテキストボックスを Ctrl キーを押
　しながらクリックして、全テキストボックスを選択

⓮[書式]タブの[図形の枠線]から
　[透明]を選択

Point
書式を効果的に
設定する

職場のさまざまな人が使用するデータベースシステムでは、画面の設定状態や操作方法が感覚的に理解できるのが理想です。このフォームではデータの変更ができないにもかかわらず、フォームの見た目が初期設定のままだと、入力可能に見えてしまいます。そこで、手順⓭以降では、テキストボックスが入力欄に見えないように書式を変更しています。

⓯任意のテキストボックスを選択後、レイアウトセレクター⊞を
クリックしてコントロールレイアウトを選択

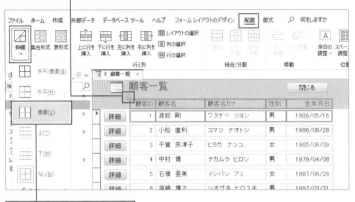

⓰[配置]タブの[枠線]から
[垂直]を選択

Point
**コントロールレイアウト
の枠線**

[配置]タブにある[枠線]は、
コントロールレイアウト専用
の枠線機能です。コントロー
ル自体の枠線とは別に、コン
トロール間に枠線を引くこと
ができます。下図では、テキ
ストボックスに緑線、コント
ロール間に垂直の赤線を引い
ています。

⓱テキストボックスの間に
縦線が表示された

⓲ラベルの文字を中央揃えに
しておく

⓳フォームを上書き保存
しておく

Point
文字配置

ラベルを選択して[書式]タ
ブの[中央揃え]をクリックす
ると、ラベルの文字配置を
中央揃えにできます。

Point
フォームを更新不可にした理由

フォームでデータの変更ができないように設定した理由の1つに、[詳細]ボタンのクリック時の挙動を安定させる目的が
あります。[F_顧客一覧]でデータを変更後❶、レコードを保存しないまま[詳細]をクリックした場合❷、[F_顧客登録]
フォームにデータの変更が反映されません❸。そのような矛盾を避けるために、ここでは[F_顧客一覧]でデータの変
更ができないようにしました。なお、P.272で紹介する[レコードの保存]という動作を手動でマクロに組み込めば、デー
タの変更を反映させることも可能になります。

ボタンの動作を確認する

フォームビューに切り替え、ボタンの動作を確認しましょう。

❶ [F_顧客一覧]フォームをフォームビューに切り替える

		顧客ID	顧客名	顧客名カナ	性別	生年月日
▶	詳細	1	渡部 剛	ワタナベ ツヨシ	男	1989/05/16
	詳細	2	小松 直利	コマツ ナオトシ	男	1986/08/28
	詳細	3	平賀 奈津子	ヒラガ ナツコ	女	1965/09/09
	詳細	4	中村 博	ナカムラ ヒロシ	男	1979/04/08
	詳細	5	石橋 亜美	イシバシ アミ	女	1987/06/26
	詳細	29	樋口 豊	ヒグチ ユタカ	男	1978/06/01
	詳細	30	近藤 誠	コンドウ マコト	男	1977/07/21

F_顧客一覧

顧客一覧 [閉じる]

❷ 新規入力行が表示されないことを確認

❸ [顧客ID]が「3」の行の[詳細]ボタンをクリック

F_顧客一覧 ／ F_顧客登録

顧客登録 [閉じる]

顧客ID	3
顧客名	平賀 奈津子
顧客名カナ	ヒラガ ナツコ
性別	女
生年月日	1965/09/09

❹ [F_顧客登録] フォームが開き、[顧客ID]が「3」のレコードが表示される

これで、顧客管理システムも作成完了。

一覧から顧客を探し、気になる顧客がいた場合は [詳細] ボタンを押して顧客情報を確認する、という流れが便利ですね。ラベル印刷機能も、即戦力として役立ちそうです!

自分が使用するシステムを自分で開発するんだもの。自分にピッタリのシステムに仕上げなきゃ!

131

Column

データベースオブジェクトの操作

データベースファイルに含まれるオブジェクトの開き方、名前の変更方法、削除、コピーなどの操作を再確認しましょう。

▶ オブジェクトを開く

ナビゲーションウィンドウでオブジェクトをダブルクリックすると、オブジェクトごとに決められた既定のビューが開きます。右クリックのメニューからは❶、ビューを指定して開けます❷。

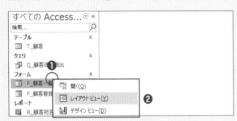

▶ オブジェクト名を変更する

オブジェクトを右クリックして❶、[名前の変更]を選択すると❷、オブジェクト名を編集できます❸。

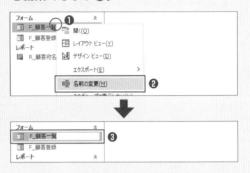

▶ オブジェクトを削除する

オブジェクトを選択して Delete キーを押し❶、削除確認のメッセージで[はい]をクリックすると❷、オブジェクトを削除できます。フォームやレポートの基になっているテーブルやクエリを削除すると、フォームやレポートにレコードを表示できなくなるので注意しましょう。

▶ オブジェクトをコピーする

オブジェクトを選択して❶、[コピー]と❷[貼り付け]をクリックすると❸、コピーできます。テーブルの場合は、コピー内容を指定できます❹。

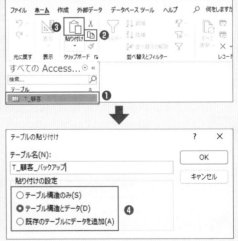

132

Chapter

4

データベース構築編

●

販売管理システムを
設計しよう

「商品管理システム」や「顧客管理システム」の作成は、言わば肩慣らしの作業。ここからは、本書の1番の目的である「販売管理システム」の作成に取り掛かります。このChapterでは、システムの土台となるテーブルの設計と作成を行います。

Chapter 4
01 全体像をイメージしよう

○ 販売管理システムを作成する

「販売管理システム」の作成に取り掛かりましょう。

待ってました！　ボクが1番作りたかったシステムです。

これまで作成してきたシステムに比べて大掛かりだから、完成までの工程数も増えるわよ。

はい、覚悟しています！

複数のテーブルを組み合わせたAccessならではのデータベースシステムになるから、Accessの機能を使い倒すつもりで取り組みましょう！

販売管理システムの構成

　販売管理システムの第1の目的は、受注データの管理です。受注データの中には、いつ、だれが、どの商品をいくらで購入したのかが含まれます。つまり、受注管理と同時に、商品管理と顧客管理も行わなければなりません。本書では、商品管理、顧客管理、受注管理の3つのシステムを総合して「販売管理システム」と呼ぶことにします。Chapter 4 〜 Chapter 6で受注管理の仕組みを作成し、Chapter 7で販売管理システム全体の仕上げを行います。

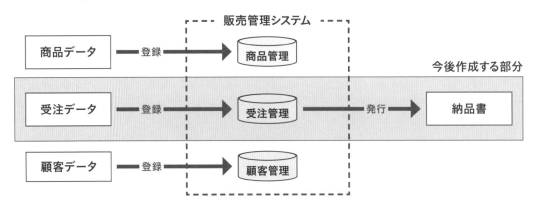

受注管理に必要なオブジェクトを考える

　受注管理システムでは、受注データを登録・表示する機能、受注データを一覧表示する機能、受注データをもとに納品書を発行する機能が必要です。それぞれ、フォームとレポートを使用して作成します。また、受注データの保存先となるテーブルと、フォームやレポートの基になるクエリも作成します。

▶ テーブル

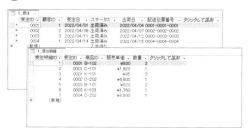

受注データを保存するテーブル。本Chapterで、テーブルの設計と作成を行う

▶ クエリ

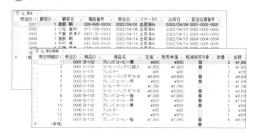

フォームやレポートの基になるクエリ。Chapter 5で作成する

▶ フォーム

受注データを入力・表示するフォーム。Chapter 5で作成する

▶ レポート

納品書を印刷するレポート。Chapter 6で作成する

Chapter 4
02
販売管理システムの
テーブルを設計する

テーブルの設計に迷ったときは、帳票を材料に検討しましょう。例えば、顧客を管理するテーブルの場合は「顧客登録票」、販売データを管理するテーブルの場合は「受注伝票」を見ながらフィールド構成を考えると、イメージが湧いてきます。

「顧客登録票」を見ながらテーブルの構成を考える

こういう「顧客登録票」のデータを管理するには、どんなフィールド構成にすればいいかしら？

顧客登録票	
顧客ID	1
顧客名	渡部
誕生日	5/16
住　所	栃木県

顧客登録票	
顧客ID	2
顧客名	小松
誕生日	8/28
住　所	青森県

顧客登録票	
顧客ID	3
顧客名	平賀
誕生日	9/9
住　所	神奈川県

カンタンです！
「顧客登録票」の項目名をそのままフィールド名にすればいいんじゃないでしょうか。

顧客ID	顧客名	誕生日	住所
1	渡部	5/16	栃木県
2	小松	8/28	青森県
3	平賀	9/9	神奈川県

「受注伝票」を見ながらテーブルの構成を考える

受注伝票	
受注ID	1
受注日	4/1
顧客ID	1
顧客名	渡部

商品ID	単価	数量
A101	¥200	10

受注伝票	
受注ID	2
受注日	4/6
顧客ID	2
顧客名	小松

商品ID	単価	数量
A101	¥200	5
B102	¥100	15
C103	¥150	25

受注伝票	
受注ID	3
受注日	4/6
顧客ID	1
顧客名	渡部

商品ID	単価	数量
B102	¥100	20
D104	¥150	30

それでは、こんな「受注伝票」の場合はどうする？

ナビオ君の案1

こんな感じはどうでしょう？　「受注ID」「受注日」「顧客名」の横に1行目〜3行目の明細データを並べれば、伝票のデータを漏れなく格納できます！

受注ID	受注日	顧客ID	顧客名	商品1			商品2			商品3		
				商品ID	単価1	数量1	商品ID	単価2	数量2	商品ID	単価3	数量3
1	4/1	1	渡部	A101	¥200	10						
2	4/6	2	小松	A101	¥200	5	B102	¥100	15	C103	¥150	25
3	4/6	1	渡部	B102	¥100	20	D104	¥150	30			

初心者にありがちの間違いね。それでは商品データや数量データが複数のフィールドにまたがって格納されることになるから、集計やデータ分析に支障が出るわ。「同じ種類のデータを同じフィールドにまとめる」のが、データベースの基本よ！

ナビオ君の案2

だったら、こうしたらどうでしょうか？　これなら、同じ種類のデータが同じフィールドにまとまります。

受注ID	受注日	顧客ID	顧客名	商品名	単価	数量
1	4/1	1	渡部	A101	¥200	10
2	4/6	2	小松	A101 B102 C103	¥200 ¥100 ¥150	5 15 25
3	4/6	1	渡部	B102 D104	¥100 ¥150	20 30

受注ID	受注日	顧客ID	顧客名	商品名	単価	数量
1	4/1	1	渡部	A101	¥200	10
2	4/6	2	小松	A101 B102 C103	¥200 ¥100 ¥150	5 15 25
3	4/6	1	渡部	B102 D104	¥100 ¥150	20 30

「商品ID」「単価」「数量」に複数の値が入っている点がNG。テーブルでは「1つのマス目に1つの値」が原則よ。

どうしたらいいんでしょうか。皆目、見当が付きません（涙）。

1つのテーブルに収めようとするから、無理が生じるのよ。データを複数のテーブルに分割して管理するのが正解！次ページから、詳しく解説していくわね。

伝票をもとにフィールド構成を考える

　ここでは、下図の「受注伝票」のデータを格納するテーブルのフィールド構成を、順を追って考えていきます。

この伝票のデータを格納するためのテーブルを考える

〈Step1〉計算で求められるデータを除外する

　データベースでは、計算で求められるデータをフィールドの値として持たせないことが原則です。「金額」やその合計、消費税などは計算で求められるのでテーブルに含めません。

「定価×数量」で求められるので除外

「金額」「軽減税」から求められるので除外

Point
計算で求められる値は計算で求める
例えば[金額]をテーブルに含めてしまうと、あとになって[数量]が変更になった場合に、[金額]も修正しなければならなくなります。[金額]を計算式で求める設定にしておけば、[数量]を修正するだけで自動的に[金額]も修正され、修正漏れや入力ミスの心配がなくなります。

〈Step2〉受注データと受注明細データを分割する

受注伝票には、「受注ID」「受注日」「顧客名」など「受注全体に関するデータ」と、「商品ID」「商品名」「単価」「数量」など「受注した商品ごとのデータ」の2種類のデータがあります。前者を「受注テーブル」、後者を「受注明細テーブル」に分けて管理すると、テーブルの構造が整理されます。

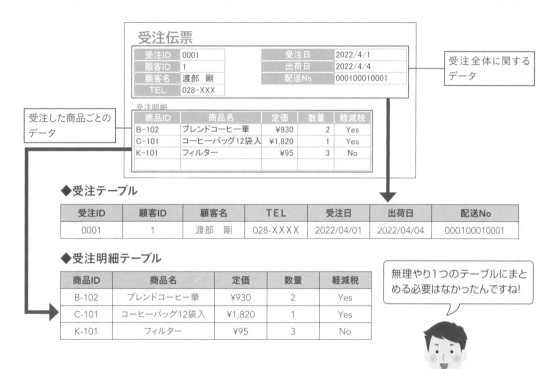

〈Step3〉2つのテーブルを結ぶためのフィールドを設ける

〈Step2〉の[受注明細テーブル]を見ると、各商品がいつ誰に販売されたものなのか、まったくわかりません。これを解決するには、[受注明細テーブル]に[受注ID]フィールドを追加します。[受注ID]の値を頼りに[受注テーブル]をたどれば、受注日や顧客名などがわかります。

〈Step4〉 顧客情報と商品情報を分割する

〈Step3〉の［受注テーブル］には、［顧客ID］［顧客名］［TEL］フィールドが含まれています。この
フィールド構成の場合、次回、同じ顧客から受注があったときに、再度顧客データを入力しなけ
ればなりません。入力が面倒なうえ、入力ミスも心配です。［受注明細テーブル］の［商品ID］［商
品名］［定価］［軽減税］フィールドも同様です。

◆〈Step3〉の受注テーブル

受注ID	顧客ID	顧客名	TEL	受注日	出荷日	配送No
0001	1	渡部　剛	028-X X X X	2022/04/01	2022/04/04	000100010001

この先、繰り返し入力される可能性があるデータ

◆〈Step3〉の受注明細テーブル

受注ID	商品ID	商品名	定価	数量	軽減税
0001	B-102	ブレンドコーヒー華	¥930	2	Yes
0001	C-101	コーヒーバッグ12袋入	¥1,820	1	Yes
0001	K-101	フィルター	¥95	3	No

この先、繰り返し入力される可能性があるデータ

繰り返し入力するデータは、別テーブルに切り分けましょう。［受注テーブル］からは顧客情報
を［顧客テーブル］に切り出します。［受注テーブル］に［顧客ID］フィールドを残せば、いつでも［顧
客テーブル］から顧客データを引き出せます。

同様に、［受注明細テーブル］からは商品情報を［商品テーブル］に切り出します。

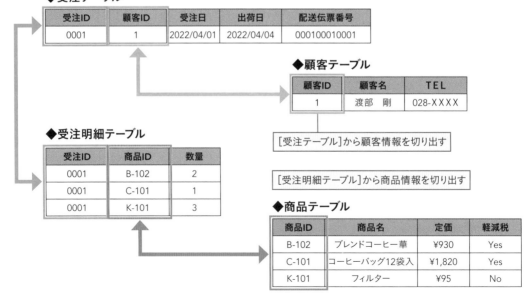

◆受注テーブル

受注ID	顧客ID	受注日	出荷日	配送伝票番号
0001	1	2022/04/01	2022/04/04	000100010001

◆顧客テーブル

顧客ID	顧客名	TEL
1	渡部　剛	028-X X X X

［受注テーブル］から顧客情報を切り出す

◆受注明細テーブル

受注ID	商品ID	数量
0001	B-102	2
0001	C-101	1
0001	K-101	3

［受注明細テーブル］から商品情報を切り出す

◆商品テーブル

商品ID	商品名	定価	軽減税
B-102	ブレンドコーヒー華	¥930	Yes
C-101	コーヒーバッグ12袋入	¥1,820	Yes
K-101	フィルター	¥95	No

〈Step5〉テーブルを吟味する

〈Step4〉までの操作によって、受注伝票のデータを格納するためのテーブル構成とフィールド構成が見えてきました。最後に、ほかに追加すべきフィールドがないかどうかを吟味します。[受注テーブル] には、受注案件の状況を把握するための [ステータス] フィールドを追加することにします。主キーは、受注を識別するための番号である[受注ID]フィールドが適しています。

◆受注テーブル

受注ID	顧客ID	受注日	ステータス	出荷日	配送No
0001	1	2022/04/01	出荷済み	2022/04/04	000100010001
0002	2	2022/04/06	出荷済み	2022/04/07	000200020002
0003	3	2022/04/11	出荷済み	2022/04/12	000300030003

主キー　　　　　　　　　　　追加するフィールド

〈Step4〉で[受注明細テーブル]から[定価]フィールドを[商品テーブル]に切り出しました。しかし、実際に商品を販売するときに、[商品テーブル]に入力されている[定価]ではなく、セール価格で販売することがあります。とすると、[商品テーブル]の[定価]フィールドとは別に、販売単価を保存する必要が出てきます。そこで、[受注明細テーブル]に [販売単価]フィールドを再度追加しましょう。

次に、[受注明細テーブル]の主キーを考えます。主キーは、テーブルのレコードを識別するために重複のない値を持つフィールドに設定すべきですが、[受注明細テーブル]には該当するフィールドがありません。そこで、[受注明細ID]フィールドを追加して、主キーとすることにします。

◆受注明細テーブル

受注明細ID	受注ID	商品ID	販売単価	数量
1	0001	B-012	¥930	2
2	0001	C-101	¥1,820	1
3	0001	K-101	¥95	3
4	0002	C-202	¥6,800	1
5	0003	B-101	¥820	2
6	0003	K-103	¥1,760	1

主キー　　　　　追加するフィールド

[商品テーブル]では、今後、定価の改定の可能性もあるわ。改定前の取引の金額をきちんと残すためにも、[受注明細テーブル]に販売単価を保存しておく必要があるのよ!

💡 **Point**

テーブルの設計と「正規化」

この節で行ったように、情報を複数のテーブルに整理、分割していく手法を「正規化」と呼びます。Accessのようなリレーショナルデータベースでは、1つのテーブルにあらゆる情報を詰め込むのは御法度です。情報を整理し、目的ごとに分類したテーブルを複数用意して、それらのテーブルを連携させながら、必要なデータを取り出せるようにします。顧客情報は顧客テーブルに、商品情報は商品テーブルに、と目的ごとに分類することで、情報の一元管理が可能になり、全体のデータの整合性や信頼性が保てます。

Chapter 4
03 他ファイルのオブジェクトを 取り込む

この節では、いよいよ販売管理システムの作成に着手します。販売管理システムでは、「商品情報」「顧客情報」「受注情報」の3種類のデータを扱います。商品情報を管理するシステムはChapter 2で、顧客情報を管理するシステムはChapter 3で作成したので、それらを販売管理システムにインポートして、サブシステムとして利用することにします。

Sample 商品管理.accdb ／ 顧客管理.accdb ／ 販売管理_0403.accdb

ほかのデータベースからオブジェクトをインポートする

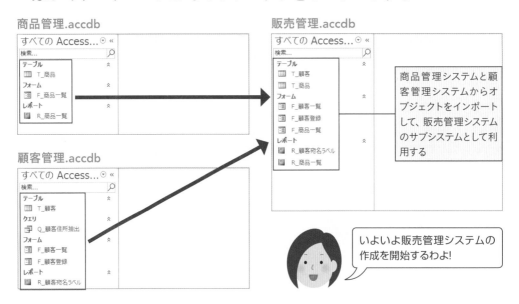

いよいよ販売管理システムの作成を開始するわよ!

Keyword
サブシステム

大きなシステムの構成要素となる下位のシステムのことをサブシステムと呼びます。この節で作成を開始する販売管理システムは、商品管理サブシステム、顧客管理サブシステム、受注管理サブシステムの3つのサブシステムで構成されます。

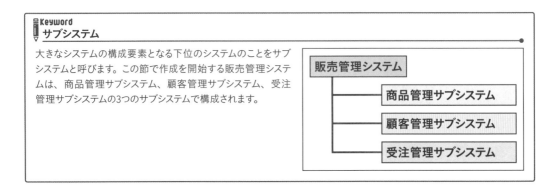

商品管理システムをインポートする

「販売管理」の名前を付けた新しいデータベースファイルを作成し、「商品管理.accdb」から全オブジェクトをインポートします。

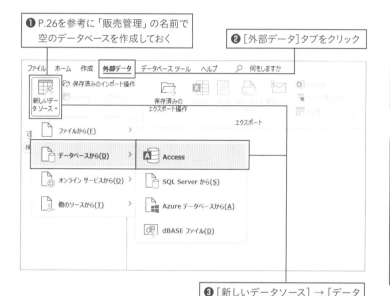

❶ P.26を参考に「販売管理」の名前で空のデータベースを作成しておく

❷ [外部データ]タブをクリック

❸ [新しいデータソース] → [データベースから]→[Access]をクリック

❹ 設定画面が表示された

Memo

Access 2016の場合

手順❷の実行後、[インポートとリンク] グループにある[Access]をクリックします。

Point

今後は販売管理システムだけを使う

この節の操作を終えたら、「商品管理.accdb」「顧客管理.accdb」を破棄します。商品データや顧客データの追加・修正は販売管理システムで行うようにしましょう。

外部データの取り込み - Access データベース

データのインポート元とインポート先、またはリンク元とリンク先の選択

オブジェクトの定義のソースを指定します。

ファイル名(E): C:¥サンプル¥商品管理.accdb 参照(R)...

❺ [参照]をクリックして「商品管理.accdb」を選択

現在のデータベースのデータの保存方法と保存場所を指定してください。

◉ 現在のデータベースにテーブル、クエリ、フォーム、レポート、マクロ、モジュールをインポートする(I)
指定したオブジェクトが存在しない場合、そのオブジェクトが自動的に作成されます。指定したオブジェクトが既に存在する場合、インポートされたオブジェクトの名前に番号が追加されます。インポート元のオブジェクト (テーブル内のデータも含む) に行った変更は現在のデータベースには反映されません。

◯ リンク テーブルを作成してソース データにリンクする(L)
ソース データへのリンクが保持されるテーブルが作成されます。Access でデータに対して行った変更はソース データにも反映されます (逆も同様です)。注意: ソース データベースでパスワードが必要な場合、リンク テーブルと共に暗号化されていないパスワードが保存されます。

OK キャンセル

❻ [現在のデータベースにテーブル、クエリ、フォーム、マクロ、モジュールをインポートする]を選択

❼ [OK]をクリック

せっかく作ったデータベースを破棄するなんて、もったいないですね。

同じデータを複数のデータベースで管理するのは無駄だし、操作ミスのもとにもなるわ。何より、データの一元管理が大切よ。

❽「商品管理.accdb」に含まれるオブジェクトの一覧が表示された

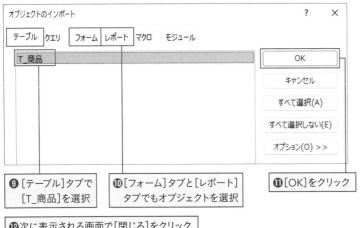

❾[テーブル]タブで [T_商品]を選択　　❿[フォーム]タブと[レポート]タブでもオブジェクトを選択　　⓫[OK]をクリック

Point
取り込むオブジェクト

手順❽の画面では、オブジェクトがタブに分類されています。各タブをクリックして、すべてのオブジェクトを選択してください。

⓬次に表示される画面で[閉じる]をクリック

⓭オブジェクトがインポートされた

顧客管理システムをインポートする

「顧客管理.accdb」から[Q_顧客住所抽出]を除いた全オブジェクトをインポートします。さらに、[R_顧客宛名ラベル]に全顧客の宛名が印刷されるように修正します。

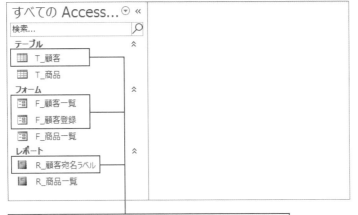

❶「顧客管理.accdb」から[T_顧客][F_顧客一覧][F_顧客登録] [R_顧客宛名ラベル]をインポートしておく

Memo
Q_顧客住所抽出

顧客管理システムの[R_顧客宛名ラベル]では、[Q_顧客住所抽出]で抽出した顧客の宛名ラベルを印刷しました。販売管理システムでは、全顧客の宛名ラベルを印刷する仕様に変えるものとします。そのため、[Q_顧客住所抽出]は不要となります。

❷[R_顧客宛名ラベル]のデザインビューを開く

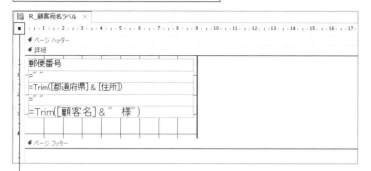

❸レポートセレクターをクリックして
レポートを選択

❹[レポートデザイン]タブの[プ
ロパティシート]をクリック

❺[データ]タブの[レコードソース]から
[T_顧客]を選択

❻印刷プレビューに切り替え、全顧客の
宛名が印刷されることを確認

❼上書き保存して閉じておく

Memo

デザインビューを開く

ナビゲーションウィンドウで
[R_顧客宛名ラベル]を右ク
リックし、[デザインビュー]を
選択すると、デザインビュー
が開きます。

Keyword

レポートセレクター

レポートのデザインビューの
左上端にある四角形□をレ
ポートセレクターと呼びます。
レポートセレクターをクリック
すると表示が■に変わり、
レポートが選択されます。

Keyword

レコードソース

レコードソースとは、フォー
ムやレポートに表示するレ
コードの取得元を指定する
ためのプロパティです。[R_顧
客宛名ラベル]の元々のレ
コードソースは[Q_顧客住所
抽出]です。レコードソースを
[T_顧客]に変更すると、レ
ポートに[T_顧客]テーブルの
レコードが表示されるように
なります。

Chapter 4
04
受注、受注明細テーブルを作成する

販売管理システムで使用する4つのテーブルのうち、商品テーブルと顧客テーブルは既に完成しています。ここでは、残りの2つ「受注テーブル」と「受注明細テーブル」を作成します。ルックアップの設定など、データを入力しやすい環境も整えます。

Sample 販売管理_0404.accdb

⊙受注テーブルと受注明細テーブルを作成する

◆受注テーブル

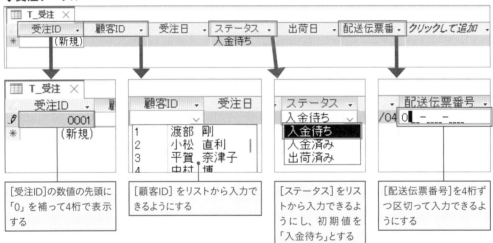

[受注ID]の数値の先頭に「0」を補って4桁で表示する

[顧客ID] をリストから入力できるようにする

[ステータス]をリストから入力できるようにし、初期値を「入金待ち」とする

[配送伝票番号]を4桁ずつ区切って入力できるようにする

◆受注明細テーブル

[商品ID] をリストから入力できるようにする

これで、販売管理に必要な4つのテーブルが揃うんですね!

いろいろなフィールドプロパティを駆使して、入力の助けとなる機能を付けましょう。

受注テーブルを作成する

Chapter 4の02で行ったテーブルの設計に基づいて、受注テーブルを作成しましょう。

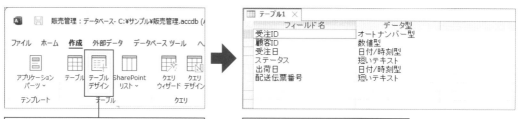

❶ [作成]タブの[テーブルデザイン]をクリック

❷ 下表を参考にフィールドを設定する

フィールド名	データ型	フィールドサイズ	IME入力モード
受注ID	オートナンバー型	長整数型	－
顧客ID	数値型	長整数型	－
受注日	日付/時刻型	－	オフ
ステータス	短いテキスト	10	ひらがな
出荷日	日付/時刻型	－	オフ
配送伝票番号	短いテキスト	12	オフ

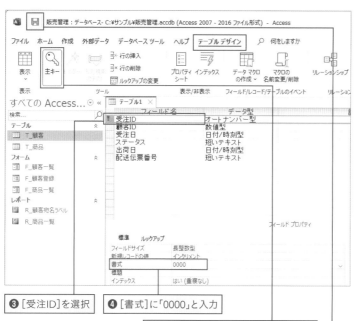

❸ [受注ID]を選択

❹ [書式]に「0000」と入力

❺ [デザイン]タブの[主キー]をクリック

❻ [上書き保存]をクリックして「T_受注」の名前で保存しておく

Point

受注IDを4桁で表示する

[書式]プロパティに設定した「0000」の「0」は、数値1桁を表す書式指定文字です。「0000」と設定すると、数値を必ず4桁で表示できます。[受注ID]フィールドはオートナンバー型なので「1」「2」「3」のような連番の数値が自動入力されますが、データシートには「1」が「0001」、「2」が「0002」という具合に4桁で表示されます。

受注ID	顧客ID	受注日
0001	1	2022/04
0002	2	2022/04
0003	3	2022/04
(新規)		

147

[ステータス]をリストから入力できるようにする

[ステータス]フィールドは、受注した案件の現在の状態を表示／確認するためのフィールドです。ルックアップの設定を行い、「入金待ち」「入金済み」「出荷済み」の3つの選択肢から入力できるようにします。新規レコードの入力時は「入金待ち」の状態である可能性が高いので、[既定値]を「入金待ち」とします。

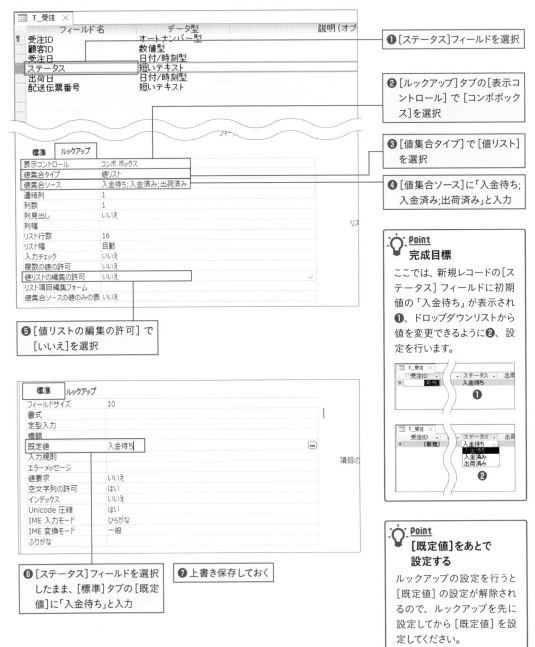

❶[ステータス]フィールドを選択

❷[ルックアップ]タブの[表示コントロール]で[コンボボックス]を選択

❸[値集合タイプ]で[値リスト]を選択

❹[値集合ソース]に「入金待ち;入金済み;出荷済み」と入力

❺[値リストの編集の許可]で[いいえ]を選択

❻[ステータス]フィールドを選択したまま、[標準]タブの[既定値]に「入金待ち」と入力

❼上書き保存しておく

Point 完成目標

ここでは、新規レコードの[ステータス]フィールドに初期値の「入金待ち」が表示され❶、ドロップダウンリストから値を変更できるように❷、設定を行います。

Point [既定値]をあとで設定する

ルックアップの設定を行うと[既定値]の設定が解除されるので、ルックアップを先に設定してから[既定値]を設定してください。

[顧客ID]をリストから入力できるようにする

[顧客ID]フィールドに入力する値は、[T_顧客]テーブルに含まれる[顧客ID]の値です。そこで、ドロップダウンリストから[T_顧客]テーブルの[顧客ID]を選択できるように、設定を行いましょう。

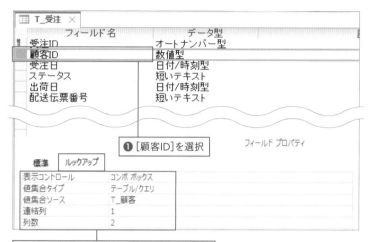

❶ [顧客ID]を選択

❷ [ルックアップ]タブで下表のように設定する

プロパティ	設定値
表示コントロール	コンボボックス
値集合タイプ	テーブル/クエリ
値集合ソース	T_顧客
連結列	1
列数	2
列幅	1.2cm;3cm
リスト幅	4.2cm

※列幅やリスト幅を入力すると数値に端数が付くことがありますが、付いたままでかまいません。

❸ 上書き保存してデータシートビューに切り替える

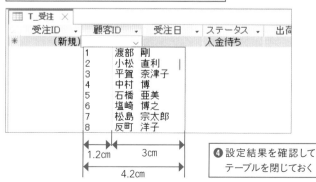

1.2cm　3cm
4.2cm

❹ 設定結果を確認してテーブルを閉じておく

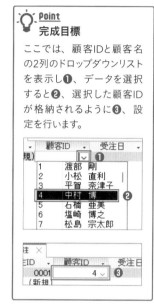

Point
完成目標

ここでは、顧客IDと顧客名の2列のドロップダウンリストを表示し❶、データを選択すると❷、選択した顧客IDが格納されるように❸、設定を行います。

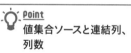

Point
値集合ソースと連結列、列数

[値集合ソース]で[T_顧客]、[列数]で「2」を設定すると、リストに[T_顧客]テーブルの左から2列分のデータが表示されます。また、[連結列]で「1」を設定すると、リストの1列目のデータがフィールドに格納されます。

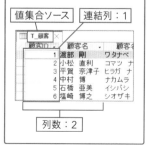

配送伝票番号の入力パターンを設定する

　配送伝票番号は、通常、データのパターンが決まっています。ここでは、[定型入力] の機能を利用して、12桁の数字を「0001-0001-0001」のように4桁ごとにハイフン「-」で区切って入力できるように設定します。ハイフンを入れることでどの桁の数字を入力しているのかがわかりやすくなり、入力ミスを抑えられます。

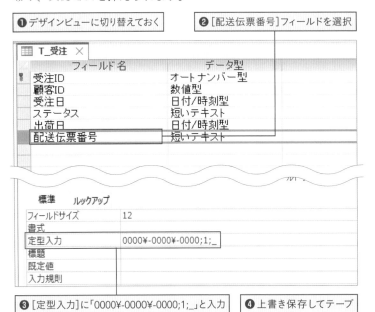

❶ デザインビューに切り替えておく

❷ [配送伝票番号]フィールドを選択

❸ [定型入力]に「0000¥-0000¥-0000;1;_」と入力

❹ 上書き保存してテーブルを閉じておく

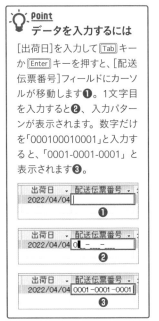

Point
データを入力するには

[出荷日]を入力して [Tab] キーか [Enter] キーを押すと、[配送伝票番号]フィールドにカーソルが移動します❶。1文字目を入力すると❷、入力パターンが表示されます。数字だけを「000100010001」と入力すると、「0001-0001-0001」と表示されます❸。

Point
入力パターンの設定

[定型入力] プロパティは、3つのセクションをセミコロン「;」で区切って設定します。第1セクションに指定した「0000¥-0000¥-0000」は、「0」の位置に必ず数字を入力することを定義します。入力した数字が12桁より少ない場合、エラーメッセージが出て入力を促されます。第2セクションには「1」を指定したので、フィールドには12桁の数字だけが保存されます。

定型入力の定義　　；リテラル文字の保存；代替文字
0000¥-0000¥-0000 ;　　　　1　　　；　　　_

セクション	説明
第1セクション 定型入力の定義	以下の定型入力文字を使用して入力パターンを定義する。 　0：「0」の位置に数字を入力。省略不可。 　9：「9」の位置に数字を入力。省略可。 　¥：後ろの文字をリテラル文字として表示する。
第2セクション リテラル文字の保存	リテラル文字(ハイフンやカッコなど、入力パターン内の文字列)を保存するかどうかを指定する。「0」を指定すると保存する、「1」を指定するか省略すると保存しない。
第3セクション 代替文字	1文字分の入力位置を示す文字を指定する。アンダーバー「_」([Shift]+ひらがなの[ろ]キー)を指定することが多い。

受注明細テーブルを作成する

次に、受注明細テーブルを作成します。

❶ 新規テーブルを作成し、下表を参考にフィールドを設定する

```
🔲 テーブル1 ✕
        フィールド名              データ型
🔑 受注明細ID              オートナンバー型
   受注ID                 数値型
   商品ID                 短いテキスト
   販売単価               通貨型
   数量                   数値型
```

❷ [受注明細ID]に主キーを設定

フィールド名	データ型	フィールドサイズ	IME入力モード
受注明細ID	オートナンバー型	長整数型	―
受注ID	数値型	長整数型	―
商品ID	短いテキスト	5	オフ
販売単価	通貨型	―	―
数量	数値型	長整数型	―

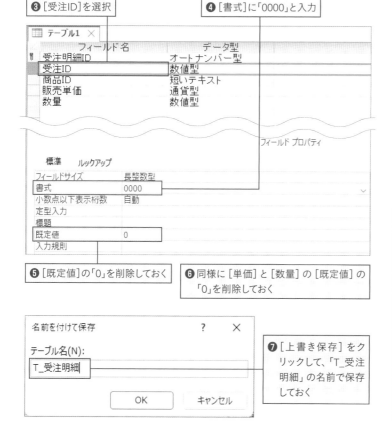

❸ [受注ID]を選択

❹ [書式]に「0000」と入力

```
🔲 テーブル1 ✕
        フィールド名              データ型
🔑 受注明細ID              オートナンバー型
   受注ID                 数値型
   商品ID                 短いテキスト
   販売単価               通貨型
   数量                   数値型
```

フィールド プロパティ

標準	ルックアップ
フィールドサイズ	長整数型
書式	0000
小数点以下表示桁数	自動
定型入力	
標題	
既定値	0
入力規則	

❺ [既定値]の「0」を削除しておく

❻ 同様に[単価]と[数量]の[既定値]の「0」を削除しておく

```
名前を付けて保存              ?    ✕

テーブル名(N):

T_受注明細

        OK          キャンセル
```

❼ [上書き保存]をクリックして、「T_受注明細」の名前で保存しておく

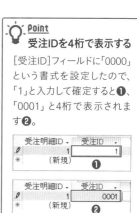

Point
受注IDを4桁で表示する

[受注ID]フィールドに「0000」という書式を設定したので、「1」と入力して確定すると❶、「0001」と4桁で表示されます❷。

151

[商品 ID]をリストから入力できるようにする

[商品ID] フィールドをリストから入力できるように設定しましょう。リストには、[T_顧客]テーブルのデータが表示されるようにします。

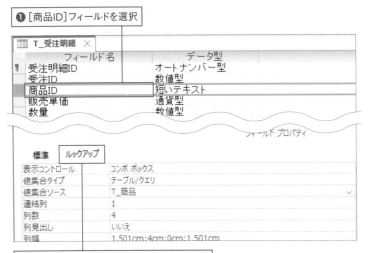

❶ [商品ID]フィールドを選択

❷ [ルックアップ]タブで下表のように設定する

プロパティ	設定値
表示コントロール	コンボボックス
値集合タイプ	テーブル/クエリ
値集合ソース	T_商品
連結列	1
列数	4
列幅	1.5cm;4cm;0cm;1.5cm
リスト幅	7cm

❸ 上書き保存してデータシートビューに切り替える

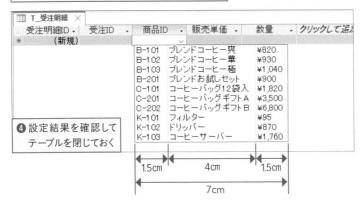

❹ 設定結果を確認してテーブルを閉じておく

テストデータ削除後にオートナンバーを「1」から始めるには

　動作確認のためにテストデータを入力することがあります。ところが、テストデータを削除して、いざ本番のデータを入力すると、オートナンバー型のフィールドに、削除したレコードの続きの番号が入力されてしまいます。本番のデータはすっきりと「1」から始めたいものです。ここでは、「1」から始めるための操作を紹介します。

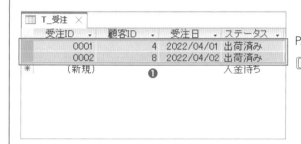

テストデータを入力しておきます。P.53を参考に全レコードを選択して❶、[Delete]キーを押して削除します。

新規にデータを入力すると❷、オートナンバー型のフィールドに、削除したレコードの続きの番号が入力されます❸。

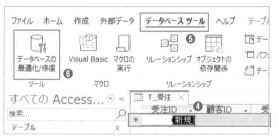

再度レコードを削除してから❹、[データベースツール]タブの❺、[データベースの最適化/修復]をクリックします❻。

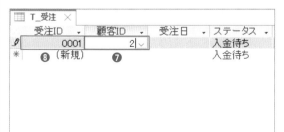

テーブルが自動的に閉じるので、開き直します。新規にデータを入力すると❼、オートナンバー型のフィールドは「1」になります❽。

Chapter 4
05 リレーションシップを作成する

前のSectionで、販売管理システムの4つのテーブルが出揃いました。ここでは、4つのテーブルのレコードを組み合わせて使用できるように、テーブル同士を関連付けます。この関連付けのことを「リレーションシップ」と呼びます。

Sample 販売管理_0405.accdb

◎テーブル間のリレーションシップを作成する

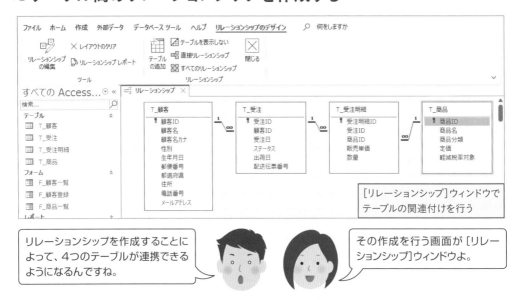

[リレーションシップ]ウィンドウでテーブルの関連付けを行う

リレーションシップを作成することによって、4つのテーブルが連携できるようになるんですね。

その作成を行う画面が[リレーションシップ]ウィンドウよ。

リレーションシップとは

まずは、簡単な例でリレーションシップを理解しましょう。ここでは、次ページの図のような「商品テーブル」と「販売テーブル」について考えます。

商品名や価格は商品テーブルに入力されていますが、売れた個数は販売テーブルに入力されています。どの商品がどれだけ売れたのかを調べるには、両方のテーブルに共通する[商品ID]フィールドをたどって、レコードを結び付ける必要があります。レコード同士を結び付けるためのテーブルの関連付けのことを「リレーションシップ」と呼びます。そして、テーブルの関連付けに使用するフィールドを「結合フィールド」と呼びます。

▶ リレーションシップ

◆商品テーブル

商品ID	商品名	価格
S1	商品A	¥100
S2	商品B	¥200
S3	商品C	¥300

結合フィールド

◆販売テーブル

注文ID	日付	商品ID	個数
1	4/1	S1	2
2	4/1	S2	5
3	4/2	S1	1
4	4/5	S3	3
5	4/6	S2	2

結合フィールド

――――― リレーションシップ ―――――

　2つのテーブルのレコードをよく見ると、商品テーブルの1件のレコードが、販売テーブルの複数のレコードと結び付くことがわかります。このように、一方のテーブルの1つのレコードがもう一方のテーブルの複数のレコードに対応する関係を「一対多のリレーションシップ」と呼びます。また、前者のテーブルを「一側テーブル」、後者のテーブルを「多側テーブル」と呼びます。通常、一側テーブルでは、主キーフィールドが結合フィールドとなります。

　一対多のリレーションシップのレコード同士の関係は親子関係に例えることができます。一側テーブルのレコードが「親レコード」、多側テーブルのレコードが「子レコード」となります。

▶ 「一対多」のリレーションシップ

一側テーブル

◆商品テーブル

商品ID	商品名	価格
S1	商品A	¥100
S2	商品B	¥200
S3	商品C	¥300

親レコード

多側テーブル

◆販売テーブル

注文ID	日付	商品ID	個数
1	4/1	S1	2
2	4/1	S2	5
3	4/2	S1	1
4	4/5	S3	3
5	4/6	S2	2

子レコード

子レコード

1件の親レコードに対して、複数の子レコードが対応するのよ。

だから「一対多」のリレーションシップと言うわけですね。

テーブルの関係を再確認する

　実際にリレーションシップを作成する前に、販売管理システムの4つのテーブルの関係をおさらいしておきましょう。ここでは、4つのテーブルを結ぶために、次の3組のリレーションシップを作成します。

・顧客テーブルと受注テーブル（結合フィールド：顧客ID）
・受注テーブルと受注明細テーブル（結合フィールド：受注ID）
・受注明細テーブルと商品テーブル（結合フィールド：商品ID）

◆受注テーブル

受注ID	顧客ID	受注日	……	……
0001	1	2022/04/01	……	……
0002	2	2022/04/06	……	……
0003	3	2022/04/11	……	……
0004	1	2022/04/14	……	……

◆顧客テーブル

顧客ID	顧客名	……	……
1	渡部	……	……
2	小松	……	……
3	平賀	……	……

リレーションシップ

リレーションシップ

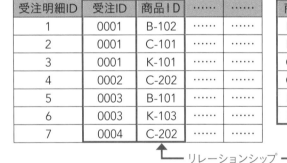

◆受注明細テーブル

受注明細ID	受注ID	商品ID	……	……
1	0001	B-102	……	……
2	0001	C-101	……	……
3	0001	K-101	……	……
4	0002	C-202	……	……
5	0003	B-101	……	……
6	0003	K-103	……	……
7	0004	C-202	……	……

◆商品テーブル

商品ID	商品名	……	……
B-101	ブレンドコーヒー爽	……	……
B-102	ブレンドコーヒー華	……	……
C-101	コーヒーバッグ12袋入	……	……
C-202	コーヒーバッグギフト	……	……
K-101	フィルター	……	……
K-103	コーヒーサーバー	……	……

リレーションシップ

リレーションシップを作成する

　ここからは、手を動かしながら、実際にリレーションシップを作成します。

❶ [データベースツール] タブをクリック

❷ [リレーションシップ] をクリック

❸[リレーションシップ]ウィンドウが表示された

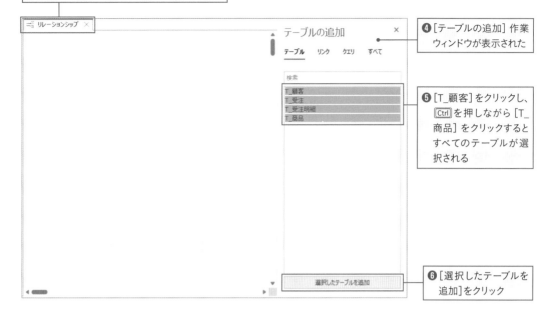

❹[テーブルの追加] 作業ウィンドウが表示された

❺[T_顧客]をクリックし、[Ctrl]を押しながら[T_商品]をクリックするとすべてのテーブルが選択される

❻[選択したテーブルを追加]をクリック

❼すべてのテーブルが追加された

❽[閉じる]をクリック

🗂 **Memo**

テーブルの選択

テーブルの追加は、1つずつでも複数まとめてでもかまいません。連続するテーブルは[Ctrl]+クリック、離れたテーブルは[Shift]+クリックで選択できます。なお、Access 2019/2016では[テーブルの追加]ではなく[テーブルの表示]ダイアログボックスが表示されます。

🗂 **Memo**

[テーブルの追加]が表示されない場合

[テーブルの追加] 作業ウィンドウは、データベースファイルではじめて[リレーションシップ]ウィンドウを開いたときに自動表示されます。2度目以降は、[リレーションシップのデザイン] タブの [テーブルの追加] ボタンをクリックすると表示できます。

データベース構築編

Chapter 4 販売管理システムを設計しよう

157

❾ タイトル部分をドラッグしてテーブルの配置を調整する

❿ [T_顧客]の境界線をドラッグしてサイズを調整する

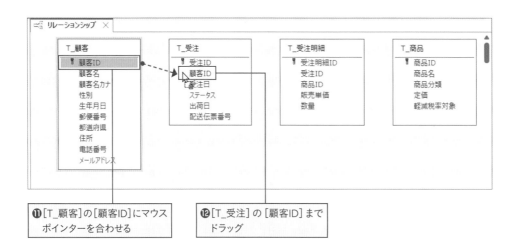

⓫ [T_顧客]の[顧客ID]にマウス
ポインターを合わせる

⓬ [T_受注]の[顧客ID]まで
ドラッグ

⓭ [リレーションシップ]ダイアログボックスが表示された

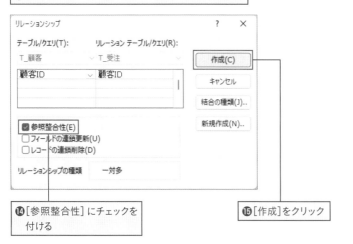

⓮ [参照整合性]にチェックを
付ける

⓯ [作成]をクリック

Memo
参照整合性

[参照整合性]にチェックを付けてリレーションシップを作成すると、結合フィールドに入力されるデータに自動監視機能が働き、整合性のないデータの入力を防げます。詳しくは、次のSectionで解説します。

⑯リレーションシップが作成され、結合線で結ばれた

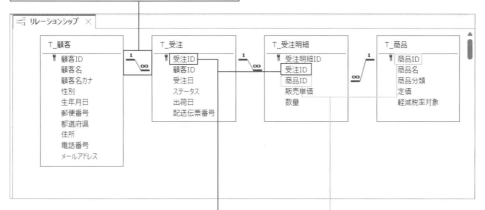

⑰同様に[T_受注]の[受注ID]と[T_受注明細]の[受注ID]を結合

⑱[T_商品]の[商品ID]と[T_受注明細]の[商品ID]を結合

⑲[リレーションシップのデザイン]タブの[閉じる]をクリック

⑳保存確認のメッセージが表示されるので、[はい]をクリックして保存しておく

▣Keyword
結合線

結合フィールドを結ぶ線のことを結合線と呼びます。参照整合性を設定した場合、一側の結合フィールドに「1」、多側の結合フィールドに「∞」のマークが付きます。参照整合性を設定せずにリレーションシップを作成した場合は、「1」「∞」のマークは付きません。

▣Memo
設定を変更するには

結合線をダブルクリックすると、手順⑬の[リレーションシップ]ダイアログボックスが開き、参照整合性などの設定を変更できます。

🔘Point
リレーションシップの保存

手順⑳の保存確認は、[リレーションシップ]ウィンドウのテーブルの配置など、レイアウトを保存するかどうかの確認です。もし[いいえ]をクリックしても、レイアウトが保存されないだけで、リレーションシップ自体は自動保存されます。

Chapter 4
06
関連付けしたテーブルに入力する

Chapter 4の05でリレーションシップを作成するときに、[参照整合性]にチェックを付けたことを覚えているでしょうか。参照整合性を設定すると、リレーションシップの関係を崩すようなデータが入力されないように、監視機能が働きます。ここでは、参照整合性の仕組みを理解しながら、受注データを入力してみましょう。

Sample 販売管理_0406.accdb

● 受注データを入力する

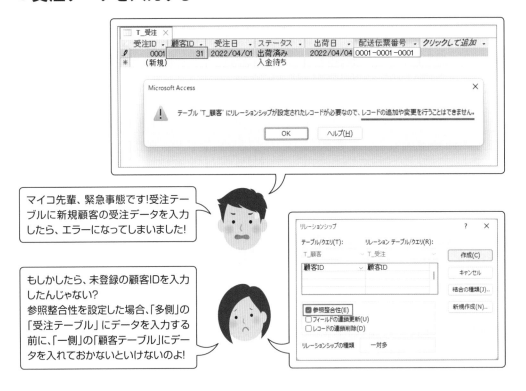

マイコ先輩、緊急事態です!受注テーブルに新規顧客の受注データを入力したら、エラーになってしまいました!

もしかしたら、未登録の顧客IDを入力したんじゃない?
参照整合性を設定した場合、「多側」の「受注テーブル」にデータを入力する前に、「一側」の「顧客テーブル」にデータを入れておかないといけないのよ!

📝 **Memo**

難しい話が苦手な人は

参照整合性の考え方を、P.161〜P.164で解説します。ちょっと難しい話です。データベースシステムの開発を挫折しそうになるくらい難しく感じるようなら、読み飛ばしてください。「参照整合性は、データの整合性を保つための機能」とだけ理解して、P.165から操作を進めましょう。

参照整合性とは

受注データの入力を始める前に、参照整合性の仕組みを理解しておきましょう。現在作成中の販売管理システムはテーブル数やフィールド数が多く複雑なので、ここでは説明を簡単にするために、コンパクトなテーブルを使用して解説します。

下図の「商品テーブル」と「販売テーブル」を見てください。[商品ID]フィールドを結合フィールドとして、リレーションシップを設定してあります。2つのテーブルは一対多の関係にあります。商品テーブルが一側テーブルで、そのレコードは親レコードとなります。また、販売テーブルが多側テーブルで、そのレコードは子レコードとなります。

▶ リレーションシップ

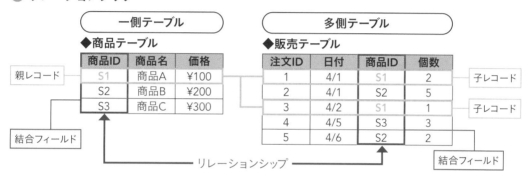

ここで、双方のテーブルに共通しないデータが、結合フィールドに入力されるケースを考えてみましょう。2つのケースが考えられます。1つは、販売テーブルの中には存在しないデータが、商品テーブルの結合フィールドに入力されるケースです。

下図では、販売テーブルに入力されていない商品ID「XX」（商品X）が、商品テーブルに入力されています。商品Xは販売テーブルにないので売れていない商品と考えられ、データベースの整合性としての問題はありません。商品Xのレコードは、「子レコードを持たない親レコード」と言えます。

▶ （ケース1）一側テーブルのみに入れられたデータ：OK

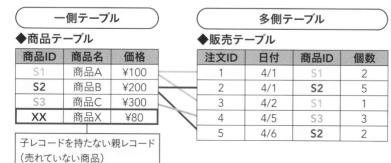

　もう1つは、販売テーブルの結合フィールドに、商品テーブルの中には存在しないデータが入力されるケースです。下図では、商品テーブルに入力されていない商品ID「XX」が、販売テーブルに入力されています。存在しない商品が売られたことになり、あり得ません。このようなあり得ないデータ（親レコードが存在しない子レコード）が入力されると、データベースの信頼性が損なわれます。

▶（ケース2）多側テーブルのみに入れられたデータ：NG

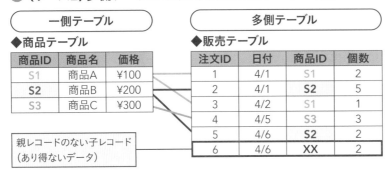

　どんなに気を付けていても人の手による管理では、入力ミスや操作ミスで、ケース2のようなあり得ないデータが入力されてしまう可能性があります。そこで、出番となるのが「参照整合性」という機能です。リレーションシップと一緒に参照整合性を設定しておくと、結合フィールドにあり得ないデータが入力されたときに、Accessがエラーメッセージを出して、「親レコードのない子レコード」が生じるのを阻止してくれます。参照整合性を設定することにより、整合性のあるデータしか入力できない状態となり、データベースの信頼性が上がるというわけです。

一側テーブル		

◆商品テーブル

商品ID	商品名	価格
S1	商品A	¥100
S2	商品B	¥200
S3	商品C	¥300

多側テーブル			

◆販売テーブル

注文ID	日付	商品ID	個数
1	4/1	S1	2
2	4/1	S2	5
3	4/2	S1	1
4	4/5	S3	3
5	4/6	S2	2
6	4/6	XX	2

参照整合性を設定しておくと、このようなあり得ないレコードが入力されたときに、Accessがエラーメッセージを出してくれる

📝 Memo

参照整合性を設定しない場合

リレーションシップの作成時に［参照整合性］にチェックを入れなかった場合、レコードを結合するためのフィールドが定義されるだけで、データの整合性を監視する機能は働きません。

参照整合性の設定条件

参照整合性を設定するには、結合する2つのフィールドが次の条件を満たす必要があります。お互いのフィールド名は同じでなくても構いません。

(1)少なくとも一方が主キーまたは固有インデックス(P.164参照)が設定されている
(2)データ型が同じ
(3)数値型の場合はフィールドサイズが同じ
(4)2つのテーブルが同じデータベース内に含まれる

なお、オートナンバー型のフィールドと数値型のフィールドは、フィールドサイズを長整数型にすることで参照整合性を設定できます。

> すでにデータが入力されているテーブル同士に参照整合性を設定するには注意が必要。互いのテーブルに整合性のないデータが入力されている場合、参照整合性を設定するとエラーが出るわよ。

参照整合性の設定効果

参照整合性を設定した場合、「親レコードのない子レコード」が生じるのを防ぐために、Accessが自動で次の3種類の操作制限をしてくれます。

▶ 多側テーブルの結合フィールドに対する「入力の制限」

多側テーブルの結合フィールドに、一側テーブルに存在しないデータが入力されると、エラーメッセージが表示されてフィールドのデータを確定できません。つまり、「親レコードのない子レコード」の追加が禁止されます。

一側テーブル

◆商品テーブル

商品ID	商品名	価格
S1	商品A	¥100
S2	商品B	¥200
S3	商品C	¥300

多側テーブル

◆販売テーブル

注文ID	日付	商品ID	個数
1	4/1	S1	2
2	4/1	S2	5
3	4/2	S1	1
4	4/5	S3	2
5	4/6	S2	2
6	4/6	XX	2

「XX」を入力すると……

エラーメッセージ
商品テーブルにない「商品ID」の入力禁止!

▶ 一側テーブルの結合フィールドに対する「更新の制限」

多側テーブルの結合フィールドに入力されているデータを、一側テーブルで変更しようとすると、エラーメッセージが表示されてデータを変更できません。つまり、「子レコードを持つ親レコード」の更新が禁止されます。

▶ 更新の制限

〔 一側テーブル 〕　　〔 多側テーブル 〕

◆商品テーブル

商品ID	商品名	価格
XX	商品A	¥100
S2	商品B	¥200
S3	商品C	¥300

◆販売テーブル

注文ID	日付	商品ID	個数
1	4/1	S1	2
2	4/1	S2	5
3	4/2	S1	1
4	4/5	S3	3
5	4/6	S2	2
6	4/6	XX	2

「S1」を「XX」に変えると……

エラーメッセージ
販売テーブルにある「商品ID」の変更禁止!

商品テーブルの「S1」を「XX」に変えると、販売テーブルの「S1」の親レコードが失われて整合性が取れなくなるのよ。

▶ 一側テーブルの親レコードに対する「削除の制限」

多側テーブルの結合フィールドに入力されているデータの親レコードを、一側テーブルで削除しようとすると、エラーメッセージが表示されてレコードを削除できません。つまり、「子レコードを持つ親レコード」の削除が禁止されます。

〔 一側テーブル 〕　　〔 多側テーブル 〕

◆商品テーブル

商品ID	商品名	価格
XX	商品A	¥100
S2	商品B	¥200
S3	商品C	¥300

◆販売テーブル

注文ID	日付	商品ID	個数
1	4/1	S1	2
2	4/1	S2	5
3	4/2	S1	1
4	4/5	S3	3
5	4/6	S2	2
6	4/6	XX	2

「S1」のレコードを削除する……

エラーメッセージ
販売テーブルにある「商品ID」のレコード削除禁止!

商品テーブルの「S1」のレコードを削除すると、販売テーブルの「S1」の親レコードが失われて整合性が取れなくなるんですね。

 Point
親レコードを先に入力すること

参照整合性を設定したテーブルへの入力では、親レコードを子レコードより先に入力することがポイントです。例えば、新商品の販売データを入力するときは、先に商品テーブルに新商品を登録します。登録を済ませていない場合、販売テーブルでデータを入力するときに「入力の制限」に引っかかりエラーになるので気を付けてください。

Memo
固有インデックス

固有インデックスを設定したフィールドは、テーブル内の他レコードと重複するデータを入力できません。例えば顧客をメールアドレスで認証する場合に、メールアドレスのフィールドに固有インデックスを設定しておくと、重複データの入力を自動で禁止できます。固有インデックスを設定するには、テーブルのデザインビューを開き、フィールドを選択して[インデックス]プロパティで[はい(重複なし)]を選択します。

受注テーブルにデータを入力する

Chapter 4の04で設定したフィールドプロパティの動作を確認しながら、受注テーブルにデータを入力してみましょう。下図の手順ではドロップダウンリストや［日付選択カレンダー］からデータを選択していますが、直接キーボードから入力してもかまいません。

❶［T_受注］テーブルを開く

❷ 新規レコードの［ステータス］に既定値が表示される

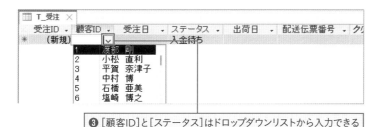

❸［顧客ID］と［ステータス］はドロップダウンリストから入力できる

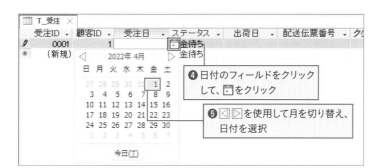

❹ 日付のフィールドをクリックして、□をクリック

❺ ◁ ▷ を使用して月を切り替え、日付を選択

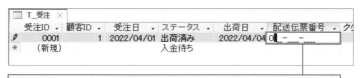

❻［配送伝票番号］には数字12桁を入力すると自動的にハイフンで区切られる

❼ データを入力しておく

❽ データを入力すると、行頭に ⊞ マークが表示される

Memo
日付選択カレンダー

日付／時刻型のフィールドは、日付選択カレンダーから日付を入力できます。なお、［定型入力］プロパティを設定したフィールドでは、日付選択カレンダーを使えません。

Point
手入力の場合の注意

［顧客ID］を手入力する場合、［T_顧客］テーブルに未登録の［顧客ID］を入れると参照整合性の［入力の制限］によりエラーになります。なお、ドロップダウンリストには登録済みのデータが表示されるので、［入力の制限］に引っかかることはありません。

Memo
上と同じデータを入力するには

データを入力するときに［Ctrl］＋［7］キー（［7］はテンキー不可）を押すと、真上と同じデータを自動入力できます。手順❼では、［ステータス］フィールドに「出荷済み」の入力が続きますが、ドロップダウンリストから入力するより効率的です。

受注明細テーブルにデータを入力する

一側テーブルのデータシートには、多側テーブルのサブデータシートを表示できます。これを利用して、受注テーブルのデータシートで受注明細テーブルのデータを入力してみましょう。

❶ [T_受注]テーブルを開いておく

❷ ＋をクリック

❸ [T_受注明細]テーブルのサブデータシートが表示された

❹ −をクリックするとサブデータシートを閉じることができる

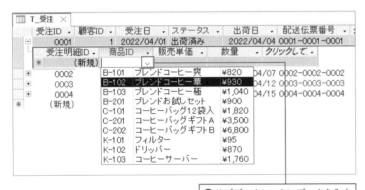

❺サブデータシートにデータを入力

❻ [受注ID]が「0001」の受注明細データを3件入力　子レコード　親レコード

<blockquote>
✏️Keyword
サブデータシート

一側テーブルのデータシートの中に表示される多側テーブルのデータシートを「サブデータシート」と呼びます。＋や−でサブデータシートの展開／折り畳みを切り替えられます。
</blockquote>

<blockquote>
💡 Point
結合フィールドは
表示されない

[T_受注] テーブルと [T_受注明細] テーブルの結合フィールドは [受注ID] ですが、サブデータシートに [受注ID]フィールドは表示されません。[T_受注] テーブルの [受注ID]の値が、自動で[T_受注明細] テーブルの [受注ID] フィールドに入力されます。例えば、[受注ID] が「0001」のレコードのサブデータシートを開いて入力した場合、入力したレコードの [受注ID]は「0001」になります。
</blockquote>

<blockquote>
💡 Point
複数のレコードを
入力できる

[T_受注]テーブルの1件のレコードに対して、サブデータシートで [T_受注明細] テーブルの複数のレコードを入力できます。手順❺の画面を見ると、レコードが「一対多」の関係にあることがよくわかります。
</blockquote>

❼ ほかの[受注ID]の受注明細データも入力しておく

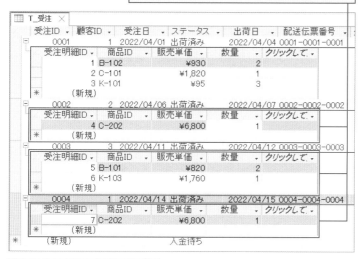

Memo

[受注明細ID]フィールドの値

手順❼の操作後に、[受注ID]が「0001」のサブデータシートに新規レコードを追加した場合❶、[受注明細ID]は「8」となり❷、[T_受注明細]テーブルを開いたときに[受注ID]が「0001」のレコードが離れ離れで表示されます❸。[受注明細ID]はレコードを入力した順に連番が振られるので仕方がないことです。しかし、もし気になる場合は、[T_受注明細]テーブルでオートナンバー型の主キーをやめて、次ページで紹介する「連結主キー」を設定してください。

❽ [T_受注]テーブルを閉じておく

❾ [T_受注明細] テーブルを開いて、手順❶～❽で入力したデータが表示されることを確認しておく

受注明細ID	受注ID	商品ID	販売単価	数量	クリックして追加
1	0001	B-102	¥930	2	
2	0001	C-101	¥1,820	1	
3	0001	K-101	¥95	3	
4	0002	C-202	¥6,800	1	
5	0003	B-101	¥820	2	
6	0003	K-103	¥1,760	1	
7	0004	C-202	¥6,800	1	
*	(新規)				

Point

[T_受注明細]テーブルでの入力

ここではサブデータシートを利用して[T_受注明細]テーブルのレコードを入力しましたが、[T_受注明細]テーブルを開いて、直接レコードを入力してもかまいません。その場合、[受注ID]フィールドに入力する値は、先に[T_受注]テーブルに入力しておく必要があります。

 販売管理システムの4つのテーブルが出揃ったわね。

 正規化、リレーションシップ、参照整合性……。きちんと理解できているか不安です。この先大丈夫でしょうか?

 私も、いくつかのシステム開発に携わって、ようやく理解できたことなの。徐々に理解が深まるはず。さあ、次は受注データを入力するためのフォーム作りよ!

StepUp

[T_受注明細]テーブルに連結主キーを設定する

[受注ID]ごとに明細番号を「1」「2」「3」と順序よく入力したいこともあるでしょう。複数のフィールドを組み合わせた「連結主キー」を利用すると実現します。

Sample 販売管理_0406-S.accdb

▶ 連結主キーとは

そもそも主キーの役割は、レコードを識別することです。主キーが決まれば、ほかのフィールドの値がすべて特定できます。下の受注テーブルを見てください。主キーは[受注ID]です。例えば[受注ID]が「1」に決まれば、[顧客ID]は「1」、[受注日]は「4/1」、[ステータス]は「出荷済み」……、とすべてのフィールドが決まります。

◆受注テーブル

受注ID	顧客ID	受注日	ステータス	出荷日
1	1	04/01	出荷済み	04/04
2	2	04/06	出荷済み	04/07
3	3	04/11	出荷済み	04/12
4	1	04/14	出荷済み	04/15

主キー

次の受注明細テーブルの場合はどうでしょうか。[受注ID]が「1」に決まっても、「1」のレコードが4件あるので、ほかのフィールドの値が決まりません。よって[受注ID]は主キーとして使えません。同様に[明細No]が「1」のレコードも4件あり、主キーとして使えません。

◆受注明細テーブル

受注ID	明細No	商品ID	単価	数量
1	1	B-102	¥930	2
1	2	C-101	¥1,820	1
1	3	K-101	¥95	3
1	4	C-202	¥6,800	1
2	1	B-101	¥820	2
3	1	K-103	¥1,760	1
3	2	C-202	¥6,800	1
4	1	B-103	¥1,040	3

ここで、[受注ID]と[明細No]の組み合わせに注目しましょう。[受注ID]が「1」のレコードも、[明細No]が「1」のレコードも複数ありますが、[受注ID]が「1」、[明細No]が「1」の組み合わせは1件しかありません。つまり、[受注ID]と[明細No]を組み合わせて主キーとすれば、ほかのすべてのフィールドが決まるのです。このように、複数のフィールドを組み合わせた主キーを「連結主キー」と呼びます。

◆受注明細テーブル

受注ID	明細No	商品ID	単価	数量
1	1	B-102	¥930	2
1	2	C-101	¥1,820	1
1	3	K-101	¥95	3
1	4	C-202	¥6,800	1
2	1	B-101	¥820	2
3	1	K-103	¥1,760	1
3	2	C-202	¥6,800	1
4	1	B-103	¥1,040	3

連結主キー

▶ 連結主キーの設定方法

連結主キーを設定するには、以下のように操作します。

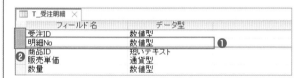

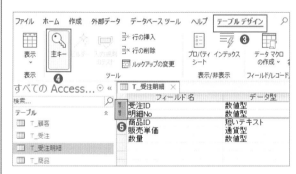

[T_受注明細] テーブルでオートナンバー型のフィールドは設けず、数値型 (長整数型) の [明細No] フィールドを用意します❶。[受注ID] から [明細No] までフィールドセレクターをドラッグして❷、2つのフィールドを選択します。[テーブルデザイン] タブの❸、[主キー]をクリックすると❹、[受注ID] と [明細No] の2つのフィールドに連結主キーが設定されます❺。

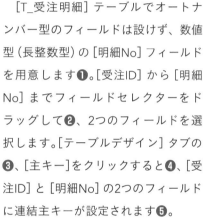

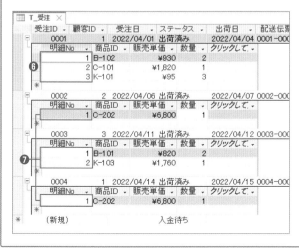

サブデータシートにデータを入力するときは、[明細No]フィールドに手動で「1」「2」「3」と数値を入力します❻。各 [受注ID] ごとに「1」から始まる連番を入れていきます❼。

StepUp

正規化の概念

　Chapter 4の02では、受注伝票のデータを格納するためのテーブルを設計しました。ミスなく無駄なく入力できることを目的に試行錯誤しながら設計を行いましたが、実は「正規化」という理論にしたがえば機械的にテーブル設計を行えます。

　正規化では、段階を踏んでテーブルのフィールド構成を整えていきます。一般的には第1正規化から第3正規化までが行われるので、本書でも第3正規化までを紹介します。

- ・第1正規化　1つのマス目に1つの値を入れた状態にする
- ・第2正規化　連結主キーの一方のみで特定される列を別テーブルに切り出す
- ・第3正規化　非キー列によって特定される列を別テーブルに切り出す

▶ 第1正規化

　それではP.137の「ナビオ君の案2」の表を基に正規化を行っていきましょう。正規化が行われていないテーブルを「非正規形」と呼びます。

図A　非正規形（「ナビオ君の案2」の表）

受注ID	受注日	顧客ID	顧客名	商品ID	単価	数量
1	4/1	1	渡部	A101	¥200	10
2	4/6	2	小松	A101 B102 C103	¥200 ¥100 ¥150	5 15 25
3	4/6	1	渡部	B102 D104	¥100 ¥150	20 30

　第1正規化では、テーブルを1つのマス目に1つの値が入る構造に整えます。第1正規化を行ったテーブルを「第1正規形」と呼びます。

図B　第1正規形

◆受注明細テーブル

受注ID	受注日	顧客ID	顧客名	商品ID	単価	数量
1	4/1	1	渡部	A101	¥200	10
2	4/6	2	小松	A101	¥200	5
2	4/6	2	小松	B102	¥100	15
2	4/6	2	小松	C103	¥150	25
3	4/6	1	渡部	B102	¥100	20
3	4/6	1	渡部	D104	¥150	30

このテーブルでは、同じ受注日や単価を何度も入力しなきゃいけないという問題点があるけど、第2、第3正規化で解決していくからね!

　次に、図Bの受注明細テーブルの主キーを考えます。主キーの値はほかのレコードと重複してはいけませんが、図Bには主キーの条件に合うフィールドはありません。その場合、新たに主キーとなるフィールドを追加するか、または複数のフィールドを組み合わせて連結主キーとします。図Bでは、[受注ID]と[商品ID]の組み合わせが連結主キーの条件に当てはまります。Chapter 4の02では主キーフィールドを追加しましたが、ここでは連結主キーを使うものとして進めます。

図C　連結主キー

◆受注明細テーブル

受注ID	受注日	顧客ID	顧客名	商品ID	単価	数量
1	4/1	1	渡部	A101	¥200	10
2	4/6	2	小松	A101	¥200	5
2	4/6	2	小松	B102	¥100	15
2	4/6	2	小松	C103	¥150	25
3	4/6	1	渡部	B102	¥100	20
3	4/6	1	渡部	D104	¥150	30

連結主キー

▶ 第2正規化

　第1正規形のテーブルの主キーと主キー以外の列（以降、「非キー列」と呼ぶことにします）の関係を観察してみましょう。[受注ID]と[商品ID]の組み合わせによってのみ特定されるのは[数量]だけです。[受注日][顧客ID][顧客名]は[受注ID]だけで特定できます。[単価]は[商品ID]だけで特定できます。

図D　主キーと非キー列の関係

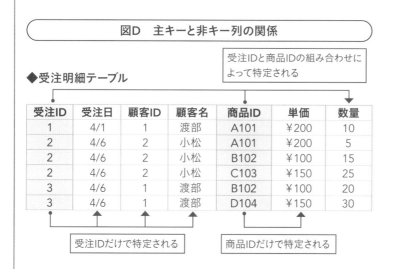

受注IDと商品IDの組み合わせによって特定される

◆受注明細テーブル

受注ID	受注日	顧客ID	顧客名	商品ID	単価	数量
1	4/1	1	渡部	A101	¥200	10
2	4/6	2	小松	A101	¥200	5
2	4/6	2	小松	B102	¥100	15
2	4/6	2	小松	C103	¥150	25
3	4/6	1	渡部	B102	¥100	20
3	4/6	1	渡部	D104	¥150	30

受注IDだけで特定される　　商品IDだけで特定される

第2正規化では、第1正規形のテーブルの連結主キーのうち、片方だけで特定される列を別テーブルに切り出します。その際に主キーの列を一緒に切り出しますが、基のテーブルにも残してください。また、切り出すテーブルのレコードは、重複がないように整理してください。重複を割愛することで、データが一元管理できます。

今回の例では、受注明細テーブルから受注テーブルと商品テーブルを分割します。

図E　第2正規形

◆受注テーブル

受注ID	受注日	顧客ID	顧客名
1	4/1	1	渡部
2	4/6	2	小松
3	4/6	1	渡部

主キー

分割

◆受注明細テーブル

受注ID	商品ID	数量
1	A101	10
2	A101	5
2	B102	15
2	C103	25
3	B102	20
3	D104	30

主キー

分割

◆商品テーブル

商品ID	単価
A101	¥200
B102	¥100
C103	¥150
D104	¥150

主キー

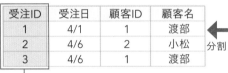

テーブルを切り出してレコードの重複をなくしたことで、同じ受注の受注日や同じ商品の単価は1回の入力で済むようになりましたね!

ちなみに第2正規化では連結主キーが切り出しの条件となるので、第1正規形のテーブルの主キーが単一フィールドの場合、そのテーブルはそのまま第2正規形ということになります。

● 第3正規化

図Eの受注テーブルを観察すると、[顧客名] フィールドは非キー列である [顧客ID] によって特定されることがわかります。

図F　第2正規形の受注テーブル

◆受注テーブル

受注ID	受注日	顧客ID	顧客名
1	04/01	1	渡部
2	04/06	2	小松
3	04/11	1	渡部

第3正規化では、非キー列によって特定される列を別テーブルに切り出します。今回の例では受注テーブルから顧客テーブルを切り出します。[顧客ID] が新たなテーブルの主キーになります。受注明細テーブルと商品テーブルは非キー列によって特定される列がないので、そのままで第3正規形です。

図G　第3正規形

◆受注テーブル

受注ID	受注日	顧客ID
1	4/1	1
2	4/6	2
3	4/6	1

分割 →

◆顧客テーブル

顧客ID	顧客名
1	渡部
2	小松

◆受注明細テーブル

受注ID	商品ID	数量
1	A101	10
2	A101	5
2	A102	15
2	A103	25
3	B102	20
3	D104	30

◆商品テーブル

商品ID	単価
A101	¥200
B102	¥100
C103	¥150
D104	¥150

　以上で第3正規化までが完了しました。今わかる用語の範囲でかみ砕いて説明したので、厳密な解説ではありませんが、おおよその雰囲気はつかめたのではないかと思います。

　なお、Chapter 5で紹介するクエリを利用すれば、複数に分割したテーブルを1つの表に結合できます。

▶ 正規化崩し

　正規化を行うことで、データを一元管理できるようになりました。しかしその一方で、テーブルの数は増加します。クエリを使えば複数のテーブルを結合できますが、テーブルの数があまりに多いとクエリが複雑になります。クエリが複雑になると、パフォーマンス（処理の速度）が落ちることがあります。そのため実際の現場では、正規化によるメリット・デメリットを天秤にかけ、「正規化崩し」を行うことが少なくありません。

　例えば、商品の単価が改訂されるケースを想像してください。商品テーブルの［単価］を変更してしまうと、過去の受注データの売上計算ができなくなります。これを解決するには、［商品ID］［単価］［開始日］［終了日］のような単価の履歴を保存するテーブルを別途用意する方法が考えられます。しかし、いちいち受注日を照らし合わせながら単価を調べると、クエリが複雑になります。そこで、商品テーブルの［単価］のほかに、受注明細テーブルにも［単価］フィールドを用意します。そうすれば、いちいち改訂の履歴を照合しなくても、すぐに売上計算が行えるというわけです。計算自体が複雑な場合は、計算結果をテーブルに保存することもあります。個々のケースに応じて、どこまで正規化を行うかを決めてください。

計算で求められるデータはテーブルに保存しないのが原則だけど、将来計算方法が変わる可能性がある場合は、計算結果を保存しておくのが無難。柔軟に考えましょう。

データベースを最適化する

　「最適化」の機能を利用してオートナンバー型を「1」から始め直す方法をP.153で紹介しましたが、本来、最適化は肥大化したデータベースファイルのサイズをコンパクトにしたり、ファイルの破損や損傷を修復したりする機能です。

　Accessのデータベースファイルは、データやオブジェクトを削除してもその残骸が残り、ファイルサイズは小さくなりません。削除済みオブジェクトの残骸が増えていくと、パフォーマンスが低下することがあります。これを防ぐために、「最適化」の機能を利用します。

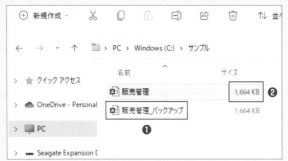

　最適化はファイルの保存領域を変更する機能なので、万が一に備えて、あらかじめファイルをコピーしておいてください❶。現在のファイルサイズは「1,664」です❷。

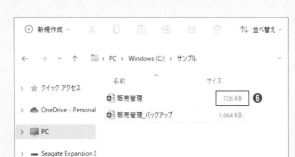

　データベースを開き❸、[データベースツール] タブで❹、[データベースの最適化/修復]をクリックし❺、ファイルを閉じます。

　ファイルサイズが「728KB」と❻、半分のサイズになりました。

Chapter

5

データベース構築編

●

受注管理用の
フォームを作ろう

このChapterでは、販売管理システムの中心となる受注管理用のフォームと、その基になるクエリを作成します。いずれも、複数のテーブルのフィールドを組み合わせた、リレーショナルデータベースならではのオブジェクトです。

Chapter 5 01 全体像をイメージしよう

◉ 受注管理用のフォームを作る

 前Chapterで作成した受注テーブルと受注明細テーブルにデータを入力するためのフォームを作りましょう。

ということは、入力用のフォームを2つ作るんですね。

 2つのフォームを組み合わせて、1つの画面でデータの入力・表示を行う「メイン／サブフォーム」というフォームを作るのよ。

2つのフォームが合体して1つのフォームになるということですか? 面白そうですね。

 ええ、完成後は大きな達成感が得られること請け合いよ! そのほかに、受注データを一覧表示するフォームと、各フォームの基になるクエリも作るわよ。

このChapterで作成するオブジェクトとデータの流れ

このChapterでは、受注管理に使用する「受注登録フォーム」と「受注一覧フォーム」を作成します。「受注登録フォーム」は、受注情報を表示するフォームと受注明細情報を表示するフォームの2つを組み合わせたフォームです。各フォームに表示するデータは、クエリを使用して用意します。

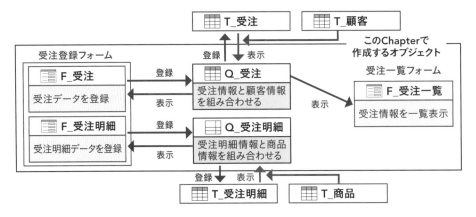

作成するオブジェクトを具体的にイメージする

作業を始める前に、作成するオブジェクトの概要をつかんでおきましょう。

▶ 受注クエリ(Q_受注)

受注ID	顧客ID	顧客名	電話番号	受注日	ステータス	出荷日	配送伝票番号
0001	1	渡部 剛	028-645-XXXX	2022/04/01	出荷済み	2022/04/04	0001-0001-0001
0002	2	小松 直利	017-726-XXXX	2022/04/06	出荷済み	2022/04/07	0002-0002-0002
0003	3	平賀 奈津子	0467-31-XXXX	2022/04/11	出荷済み	2022/04/12	0003-0003-0003
0004	1	渡部 剛	028-645-XXXX	2022/04/14	出荷済み	2022/04/15	0004-0004-0004
0005	4	中村 博	042-926-XXXX	2022/04/18	出荷済み	2022/04/19	0005-0005-0005
0006	5	石橋 亜美	0748-48-XXXX	2022/04/20	入金済み		
0007	31	渡部 里香	03-3625-XXXX	2022/04/21	入金待ち		
(新規)							

受注登録フォームの受注データの部分の基になるクエリ。[T_受注]テーブルと[T_顧客]テーブルから作成する（Chapter 5の02）

▶ 受注明細クエリ(Q_受注明細)

受注明細ID	受注ID	商品ID	商品名	定価	販売単価	軽減税率対象	数量	金額	区分	K金額	H金額
1	0001	B-102	ブレンドコーヒー華	¥930	¥930	☑	2	¥1,860	*	¥1,860	¥0
2	0001	C-101	コーヒーバッグ12袋入	¥1,820	¥1,820	☑	1	¥1,820	*	¥1,820	¥0
3	0001	K-101	フィルター	¥95	¥95	☐	3	¥285		¥0	¥285
4	0002	C-202	コーヒーバッグ ギフトB	¥6,800	¥6,800	☑	1	¥6,800	*	¥6,800	¥0
5	0003	B-101	ブレンドコーヒー爽	¥820	¥820	☑	2	¥1,640	*	¥1,640	¥0
6	0003	K-103	コーヒーサーバー	¥1,760	¥1,760	☐	1	¥1,760		¥0	¥1,760
7	0004	C-202	コーヒーバッグ ギフトB	¥6,800	¥6,800	☑	1	¥6,800	*	¥6,800	¥0
8	0005	B-103	ブレンドコーヒー極	¥1,040	¥1,040	☑	3	¥3,120	*	¥3,120	¥0
9	0006	B-101	ブレンドコーヒー爽	¥820	¥820	☑	2	¥1,640	*	¥1,640	¥0
10	0006	B-102	ブレンドコーヒー華	¥930	¥930	☑	1	¥930		¥930	¥0
11	0006	K-101	フィルター	¥95	¥95	☐	3	¥285		¥0	¥285
12	0006	K-102	ドリッパー	¥870	¥870	☐	1	¥870		¥0	¥870
13	0007	B-103	ブレンドコーヒー極	¥1,040	¥1,040	☑	4	¥4,160	*	¥4,160	¥0
(新規)						▬					

受注登録フォームの受注明細データの部分の基になるクエリ。[T_受注明細]テーブルと[T_商品]テーブルから作成する（Chapter 5の02）

受注登録フォーム（F_受注、F_受注明細）

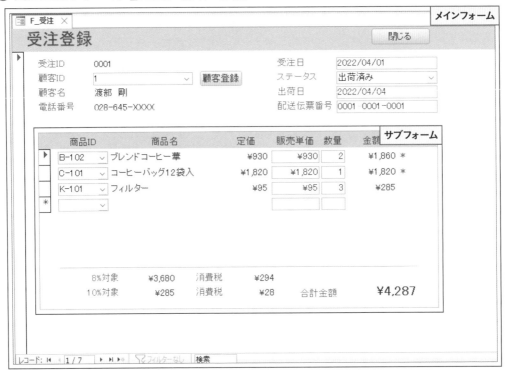

受注情報を登録するフォーム。受注テーブルの1件分のデータを1画面に表示する「メインフォーム」の中に、対応する受注明細テーブルのデータを表形式で表示する「サブフォーム」を埋め込んだフォーム（Chapter 5の03）。関数を利用して、金額や消費税を計算する（Chapter 5の04）。新規顧客からの受注データをシームレスに入力できるように［顧客登録］ボタンを用意し、顧客登録フォームが表示される仕組みを付ける（Chapter 5の05）

受注一覧フォーム（F_受注一覧）

受注データのうち、重要な情報のみを表形式で表示。詳細なデータを知りたいときのために、［詳細］ボタンを用意する。また、ステータス単位でレコードを抽出する仕組みも作成する（Chapter 5の06）

画面遷移を考える

　このChapterで作成するフォームの関係性を確認しておきましょう。「受注一覧フォーム」の[詳細]ボタンをクリックすると、「受注登録フォーム」が開き、詳細データが表示されます。また、「受注登録フォーム」で[顧客登録]ボタンをクリックすると、新規顧客を入力するための「顧客登録フォーム」(Chapter 3で作成)が開きます。

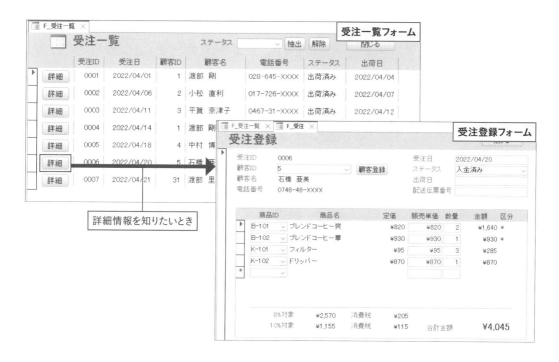

詳細情報を知りたいとき

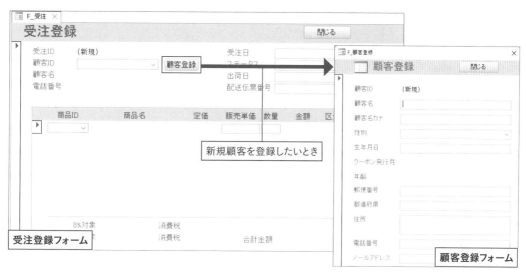

新規顧客を登録したいとき

Chapter 5
02 フォームの基になる クエリを作成する

　ここでは、次のSectionで作成するメイン／サブフォームの基になる2つのクエリを作成します。1つは[T_受注]テーブルと[T_顧客]テーブルから作成する[Q_受注]クエリ、もう1つは[T_受注明細]テーブルと[T_商品]テーブルから作成する[Q_受注明細]クエリです。[Q_受注明細]クエリでは、金額の計算も行います。

Sample 販売管理_0502.accdb

○メイン／サブフォームの基になる2つのクエリを作成する

●[Q_受注]クエリ

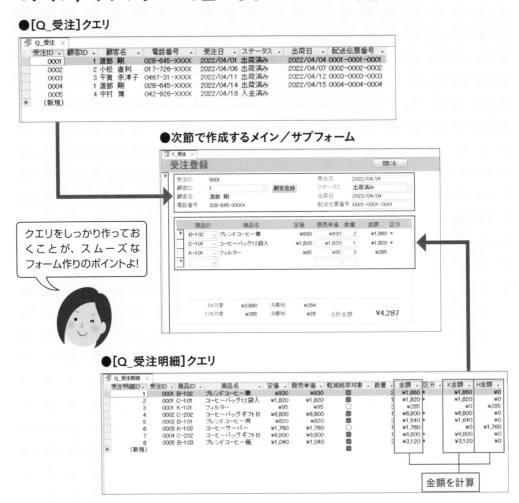

●次節で作成するメイン／サブフォーム

クエリをしっかり作っておくことが、スムーズなフォーム作りのポイントよ!

●[Q_受注明細]クエリ

金額を計算

メインフォームの基になる受注クエリを作成する

[T_受注] テーブルと [T_顧客] テーブルのレコードを組み合わせて、メインフォームの基になるクエリを作成します。

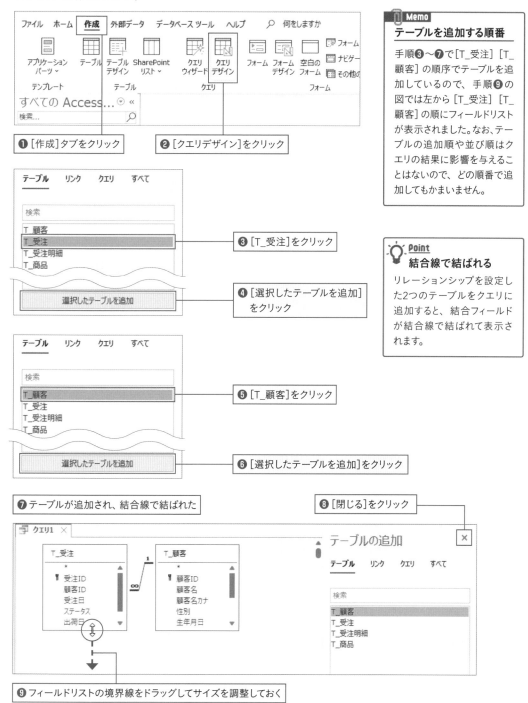

❶ [作成]タブをクリック

❷ [クエリデザイン]をクリック

❸ [T_受注]をクリック

❹ [選択したテーブルを追加]をクリック

❺ [T_顧客]をクリック

❻ [選択したテーブルを追加]をクリック

❼ テーブルが追加され、結合線で結ばれた

❽ [閉じる]をクリック

❾ フィールドリストの境界線をドラッグしてサイズを調整しておく

> **Memo**
> **テーブルを追加する順番**
>
> 手順❸〜❼で[T_受注][T_顧客]の順序でテーブルを追加しているので、手順❾の図では左から[T_受注][T_顧客]の順にフィールドリストが表示されました。なお、テーブルの追加順や並び順はクエリの結果に影響を与えることはないので、どの順番で追加してもかまいません。

> **Point**
> **結合線で結ばれる**
>
> リレーションシップを設定した2つのテーブルをクエリに追加すると、結合フィールドが結合線で結ばれて表示されます。

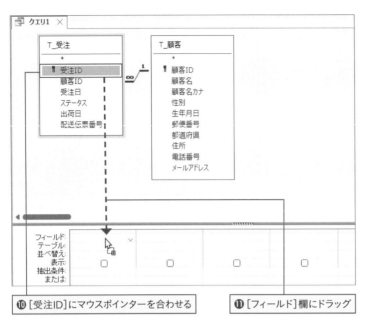

⑩ [受注ID]にマウスポインターを合わせる　　⑪ [フィールド]欄にドラッグ

⑫ [受注ID]が追加された　　⑬ テーブル名が表示された

⑭ 下表を参考にフィールドを追加

⑮ [受注ID]フィールドの[並べ替え]欄で[昇順]を選択　　⑯ [Q_受注」の名前でクエリを保存しておく

フィールド	テーブル	使用目的
受注ID	T_受注	入力
顧客ID	T_受注	入力
顧客名	T_顧客	参照
電話番号	T_顧客	参照
受注日	T_受注	入力
ステータス	T_受注	入力
出荷日	T_受注	入力
配送伝票番号	T_受注	入力

Memo

ダブルクリックしても追加できる

フィールドリストでフィールドをダブルクリックすると、デザイングリッドの[フィールド]欄に即座に追加できます。

Point

[顧客ID] は [T_受注] から追加する

[顧客ID]フィールドは両方のテーブルにありますが、必ず[T_受注]テーブルから追加してください。作成するクエリは[T_受注] テーブルにデータを入力するためのものです。[T_受注] テーブルから追加しないと、[顧客ID]フィールドにデータを入力できません。

Point

入力用と参照用のフィールド

[T_受注] テーブルと [T_顧客] テーブルの2つからクエリを作成しますが、2つの使用目的は異なります。[T_受注]テーブルのフィールドは、[T_受注] テーブルにデータを入力するために使用します。[T_顧客] テーブルのフィールドは、入力された [顧客ID]フィールドに対応する顧客情報を表示して、データをわかりやすく見せるためのフィールドです。

Memo

クエリを保存するには

Accessの画面の左上にある[上書き保存]をクリックして、表示される画面で「Q_受注」と入力して [OK] をクリックします。

受注クエリにデータを入力してみる

作成したクエリに、データを入力してみましょう。[顧客ID]フィールドを入力すると、[T_顧客]テーブルから[顧客名]などの顧客情報が自動表示されることも確認しましょう。

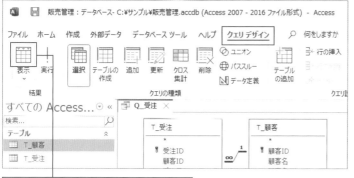

❶ [クエリデザイン]タブの[表示]をクリック

Memo

入力モードは
自動切り替えされない

テーブルで設定した[IME入力モード]プロパティは、クエリでは有効になりません。ただし、クエリを基に作成したフォームでは有効になります。ここでは動作確認のためにクエリでデータを入力しますが、システムの運用時にはフォームを利用して入力します。

❷ [T_受注]テーブルと[T_顧客]テーブルのレコードが組み合わされて表示された

❸ [顧客ID]を入力

❹ [顧客名][電話番号]が自動表示された

顧客ID	顧客名	電話番号	受注日	ステータス	出荷日	配送伝票番号
1	渡部 剛	028-645-XXXX	2022/04/01	出荷済み	2022/04/04	0001-0001-0001
2	小松 直利	017-726-XXXX	2022/04/06	出荷済み	2022/04/07	0002-0002-0002
3	平賀 奈津子	0467-31-XXXX	2022/04/11	出荷済み	2022/04/12	0003-0003-0003
1	渡部 剛	028-645-XXXX	2022/04/14	出荷済み	2022/04/15	0004-0004-0004
4	中村 博	042-926-XXXX	2022/04/18	入金済み		

❺「入金済み」に変更しておく　　❻クエリを閉じておく

T_受注

受注ID	顧客ID	受注日	ステータス	出荷日	配送伝票番号	クリックして追加
0001	1	2022/04/01	出荷済み	2022/04/04	0001-0001-0001	
0002	2	2022/04/06	出荷済み	2022/04/07	0002-0002-0002	
0003	3	2022/04/11	出荷済み	2022/04/12	0003-0003-0003	
0004	1	2022/04/14	出荷済み	2022/04/15	0004-0004-0004	
0005	4	2022/04/18	入金済み			
（新規）			入金待ち			

❼ [T_受注]テーブルを開いて、[Q_受注]クエリで入力したレコードが保存されていることを確認する

Keyword
オートルックアップクエリ

[T_受注] テーブルと [T_顧客] テーブルのように、一対多のリレーションシップの関係にあるテーブルからクエリを作成すると、多側テーブルの結合フィールド（ここでは[T_受注]の[顧客ID]）にデータを入力したときに、対応するデータ（ここでは[顧客名][電話番号]）が一側テーブルから引き出されて自動表示されます。このようなクエリを「オートルックアップクエリ」と呼びます。

●[Q_受注]クエリ（オートルックアップクエリ）

受注ID	顧客ID	顧客名	電話番号	受注日	ステータス	出荷日	配送伝票番号
0001	1	渡部 剛	028-645-XXXX	2022/04/01	出荷済み	2022/04/04	0001-0001-0001
0002	2	小松 直利	017-726-XXXX	2022/04/06	出荷済み	2022/04/07	0002-0002-0002
0003	3	平賀 奈津子	0467-31-XXXX	2022/04/11	出荷済み	2022/04/12	0003-0003-0003
0004	1	渡部 剛	028-645-XXXX	2022/04/14	出荷済み	2022/04/15	0004-0004-0004
0005	4	中村 博	042-926-XXXX		入金待ち		
（新規）							

自動表示

T_顧客

顧客ID	顧客名	顧客名カ	住所	電話番号	メールアドレス	クリックして追加
1	渡部 剛	ワタナベ ツヨシ	宇都宮市陽南X-X	028-645-XXXX	watanabe@example.com	
2	小松 直利	コマツ ナオトシ	青森市八重田X-X	017-726-XXXX		
3	平賀 奈津子	ヒラガ ナツコ	鎌倉市上甲﨑近東X-X	0467-31-XXXX	hiraga@example.com	
4	中村 博	ナカムラ ヒロシ	所沢市北中X-X	042-926-XXXX	nakamura@example.com	
5	石橋 亜美	イシバシ アミ	東近江市五個荘木流町X-X	0748-48-XXXX		
6	塩崎 博之	シオザキ ヒロユキ	町田市本町田X-X	042-726-XXXX		
7	松島 宗太郎	マツシマ ソウタロウ	世田谷区北烏山X-X	03-3305-XXXX	matsu@example.com	

●[T_顧客]テーブル

サブフォームの基になる受注明細クエリを作成する

次に、[T_受注明細]テーブルと[T_商品]テーブルのレコードを組み合わせて、サブフォームの基になるクエリを作成します。

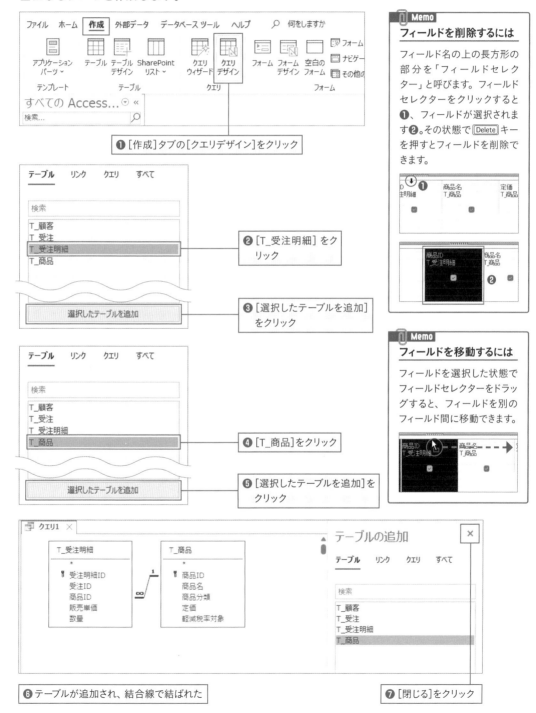

❶[作成]タブの[クエリデザイン]をクリック

❷[T_受注明細]をクリック

❸[選択したテーブルを追加]をクリック

❹[T_商品]をクリック

❺[選択したテーブルを追加]をクリック

❻テーブルが追加され、結合線で結ばれた

❼[閉じる]をクリック

Memo

フィールドを削除するには

フィールド名の上の長方形の部分を「フィールドセレクター」と呼びます。フィールドセレクターをクリックすると❶、フィールドが選択されます❷。その状態で[Delete]キーを押すとフィールドを削除できます。

Memo

フィールドを移動するには

フィールドを選択した状態でフィールドセレクターをドラッグすると、フィールドを別のフィールド間に移動できます。

185

フィールド:	受注明細ID	受注ID	商品ID	商品名
テーブル:	T_受注明細	T_受注明細	T_受注明細	T_商品
並べ替え:				
表示:	☑	☑	☑	☑
抽出条件:				
または:				

Point
[商品ID]は[T_受注明細] から追加する
[商品ID]フィールドは両方のテーブルにありますが、必ず[T_受注明細]テーブルから追加してください。

❽ 下表を参考にフィールドを追加しておく

フィールド	テーブル	使用目的
受注明細ID	T_受注明細	入力
受注ID	T_受注明細	入力
商品ID	T_受注明細	入力
商品名	T_商品	参照
定価	T_商品	参照
販売単価	T_受注明細	入力
軽減税率対象	T_商品	参照
数量	T_受注明細	入力

Keyword
演算フィールド
クエリでは、計算式の結果をフィールドとして表示できます。そのようなフィールドを「演算フィールド」と呼びます。

フィールド:	受注明細ID	受注ID	商品ID	商品名
テーブル:	T_受注明細	T_受注明細	T_受注明細	T_商品
並べ替え:	昇順			
表示:	☑	☑	☑	☑
抽出条件:				
または:				

❾ [受注明細ID]フィールドの[並べ替え]欄で[昇順]を選択

❿ 「Q_受注明細」の名前でクエリを保存

Point
演算フィールドの定義
演算フィールドは次のように定義します。

フィールド名: 式

手順⓬では、[販売単価]と[数量]を掛け合わせて、「金額」という名前のフィールドを作成しています。

四則演算用の演算子	
計算	演算子
足し算	+
引き算	-
掛け算	*
割り算	/

販売単価	軽減税率対象	数量		
T_受注明細	T_商品	T_受注明細		
☑	☑	☑	☐	

⓫ フィールドセレクターの境界線をドラッグして列幅を広げる

Point
長い式の入力
演算フィールドに長い式を入力するときは、手順⓫のように列幅を広げるか、次ページの手順⓯ のように[ズーム]ウィンドウで入力するとよいでしょう。

販売単価	軽減税率対象	数量	金額: [販売単価]*[数量]
T_受注明細	T_商品	T_受注明細	
☑	☑	☑	☐

⓬ 「金額: [販売単価]*[数量]」と入力

⓭「区分: IIf([軽減税率対象],"*","")」と入力

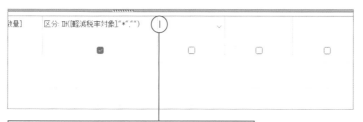

⓮新しい[フィールド]欄をクリックしてカーソルを表示し、
[Shift]+[F2]キーを押す

⓯[ズーム]ウィンドウが表示された

⓰「K金額: IIf([軽減税率
対象],[金額],0)」と入力

⓱[OK]をクリック

⓲手順⓰の式が入力された

Memo

軽減税率商品に「*」印を付ける

国税庁のサイトに掲載されている請求書(インボイス)の見本では、軽減税率対象商品に「*」印が付いています。本書ではそれにならい、手順⓭で[軽減税率対象]が「Yes」の場合に[区分]フィールドに「*」が表示されるようにしました。

コンビニやスーパーのレシートでも「*」印を見かけることがありますね!

Point

IIf関数

IIf関数は下記の構文を持ち、条件式が成立する場合に「真の場合」、しない場合に「偽の場合」を返します。

IIf(条件式, 真の場合, 偽の場合)

手順⓭の式では、[軽減税率対象]フィールドが「Yes」の場合に「*」を表示します。「No」の場合に何も表示されません

⑲同様に「H金額: IIf([軽減税率対象],0,[金額])」と入力

⑳上書き保存しておく

⚫Memo
「K」と「H」の意味

フィールド名を短くしたほうが、あとで計算式を立てるときに簡潔で見やすくなるので、これ以降「軽減税率対象」の代わりに「K」、「標準税率対象」の代わりに「H」をフィールド名に使います。

🔆 Point
あとで集計しやすくする

手順⑭〜⑲では、次の演算フィールドを作成しました。

・K金額: IIf([軽減税率対象],[金額],0)
[軽減税率対象]フィールドが「Yes」の場合に[金額]、「No」の場合に「0」を表示する

・H金額: IIf([軽減税率対象],0,[金額])
[軽減税率対象]フィールドが「Yes」の場合に「0」、「No」の場合に[金額]を表示する

[K金額]フィールドには、消費税率が8%の商品の売上だけが表示されます。また、[H金額]フィールドには、消費税率が10%の商品の売上だけが表示されます。列を別々にすることで、あとで消費税率別の売上合計を求めるときに単純な足し算で求められます。

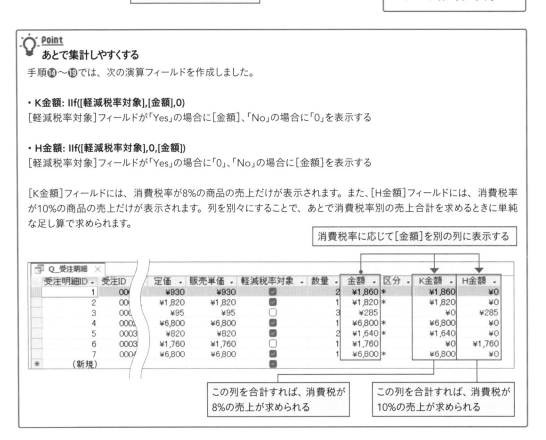

消費税率に応じて[金額]を別の列に表示する

この列を合計すれば、消費税が8%の売上が求められる

この列を合計すれば、消費税が10%の売上が求められる

受注明細クエリにデータを入力してみる

作成したクエリにデータを入力して、オートルックアップクエリの確認と、金額計算の確認をしましょう。横に長い表なので、適宜スクロールしながら入力を進めてください。

❶[クエリデザイン]タブの[表示]をクリック

❷2つのテーブルのレコードが組み合わされて表示された

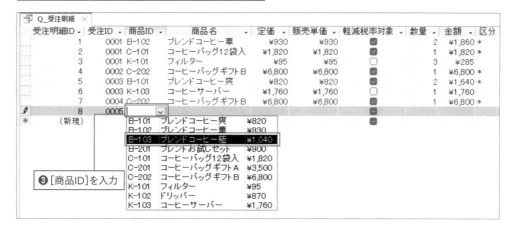

❸[商品ID]を入力

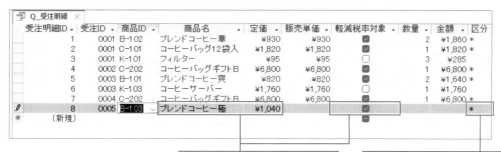

❹[商品名][定価][軽減税率対象]が自動表示された

❺[軽減税率対象]が「Yes」の商品なので[区分]に「*」が表示された

	定価	販売単価	軽減税率対象	数量	金額	区分	K金額	H金額
一華	¥930	¥930	☑	2	¥1,860	*	¥1,860	¥0
12袋入	¥1,820	¥1,820	☑	1	¥1,820	*	¥1,820	¥0
	¥95	¥95	☐	3	¥285		¥0	¥285
ギフトB	¥6,800	¥6,800	☑	1	¥6,800	*	¥6,800	¥0
一爽	¥820	¥820	☑	2	¥1,640	*	¥1,640	¥0
一	¥1,760	¥1,760	☐	1	¥1,760		¥0	¥1,760
ギフトB	¥6,800	¥6,800	☑	1	¥6,800	*	¥6,800	¥0
一極	¥1,040	¥1,040	☑	3		*		¥0
			☐					

❻[販売単価]を入力

❼[数量]を入力して[Enter]キーを押す

	定価	販売単価	軽減税率対象	数量	金額	区分	K金額	H金額
一華	¥930	¥930	☑	2	¥1,860	*	¥1,860	¥0
12袋入	¥1,820	¥1,820	☑	1	¥1,820	*	¥1,820	¥0
	¥95	¥95	☐	3	¥285		¥0	¥285
ギフトB	¥6,800	¥6,800	☑	1	¥6,800	*	¥6,800	¥0
一爽	¥820	¥820	☑	2	¥1,640	*	¥1,640	¥0
一	¥1,760	¥1,760	☐	1	¥1,760		¥0	¥1,760
ギフトB	¥6,800	¥6,800	☑	1	¥6,800	*	¥6,800	¥0
一極	¥1,040	¥1,040	☑	3	¥3,120	*	¥3,120	¥0

❽金額(販売単価×数量)が計算された

❾[K金額]フィールドに金額が表示された

メイン／サブフォームを
作成する

クエリを作成できたら、次はいよいよフォームの作成です。受注情報をメインフォーム、受注明細情報をサブフォームに表示する「メイン／サブフォーム」を作成します。このフォームは、受注データの入力と表示に利用します。

Sample 販売管理_0503.accdb

○受注登録フォームを作成する

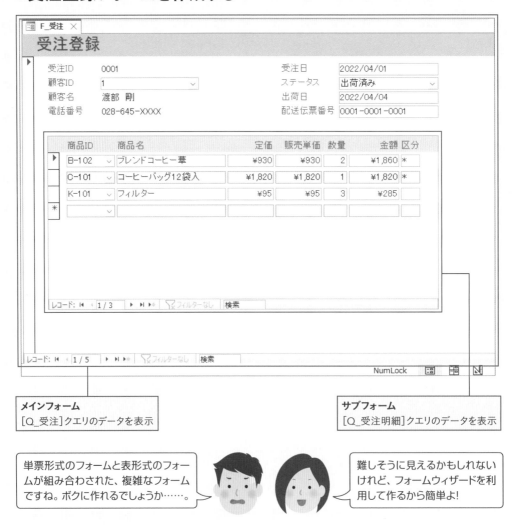

メインフォーム
[Q_受注]クエリのデータを表示

サブフォーム
[Q_受注明細]クエリのデータを表示

単票形式のフォームと表形式のフォームが組み合わされた、複雑なフォームですね。ボクに作れるでしょうか……。

難しそうに見えるかもしれないけれど、フォームウィザードを利用して作るから簡単よ!

ウィザードを使用してメイン／サブフォームを作成する

[Q_受注] クエリと [Q_受注明細] クエリを基に、フォームウィザードを使用してメイン／サブフォームを作成します。クエリやリレーションシップがきちんと設定されていれば、簡単に作成できます。

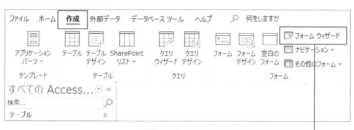

❶ [作成] タブの [フォームウィザード] をクリック

Point
2つのクエリから作成する

ここでは [Q_受注] と [Q_受注明細] の2つのクエリからフォームを作成します。それぞれのクエリの大基となる [T_受注] テーブルと [T_受注明細] テーブルの間には1対多のリレーションシップが設定されています。そのような2つのクエリからフォームウィザードを起動すると、次ページの手順⓫のような画面が表示され、サブフォームのあるフォームを選択できます。なお、単一のテーブルからフォームウィザードを起動した場合は、手順⓫の画面は表示されません。

❷ フォームウィザードが起動した　　❸ [テーブル/クエリ] 欄で [Q_受注] を選択

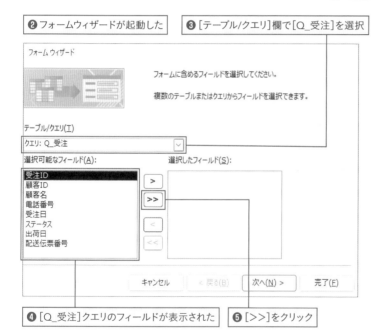

❹ [Q_受注] クエリのフィールドが表示された　　❺ [>>] をクリック

手順❸では、間違って [T_受注] テーブルを選ばないように注意してね。

❻ 全フィールドが [選択したフィールド] 欄に移動した

191

⓻ [テーブル/クエリ]欄で[Q_受注明細]を選択

⓼ [商品ID]を選択し、[>]をクリックして[選択したフィールド]欄に移動

⓽ 同様に、[商品名][定価][販売単価][数量][金額][区分]を[選択したフィールド]欄に移動して、[次へ]をクリック

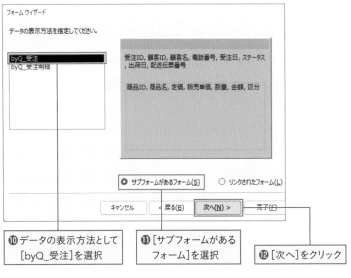

⓾ データの表示方法として[byQ_受注]を選択

⓫ [サブフォームがあるフォーム]を選択

⓬ [次へ]をクリック

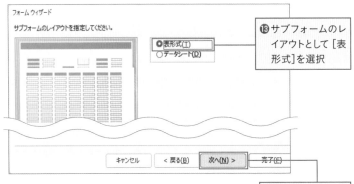

⓭ サブフォームのレイアウトとして[表形式]を選択

⓮ [次へ]をクリック

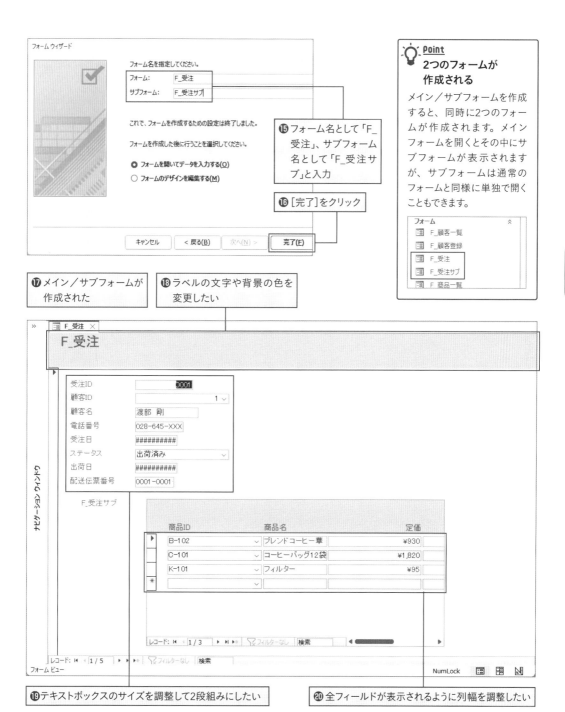

Point

2つのフォームが作成される

メイン／サブフォームを作成すると、同時に2つのフォームが作成されます。メインフォームを開くとその中にサブフォームが表示されますが、サブフォームは通常のフォームと同様に単独で開くこともできます。

フォーム

🖅 F_顧客一覧
🖅 F_顧客登録
🖅 F_受注
🖅 F_受注サブ
🖅 F_商品一覧

フォーム ウィザード

フォーム名を指定してください。

フォーム: F_受注
サブフォーム: F_受注サブ

これで、フォームを作成するための設定は終了しました。

フォームを作成した後に行うことを選択してください。

● フォームを開いてデータを入力する(O)
○ フォームのデザインを編集する(M)

⓯ フォーム名として「F_受注」、サブフォーム名として「F_受注サブ」と入力

⓰ [完了]をクリック

キャンセル ＜ 戻る(B) 次へ(N) ＞ 完了(F)

⓱ メイン／サブフォームが作成された

⓲ ラベルの文字や背景の色を変更したい

F_受注 ×

F_受注

受注ID   0001
顧客ID   1 ∨
顧客名   渡部 剛
電話番号   028-645-XXX
受注日   ##########
ステータス   出荷済み ∨
出荷日   ##########
配送伝票番号   0001-0001

F_受注サブ

	商品ID		商品名	定価
▶	B-102	∨	ブレンドコーヒー華	¥930
	C-101	∨	コーヒーバッグ12袋	¥1,820
	K-101	∨	フィルター	¥95
＊		∨		

レコード: ◄ 1/3 ► ►► ►＊ 🔽フィルターなし 検索

レコード: ◄ 1/5 ► ►► ►＊ 🔽フィルターなし 検索

フォーム ビュー

NumLock

⓳ テキストボックスのサイズを調整して2段組みにしたい

⓴ 全フィールドが表示されるように列幅を調整したい

Memo

レイアウトの調整が必要

フィールド数が多いと作成されるフォームのサイズが大きくなり、1画面に収まらないことがあります。実際にシステムを運用する画面の大きさを念頭に置いて、コントロールの位置とサイズを調整しましょう。次ページで、手順⓲～⓴の調整を行います。

メインフォームのコントロールの配置を調整する

まずは、メインフォームの手直しをしましょう。コントロールの配置の調整は、コントロールレイアウトを適用すると簡単に行えます。

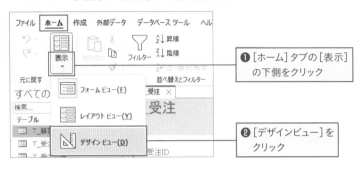

❶ [ホーム] タブの [表示] の下側をクリック

❷ [デザインビュー] をクリック

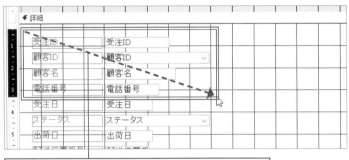

❸ [受注ID]から[電話番号]まで、フォーム上を斜めにドラッグ

❹ コントロールが選択された

❺ [配置]タブをクリック

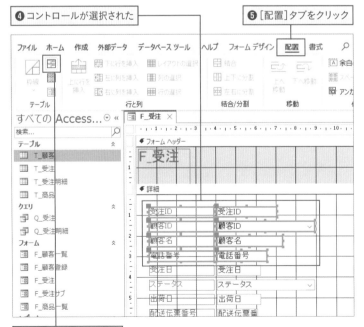

❻ [集合形式]をクリック

> **Memo**
> **画面を広く使うには**
>
> ナビゲーションウィンドウやリボンを折り畳んでおくと、作業領域が広くなります。リボンの [ファイル] タブ以外のタブをダブルクリックすると、リボンの表示と非表示を切り替えられます。

> **Memo**
> **フィールドリストを非表示にする**
>
> デザインビューに切り替えたときに画面の右側にフィールドリストが表示される場合は、[閉じる]をクリックして閉じておきましょう。

集合形式レイアウトや表形式レイアウトを適用すると、コントロールが自動的に整列するから、レイアウト作業が断然ラク！

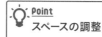

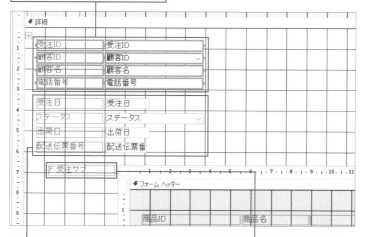

❼集合形式レイアウトが適用された。
　引き続き選択しておく

❽[スペースの調整]→
　[狭い]をクリック

❾コントロールの間隔が狭くなった

❿[受注日]から[配送伝票番号]にも集合形式
　レイアウトを適用して、間隔を狭くしておく

⓫このラベルは削除する

💡 Point
スペースの調整

[スペースの調整]は、集合
形式レイアウトや表形式レイ
アウトのコントロールの間隔
を調整する機能です。

💡 Point
**集合形式のコントロール
を移動するには**

コントロールを1つ選択する
と、⊞が表示されます。⊞を
ドラッグすると、集合形式レ
イアウトのコントロールをまと
めて移動できます。

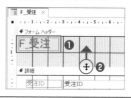

📝 Memo
**集合形式のコントロール
のサイズ変更**

集合形式レイアウトでは、い
ずれか1つのコントロールの
幅を変更するだけで、同じ列
にあるすべてのコントロール
が同じ幅に揃います。

📝 Memo
セクションの高さの変更

事前にラベルの高さを縮小し
ておき❶、セクションの下端
にマウスポインターを合わせ
てドラッグすると❷、セクショ
ンの高さを調整できます。

💡 Point
ラベルを削除するには

ラベルをクリックして選択し、[Delete]キーを押
すと削除できます。

195

⑫ フォームのサイズとコントロールの配置を調整しておく

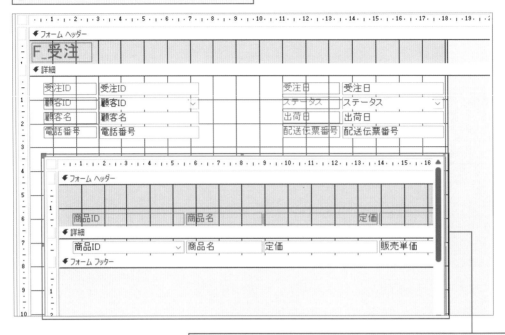

⑬ サブフォームをクリックし、オレンジの枠で囲まれた状態で枠線上をドラッグ
すると、サブフォームを移動できる。サブフォーム内の調整は次ページで行う

メインフォームの書式を設定する

　続いて、メインフォームの書式を設定しましょう。参照専用のテキストボックスは見た目を変
えて、カーソルが移動しないように設定します。

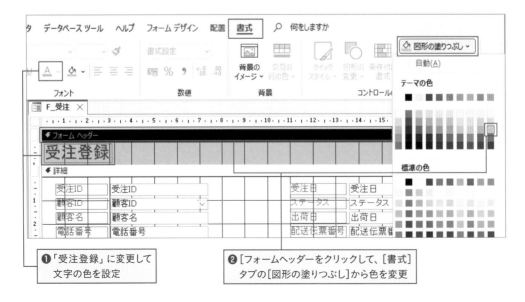

❶「受注登録」に変更して
文字の色を設定

❷ [フォームヘッダーをクリックして、[書式]
タブの[図形の塗りつぶし]から色を変更

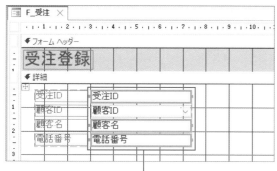

Memo
塗りつぶしの色と枠線

コントロールの塗りつぶしの色や枠線の色は、[書式]タブのボタンから変更できます。

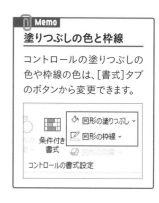

図形の塗りつぶし ∨
図形の枠線 ∨

コントロールの書式設定

❸ [受注ID] [顧客名] [電話番号]の色をグレーに、枠線を透明に変えておく

❹ [受注ID]のテキストボックスをクリック

❺ [フォームデザイン]タブの[プロパティシート]をクリック

❻ [その他]タブの[タブストップ]で [いいえ]を選択

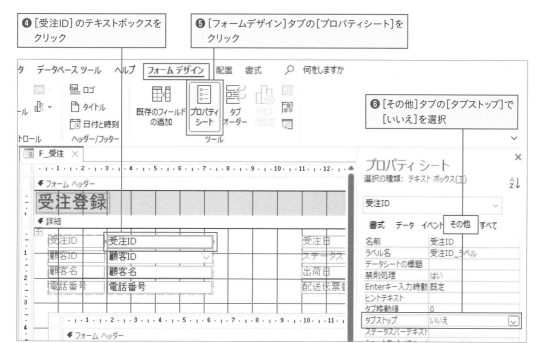

❼ 下表を参考にプロパティシートでコントロールのプロパティを設定しておく

設定対象	タブ	プロパティ	設定値
顧客名、電話番号	データ	編集ロック	はい
	その他	タブストップ	いいえ

Point
編集ロック

[編集ロック]プロパティに[はい]を設定すると、テキストボックスがロックされ、入力ができない状態になります。[顧客名]と[電話番号]は参照用として使用したいので、誤ってデータを書き換えてしまわないように、[はい]を設定しました。

Point
タブストップ

[受注ID] フィールドはオートナンバー型で、[顧客名] [電話番号]は参照用のフィールドです。いずれのテキストボックスも入力することがないので、[タブストップ]プロパティに[いいえ]を設定して、カーソルが移動しないようにしました。[タブストップ]プロパティについては、P.107 〜 108で説明しています。

サブフォームのコントロールの配置を調整する

サブフォーム内のコントロールに表形式レイアウトを適用して、配置を調整しましょう。表形式レイアウトにすることで、配置の調整がやりやすくなります。

❶サブフォームをクリックして、オレンジ色の枠で囲まれた状態にする

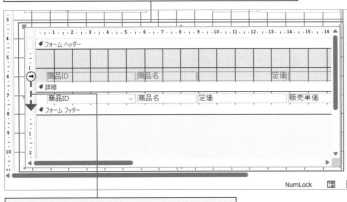

❷ルーラーをドラッグしてすべてのコントロールを選択

Point
**サブフォームの選択と
コントロールの選択**

サブフォームを1回クリックすると、サブフォーム全体が選択されて、オレンジ色の枠で囲まれます。その状態でサブフォーム内のコントロールをクリックすると、コントロールが選択されます。

❸すべてのコントロールが選択された

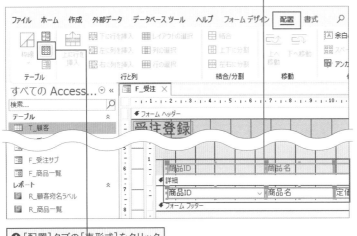

❹[配置]タブの[表形式]をクリック

Point
**ルーラーを使って
選択できる**

デザインビューでルーラーにマウスポインターを合わせると、黒矢印の形になります。その状態でクリック、またはドラッグすると、矢印の先にある全コントロールを選択できます。

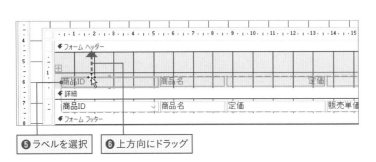

❺ラベルを選択　❻上方向にドラッグ

Point
ラベルの移動

表形式レイアウト内のラベルを1つ移動すると、自動的に他のラベルも移動します。

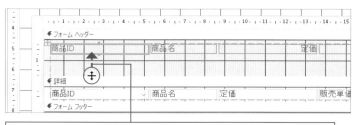

❼ フォームヘッダーの下端をドラッグして、フォームヘッダーの高さを調整する

❽ 各コントロールの幅を調整しておく

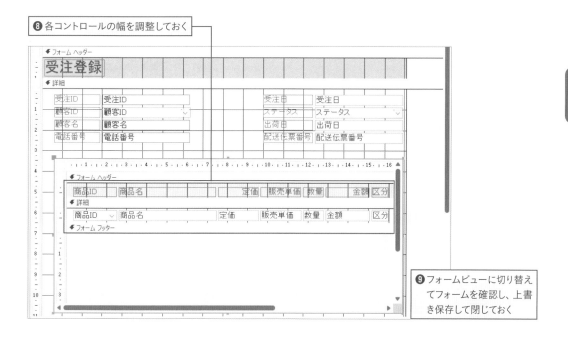

❾ フォームビューに切り替えてフォームを確認し、上書き保存して閉じておく

Memo

レイアウトを解除するには

集合形式レイアウトや表形式レイアウトを解除するには、デザインビューでレイアウト全体を選択し❶、[配置]タブの [レイアウトの削除] ボタンをクリックします❷。

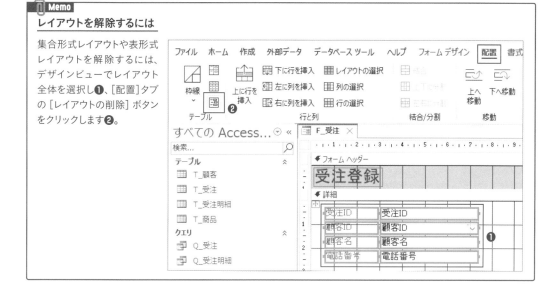

Chapter 5
04
フォームで金額の合計と
消費税を計算する

Chapter 5の03で作成したメイン／サブフォームに、[金額]の合計と消費税を計算して表示します。また、入力用でないテキストボックスの書式を変更して、入力欄と区別できるようにします。さらに、全体の色合いを変えて、見栄えを整えます。

Sample 販売管理_0504.accdb

◎受注登録フォームで受注金額を計算する

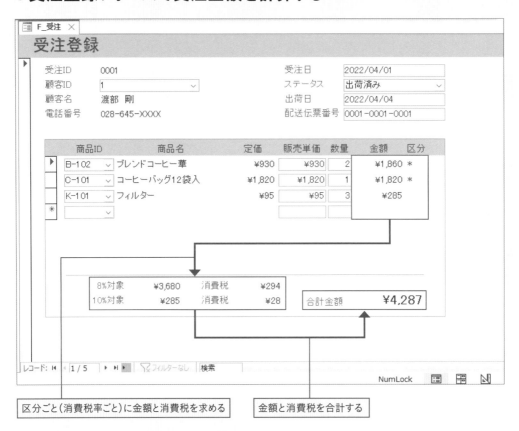

区分ごと(消費税率ごと)に金額と消費税を求める

金額と消費税を合計する

合計欄が入ると、一気に受注伝票としての完成度が高まりますね。

合計は、「Sum関数」を使うと簡単に求められるのよ。

金額の合計と消費税の計算

消費税の端数処理にはいろいろな方法がありますが、2023年10月に開始される「インボイス制度」では、請求書1通ごと、消費税率ごとに1回の端数処理を行うことがルールです。個々の商品ごとに消費税を計算して、その都度端数処理することは認められません。本書でもそのルールにならい、下図のように消費税の計算を行います。

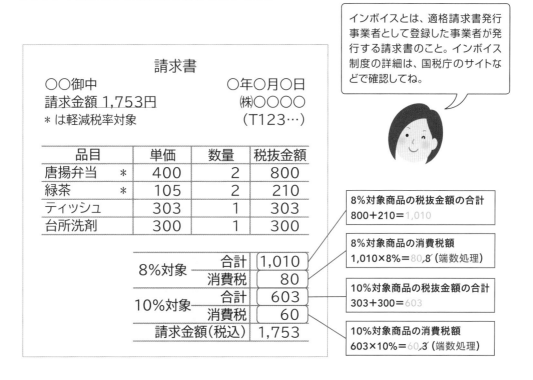

> インボイスとは、適格請求書発行事業者として登録した事業者が発行する請求書のこと。インボイス制度の詳細は、国税庁のサイトなどで確認してね。

Chapter5の02で作成した[Q_受注明細]クエリでは、軽減税率（8%）対象の[K金額]フィールドと標準税率（10%）対象の[H金額]フィールドを用意しました。請求金額を計算するには、最初に[受注ID]ごとに[K金額]と[H金額]の合計をそれぞれ求めます。

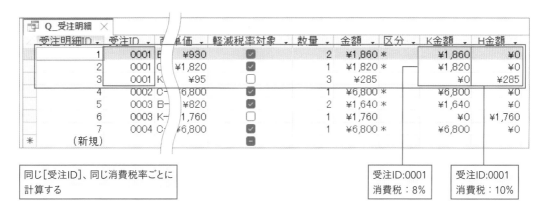

同じ[受注ID]、同じ消費税率ごとに計算する

受注ID:0001　消費税：8%

受注ID:0001　消費税：10%

実際の合計は、サブフォーム上でSum関数を用いて計算します。Sum関数は、引数に指定したフィールドの合計を求める関数です。[K金額] フィールドと [H金額] フィールドは、サブフォームに配置していません。しかし、サブフォームのレコードソースである [Q_受注明細] クエリに含まれるフィールドなので、サブフォーム上で計算に使用できます。求めた合計を、ここでは「K合計」「H合計」と呼ぶことにします。

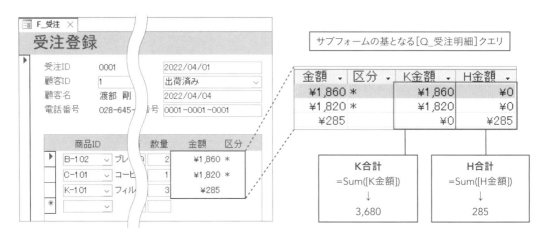

求めた合計に消費税率を掛けると消費税額が出ますが、Accessでは小数の計算で誤差が発生することがあります。誤差を抑えるにはCCur関数、計算結果の小数点以下を切り捨てるにはFix関数を使用します。求めた消費税額を、ここでは「K税」「H税」と呼ぶことにします。

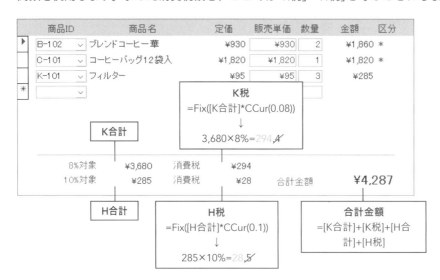

Point **Sum関数**	Point **CCur関数**	Point **Fix関数**
「Sum([フィールド名])」という式で、そのフィールドの合計を求めます。	「CCur(値)」という式で、値を通貨型(誤差の少ないデータ型)に変換します。	「Fix(数値)」という式で、数値の小数点以下を切り捨てます。

サブフォームで明細欄の金額を合計する

それでは実際の作業に移りましょう。サブフォームにフォームフッターを表示して、テキストボックスを追加し、消費税率別に[金額]の合計と消費税の合計を求めます。

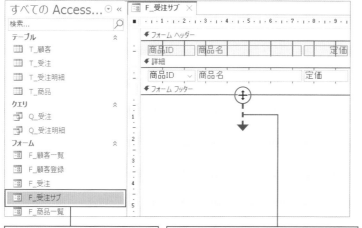

❶[F_受注サブ]フォームを開き、デザインビューに切り替えておく

❷フォームフッターのセクションバーの下端にマウスポインターを合わせてドラッグ

> **Memo**
> ### メインフォームで作業してもよい
> ここではサブフォームを単体で開いて編集しますが、メインフォームを開いて、その中に表示されるサブフォームを編集してもかまいません。

❸フォームフッターの領域が表示された

> **Memo**
> ### フォームフッターの表示
> 初期状態のフォームフッターは高さが「0」に設定されており非表示ですが、セクションバーの下端をドラッグすると表示できます。

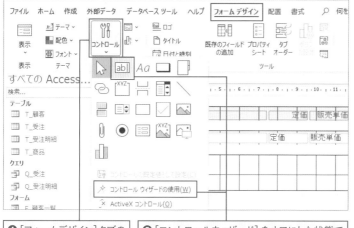

❹[フォームデザイン]タブの[コントロール]をクリック

❺[コントロールウィザード]をオフにした状態で[テキストボックス]をクリック

> **Memo**
> ### 直線や四角形も描画できる
> 手順❺のコントロールの一覧には[線]や[四角形]があります。フォームを直線で区切ったり、コントロールを四角形で囲んだりと、見た目を整えるのに役立ちます。

6 フォームフッター内をクリック

7 テキストボックスが配置されたら、位置とサイズを整えておく

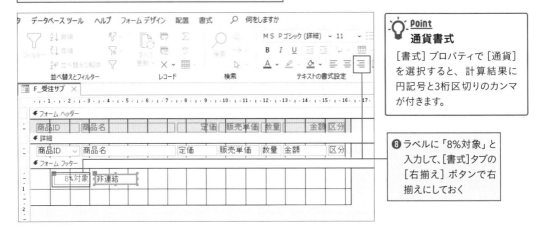

8 ラベルに「8%対象」と入力して、[書式]タブの[右揃え]ボタンで右揃えにしておく

9 テキストボックスを選択

⑩ [フォームデザイン]タブの[プロパティシート]をクリックしてプロパティシートを表示

⑪ [すべて]タブの[名前]に「K合計」と入力

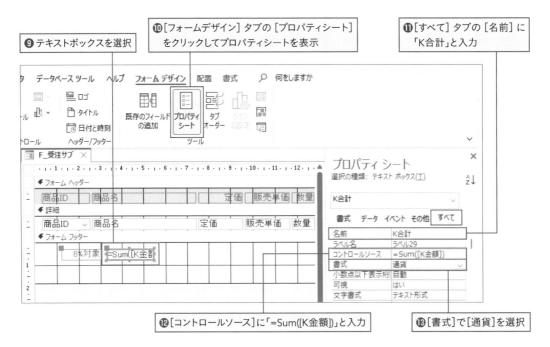

⑫ [コントロールソース]に「=Sum([K金額])」と入力

⑬ [書式]で[通貨]を選択

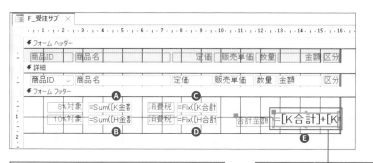

Memo
コントロールの配置

[配置] タブにある [配置] ボタンや [サイズ/間隔] ボタンを使うと、複数のコントロールのレイアウトを揃えられます。詳しくはP.76のMemoを参照してください。

⓮同様に❸ ～ ❺のテキストボックスを配置し、下表のように設定しておく

⓯[書式] タブのボタンでフォントサイズを拡大し、太字を設定しておく

	付属ラベルの文字	名前	コントロールソース	書式
❹	8%対象（右揃え）	K合計	=Sum([K金額])	通貨
❺	10%対象（右揃え）	H合計	=Sum([H金額])	通貨
❻	消費税	K税	=Fix([K合計]*CCur(0.08))	通貨
❼	消費税	H税	=Fix([H合計]*CCur(0.1))	通貨
❽	合計金額	合計金額	=[K合計]+[K税]+[H合計]+[H税]	通貨

⓰フォームビューに切り替える

Point
表示されている
レコードが合計される

Sum関数では、フォームに表示されている行（レコード）のフィールドが合計の対象となります（フィールド自体はフォームに配置されていなくてもかまいません）。サブフォームを単独で開いたときは、[Q_受注明細] の全レコードが表示されるので、全レコードが合計対象です。メイン／サブフォームを開いたときは、1件の受注ごとにレコードが合計されます。

⓱[金額] フィールドの数値が消費税率ごとに合計され、消費税とその合計が求められた

サブフォームの書式を設定する

続いて、サブフォームの書式を設定します。データの行が縞模様になるのを解除し、参照専用のテキストボックスの見た目を変えます。

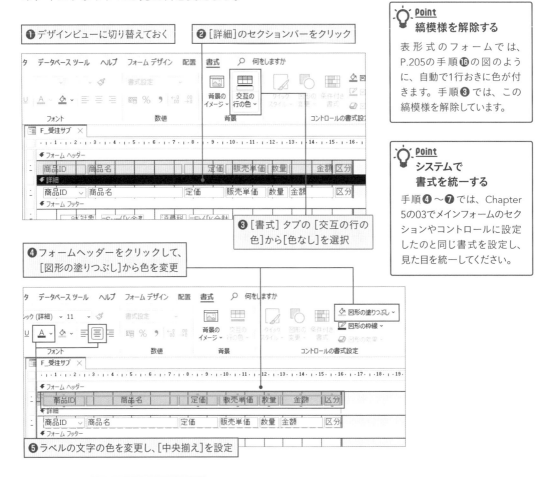

❶ デザインビューに切り替えておく

❷ [詳細]のセクションバーをクリック

❸ [書式] タブの [交互の行の色]から [色なし]を選択

❹ フォームヘッダーをクリックして、[図形の塗りつぶし]から色を変更

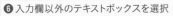
❺ ラベルの文字の色を変更し、[中央揃え]を設定

❻ 入力欄以外のテキストボックスを選択

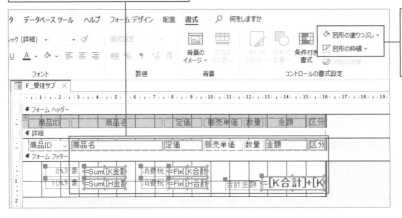

❼ [書式] タブの [図形の塗りつぶし]からグレー、[図形の枠線] から [透明]を設定しておく

> **Point**
> **縞模様を解除する**
> 表形式のフォームでは、P.205の手順⓰の図のように、自動で1行おきに色が付きます。手順❸では、この縞模様を解除しています。

> **Point**
> **システムで書式を統一する**
> 手順❹〜❼では、Chapter 5の03でメインフォームのセクションやコントロールに設定したのと同じ書式を設定し、見た目を統一してください。

❽[フォームデザイン]タブの[コントロール]から[線]をクリック

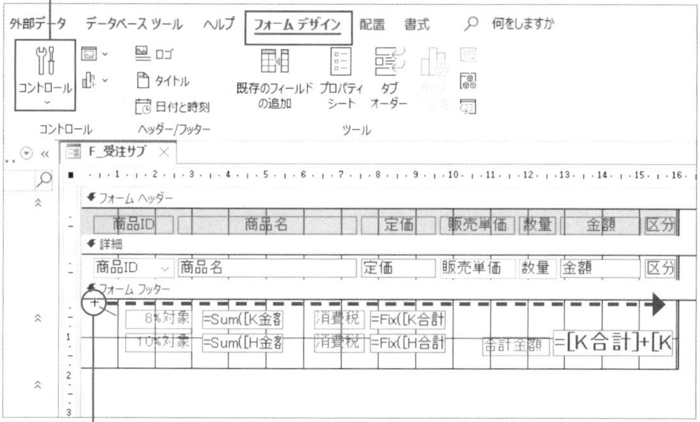

❾フォームフッターの上端を水平方向にドラッグして直線を引く

❿直線を選択し、[書式]タブの[図形の枠線]で色を設定しておく

⓫フォームセレクターをクリックしてフォームを選択

⓬[フォームデザイン]タブの[プロパティシート]をクリック

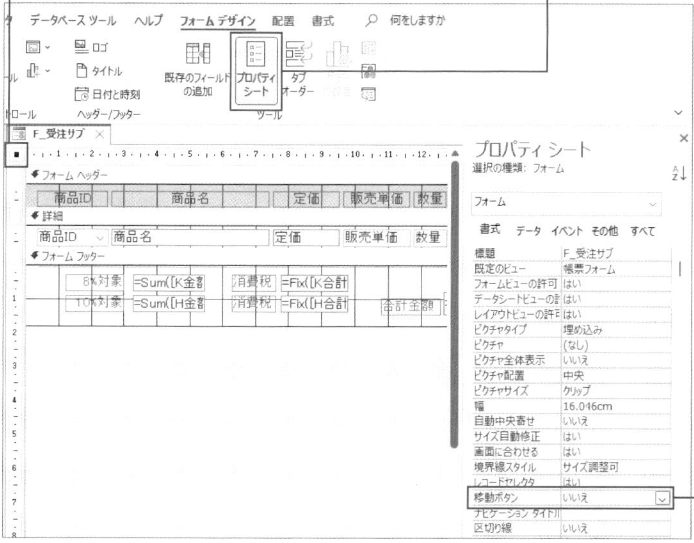

⓭[その他]タブの[移動ボタン]で[いいえ]を選択

⓮下表を参考に、プロパティシートでコントロールのプロパティを設定し、上書き保存してフォームを閉じておく

設定対象	タブ	プロパティ	設定値
商品名、定価	データ	編集ロック	はい
	その他	タブストップ	いいえ
金額、区分、K合計、K税、H合計、H税、合計金額	その他	タブストップ	いいえ

Point

水平線を引く

手順❾では詳細セクションとフォームフッターを区切るための線を引いています。Shiftキーを押しながらドラッグすると、水平線を引けます。

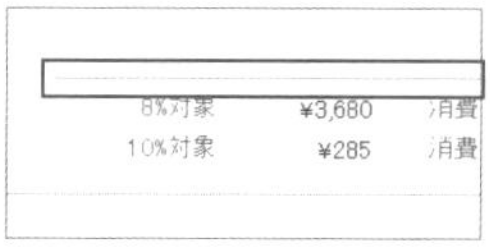

Point

移動ボタンを非表示にする

サブフォームでは、移動ボタンを使う機会はあまりありません。メインとサブの両方にあると紛らわしいので、サブフォームの移動ボタンを非表示にします。サブフォームの行数が増えた場合、自動でスクロールバーが表示されるので、移動ボタンがなくても困りません。

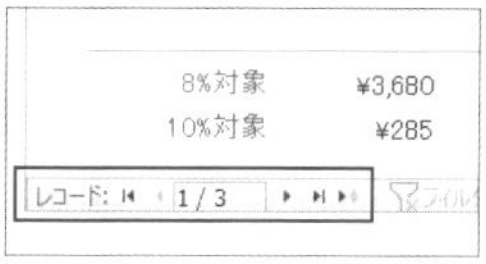

メイン／サブフォームに入力してみる

作成したメイン／サブフォームに新しいレコードを入力し、期待どおりに計算が行われるかどうか、確認しましょう。

❶フォームビューに切り替える　　　　❷[金額]の合計や消費税が正しく計算されている

❸[新しい(空の)レコード]をクリック

❹新規レコードの入力画面が表示された

> **Point**
> ### メインフォームの入力が先
> メイン／サブフォームで新規データを入力するときは、必ずメインフォームで先に入力を行ってください。サブフォームで先に入力を行うと、[T_受注明細] テーブルに追加されるレコードの [受注ID] が空欄になってしまい、[T_受注] テーブルのレコードと結合できなくなります。

❺いずれかのフィールドに入力すると、オートナンバーと既定値が表示される

❻[顧客ID]を入力すると、[顧客名]と[電話番号]が表示される

❼[商品ID]を入力すると、[商品名]と[定価]が表示される

❽[販売単価]と[数量]を入力すると、[金額]とその合計や消費税などが計算される

StepUp

サブフォームの合計値をメインフォームに表示するには

サブフォーム上のコントロールの値を、メインフォームに表示する方法を紹介します。

Sample 販売管理_0504-S1.accdb

　メインフォームにテキストボックスを配置し、[コントロールソース] プロパティに次の式を設定すると、テキストボックスにサブフォームのコントロールの値を表示できます。

=[サブフォーム名].[Form]![コントロール名]

　下図では、メインフォームの[請求金額]テキストボックスを選択し❶、[コントロールソース] プロパティを設定して❷、[F_受注サブ] サブフォームの [合計金額] テキストボックスの値を表示しています❸。

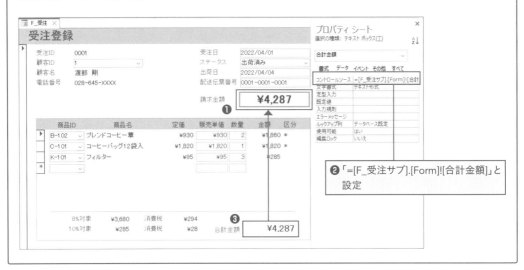

❷「=[F_受注サブ].[Form]![合計金額]」と設定

StepUp

サブフォームに先に入力されるのを防ぐには

　メイン／サブフォームで新規データを入力するときは、メインフォームの入力を先にする必要があります。サブフォームに入力してからメインフォームを入力すると、先に入力したサブフォームのデータが消えてしまいます。先に入力した明細データは[受注ID]の値が空欄となり、メインフォームのレコードと結ばれないためです。サブフォームに先に入力されるのを防ぐために、[条件付き書式]という機能を利用して、[受注ID]が未入力のときにサブフォームのコントロールを無効にする仕組みを作りましょう。

● サブフォームに先に入力できない仕組みを作る

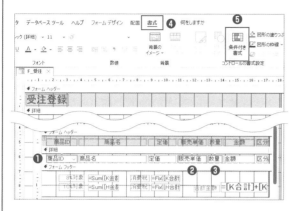

サブフォームをクリックしてから［商品ID］をクリックすると、［商品ID］が選択されます❶。続いて Ctrl キーを押しながら［販売単価］と［数量］をクリックし❷❸、［書式］タブ❹の［条件付き書式］をクリックします❺。すると、［条件付き書式ルールの管理］ダイアログボックスが開くので、［新しいルール］をクリックしてください。

　［新しい書式ルール］ダイアログボックスが開くので、［現在のレコードの値を確認するか、式を使用する］をクリックします❻。［次のセルのみ書式設定］から［式］を選択して❼、「IsNull([Forms]![F_受注]![受注ID])」と入力します❽。［有効化］をクリックして❾、［プレビュー］が淡色表示になるのを確認します❿。

　IsNull関数は、引数に指定した式がNull（何もない状態）かどうかを判定する関数です。手順❽〜❾の設定では、［F_受注］フォームの［受注ID］がNullの場合に、手順❶❷❸で指定したコントロールを無効にします。

最後に［OK］をクリックすると⓫、［条件付き書式ルールの管理］ダイアログボックスに戻るので、［OK］をクリックしてください。

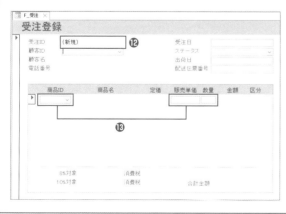

フォームビューに切り替え、新規レコードの入力画面を表示します。［受注ID］が入力されていない場合⓬、［商品ID］［販売単価］［数量］が使用できません⓭。［顧客ID］を入力するなどして［受注ID］が自動入力されれば、［商品ID］［販売単価］［数量］も入力可能になります。

Chapter 5
05 マクロを利用して使い勝手を上げる

受注データを入力する際、[顧客ID]欄で入力できるのは既存の顧客に限られます。しかし、新規顧客の受注データを入力したいこともあるでしょう。そこで、受注登録フォームから顧客を登録できる仕組みを追加します。さらに、明細欄で[商品ID]を入力したときに、[販売単価]欄に初期値として[定価]と同じ金額が入力される仕組みも作成します。いずれも[コマンドボタンウィザード]には用意されていない処理なので、「マクロ」を自分で組む必要があります。

Sample 販売管理_0505.accdb

● 新規顧客を登録できるようにする

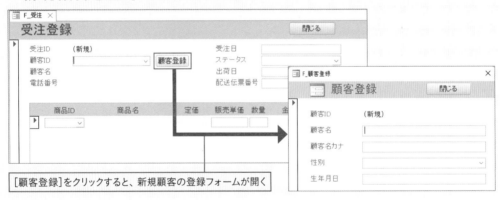

[顧客登録]をクリックすると、新規顧客の登録フォームが開く

● 販売単価の初期値として定価が入力されるようにする

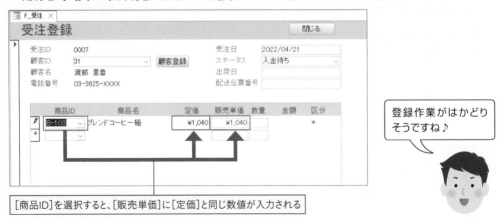

登録作業がはかどりそうですね♪

[商品ID]を選択すると、[販売単価]に[定価]と同じ数値が入力される

マクロとは

マクロとは、Accessの操作を自動化するためのプログラムです。マクロを手動で作成するには、

・実行のタイミング(いつ実行するか)
・処理内容(どんな処理を実行するか)

を具体的にイメージすることが重要です。

・実行のタイミング(いつ実行するか)

　Accessでは、「ボタンがクリックされたとき」「フォームが開いたとき」「テキストボックスの値が更新されたとき」など、さまざまなタイミングでマクロを自動実行できます。マクロを自動実行するきっかけとなる動作を「イベント」と呼びます。

　例えば、ボタンがクリックされたときにフォームを開きたい場合は、ボタンの[クリック時]というイベントにフォームを開くマクロを割り当てます。フォームやレポート、コントロールには、それぞれ複数のイベントが用意されています。

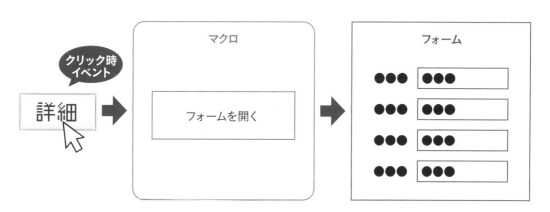

イベントの例		
種類	イベント	説明
フォーム	開く時	フォームが開くときに実行される
フォーム	閉じる時	フォームが閉じるときに実行される
レポート	空データ時	印刷するレコードが存在しないときに実行される
コントロール	クリック時	コントロールがクリックされたときに実行される
コントロール	更新後処理	コントロールの値が更新されたときに実行される

・処理内容（どんな処理を実行するか）

　処理内容は、「アクション」と呼ばれる命令を組み合わせて定義します。アクションには、「フォームを開く」「レポートを開く」「レコードの移動」など、Accessのさまざまな動作が用意されています。例えば、「フォームを開く」「レコードの移動」という2つのアクションを使用してマクロを組むと、フォームを開いてレコードを切り替えるプログラムを作成できます。

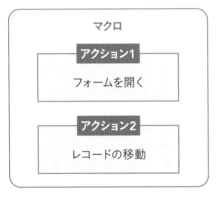

| アクションの例 ||
アクション	説明
フォームを開く	指定したフォームを開く
レポートを開く	指定したレポートを開く
ウィンドウを閉じる	指定したウィンドウを閉じる
レコードの移動	レコードを切り替える
フィルターの実行	レコードを抽出する
再クエリ	コントロールのソースを更新する
メッセージボックス	メッセージを表示する

　実際にマクロを作成するには、「マクロビルダー」と呼ばれる作成画面で、実行するアクションを指定します。アクションによっては「引数（ひきすう）」も指定します。引数とは、アクションの実行に必要なデータのことです。例えば、［フォームを開く］アクションには開くフォームを指定するための［フォーム名］、［レコードの移動］アクションには移動先のレコードを指定するための［レコード］という引数があります。

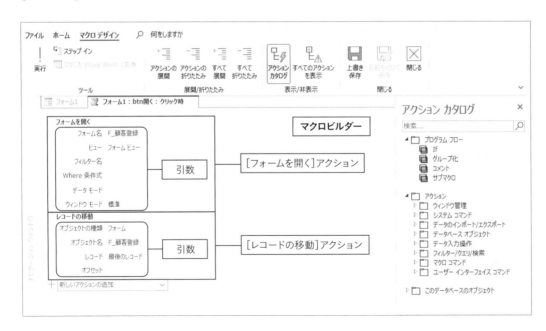

メインフォームに顧客登録機能を追加する

　メインフォームにボタンを配置して、顧客登録機能を追加します。登録画面はChapter 3の04で作成した[F_顧客登録]フォームを利用します。ただし、[F_顧客登録]フォームをそのまま開くのではなく、ダイアログボックス形式で開くことにします。

❶[F_受注]フォームを開き、デザインビューに切り替えておく

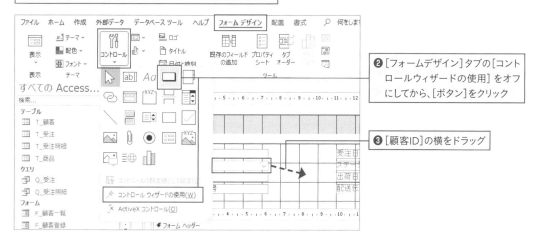

❷[フォームデザイン]タブの[コントロールウィザードの使用]をオフにしてから、[ボタン]をクリック

❸[顧客ID]の横をドラッグ

❹[ボタンが配置された]

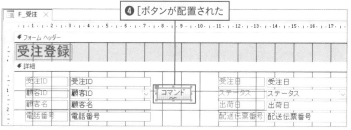

❺[プロパティシート]をクリック

❻[すべて]タブの[名前]にボタン名、[標題]にボタン上に表示する文字列を入力

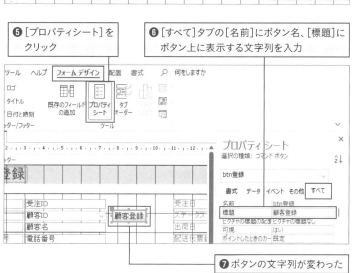

❼ボタンの文字列が変わった

Point

[すべて]タブ

プロパティシートの[すべて]タブには、[書式][データ][イベント][その他]の4つのタブにあるプロパティがすべて表示されます。[名前]プロパティは[その他]、[標題]プロパティは[書式]タブにもあり、どちらのタブを使ってもかまいません。

Point

[標題]プロパティ

手順❻で[標題]プロパティに設定した文字列は、ボタン上に表示されます。反対に、ボタン上で直接文字列を入力すると、入力した文字列が[標題]プロパティに自動で設定されます。

⑧[イベント]タブをクリック

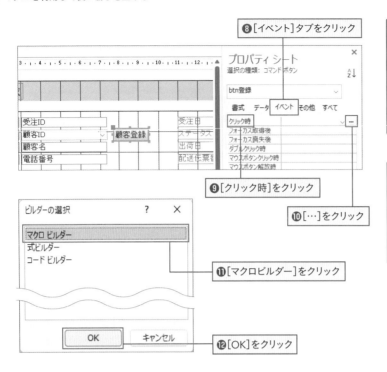

Point
[…]ボタン

[イベント] タブの各プロパティの[…]ボタンは普段は非表示ですが、目的のイベントをクリックすると表示されます。

Point
[クリック時]イベント

ボタンの [クリック時] イベントで設定したマクロは、フォームビューでボタンがクリックされたときに実行されます。

⑨[クリック時]をクリック

⑩[…]をクリック

⑪[マクロビルダー]をクリック

⑫[OK]をクリック

⑬マクロビルダーが表示された

⑭アクションの選択欄が表示された

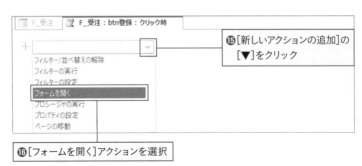

⑮[新しいアクションの追加]の[▼]をクリック

⑯[フォームを開く]アクションを選択

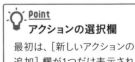

Point
アクションの選択欄

最初は、[新しいアクションの追加] 欄が1つだけ表示されます。そこでアクションを選択すると、2つ目の [新しいアクションの追加] 欄が表示されます。

⑰[フォームを開く]アクションの引数が表示された

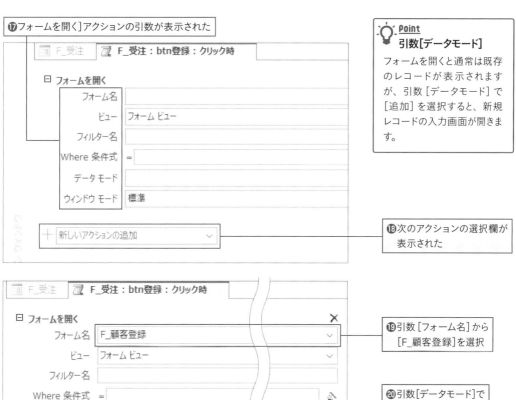

Point

引数[データモード]

フォームを開くと通常は既存のレコードが表示されますが、引数[データモード]で[追加]を選択すると、新規レコードの入力画面が開きます。

⑱次のアクションの選択欄が表示された

⑲引数[フォーム名]から[F_顧客登録]を選択

⑳引数[データモード]で[追加]を選択

㉑引数[ウィンドウモード]で[ダイアログ]を選択

Point

引数[ウィンドウモード]

フォームは通常「タブ付きドキュメント」で開きますが、引数[ウィンドウモード]で[ダイアログ]を選択すると、ダイアログボックスの形式で開きます。ダイアログボックスが開いている間はダイアログボックスの操作しかできないので、ユーザーが勝手に別のオブジェクトに切り替えてほかの作業をすることを防げます。

なお、フォームをダイアログボックス形式で開いた場合、マクロの次のアクション（ここでは[再クエリ]）が実行されるのは、ダイアログボックスが閉じたタイミングになります。

217

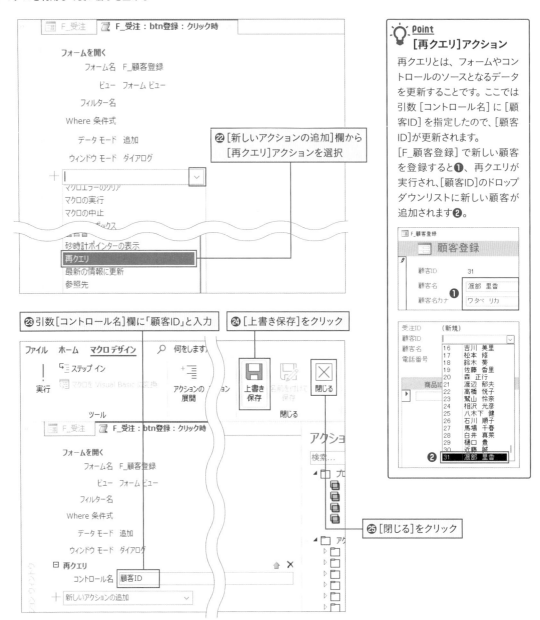

| F_受注 | F_受注：btn登録：クリック時 |

フォームを開く

フォーム名　F_顧客登録

ビュー　フォーム ビュー

フィルター名

Where 条件式

データ モード　追加

ウィンドウ モード　ダイアログ

㉒ [新しいアクションの追加]欄から[再クエリ]アクションを選択

マクロエラーのクリア
マクロの実行
マクロの中止

砂時計ポインターの表示
再クエリ
最新の情報に更新
参照先

㉓ 引数[コントロール名]欄に「顧客ID」と入力

㉔ [上書き保存]をクリック

ファイル　ホーム　**マクロデザイン**　何をします

ステップ イン
実行　マクロを Visual Basic に変換
アクションの　ション
展開

上書き保存　名前を付けて保存　閉じる

ツール　閉じる

| F_受注 | F_受注：btn登録：クリック時 |

フォームを開く

フォーム名　F_顧客登録

ビュー　フォーム ビュー

フィルター名

Where 条件式

データ モード　追加

ウィンドウ モード　ダイアログ

□ 再クエリ

コントロール名　顧客ID

＋ 新しいアクションの追加

アクショ

検索...

㉕ [閉じる]をクリック

㉖ フォームのデザインビューに戻った

プロパティ シート
選択の種類：コマンド ボタン

btn登録

書式　データ　イベント　その他　すべて

クリック時　[埋め込みマクロ]
フォーカス取得後
フォーカス喪失後
ダブルクリック時
マウスボタンクリック時
マウスボタン解放時

受注ID
顧客ID　顧客登録　受注日
顧客名　ステータス
電話番号　出荷日
配送伝票番号

㉗ ボタンの[クリック時]イベントに[埋め込みマクロ]が設定された

Point
[再クエリ]アクション

再クエリとは、フォームやコントロールのソースとなるデータを更新することです。ここでは引数[コントロール名]に[顧客ID]を指定したので、[顧客ID]が更新されます。
[F_顧客登録]で新しい顧客を登録すると**❶**、再クエリが実行され、[顧客ID]のドロップダウンリストに新しい顧客が追加されます**❷**。

F_顧客登録

顧客登録

顧客ID　　31
顧客名　　渡部 里香　**❶**
顧客名カナ　ワタベ リカ

受注ID　（新規）
顧客ID
顧客名　16　吉川 美里
電話番号　17　松本 修
　18　鈴木 葵
　19　佐藤 香里
　20　森 正行
商品ID　21　渡辺 郁夫
　22　高橋 悦子
　23　蔵山 怜奈
　24　相沢 光彦
　25　八木下 健
　26　石川 順子
　27　馬場 千春
　28　白井 真菜
　29　樋口 豊
　30　近藤 誠
　❷ 31　渡部 里香

Point
マクロの保存先

ボタンに割り付けたマクロは、ボタンの配置先のフォームに保存されます。フォームやレポートの中に保存されるマクロを「埋め込みマクロ」と呼びます。

[閉じる] ボタンのマクロを作成する

フォームを閉じるためのマクロを作成します。[ウィンドウを閉じる]アクションを使用します。

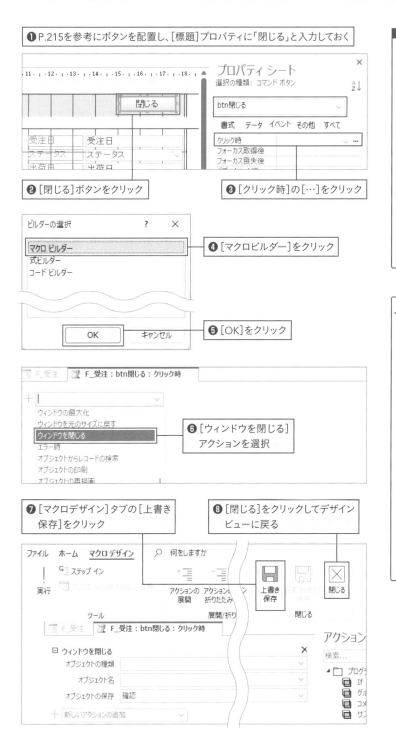

❶ P.215を参考にボタンを配置し、[標題]プロパティに「閉じる」と入力しておく

❷ [閉じる]ボタンをクリック

❸ [クリック時]の[…]をクリック

❹ [マクロビルダー]をクリック

❺ [OK]をクリック

❻ [ウィンドウを閉じる] アクションを選択

❼ [マクロデザイン]タブの[上書き保存]をクリック

❽ [閉じる]をクリックしてデザインビューに戻る

Memo
アクションの編集

アクションの選択を間違えたときは、右端の [×] をクリックしてアクションを削除して❶、アクションを選択し直します。アクションの順番は、[↑] をクリックすると入れ替えられます❷。

Point
[ウィンドウを閉じる] アクションの引数

[ウィンドウを閉じる] アクションには、[オブジェクトの種類][オブジェクト名][オブジェクトの保存] の3つの引数があります。[オブジェクトの種類] と [オブジェクト名] の指定を省略した場合、アクティブウィンドウが閉じます。アクティブウィンドウとは、現在前面に表示されているウィンドウのことです。[オブジェクトの保存] の初期値は[確認]で、オブジェクトを変更した場合に閉じる前に保存確認のメッセージが表示されます。

［販売単価］の初期値として［定価］を自動入力する

　P.209の手順❽で明細欄に［販売単価］を入力したときは、手入力でした。しかし、割引セールなどのイベントがない限り、［販売単価］は［定価］と同額です。そこで、［商品ID］を入力したときに、初期値として［販売単価］欄に［定価］の数値が自動入力されるようにしましょう。［商品ID］の［更新後処理］イベントと「値の代入」アクションを利用します。

❶［商品ID］を選択

❷［イベント］タブの［更新後処理］の［…］をクリック

❸［マクロビルダー］をクリック

❹［OK］をクリック

Point
［商品ID］を選択するには
メインフォームが選択されている状態で［商品ID］をクリックすると、サブフォームが選択されます。もう一度［商品ID］をクリックすると、［商品ID］が選択されます。

Point
［更新後処理］イベント
［更新後処理］には、コントロールの値が更新されたときに実行するマクロを割り付けます。

Point
完成目標
ここでは［商品ID］が入力・変更されたときに❶、［販売単価］欄に［定価］の数値が自動入力されるように❷、マクロを作成します。

❺[マクロデザイン]タブの[すべての
アクションを表示]をクリック

❻[値の代入]アクションを選択

Point

すべてのアクションを表示

ここでは [値の代入] アクションを使用しますが、このアクションは初期状態ではアクションの一覧に表示されません。マクロビルダーでは、データベースの値を変更するようなアクションを安易に選択できないようになっているからです。そのようなアクションを使用する場合は、事前に [デザイン]タブの[すべてのアクションを表示]をオンにします。

❼引数 [アイテム] に
「[販売単価]」と入力

❽引数 [式] に「[定価]」
と入力

❾[上書き保存]をクリック

❿[閉じる]をクリック

Point

[値の代入]アクション

[値の代入] アクションの引数 [アイテム] には、コントロール、フィールド、プロパティなどの名前を指定します。また、引数 [式] には、代入する値や式を指定します。ここでは [アイテム] に [販売単価]、[式] に [定価] を指定したので、[販売単価] に [定価] の値が入力されます。角カッコ「[ ]」は半角で入力してください。

⓫埋め込みマクロ
が設定された

⓬フォームを上書き保存しておく

Memo

埋め込みマクロを削除するには

イベント欄の「[埋め込みマクロ]」の文字を削除すると、マクロを削除できます。

221

マクロの動作を確認する

以上で、メイン／サブフォームの作成は完了です。作成したマクロの動作を確認してみましょう。

❶ フォームビューに切り替え、新規レコードの画面を表示しておく

❷ [顧客登録]をクリック

❸ [F_顧客登録]フォームの新規レコード画面がダイアログボックス形式で開いた

❹ データを入力

❺ [閉じる]をクリック

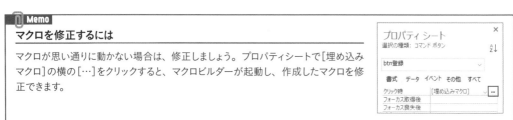

🔲 Memo

マクロを修正するには

マクロが思い通りに動かない場合は、修正しましょう。プロパティシートで[埋め込みマクロ]の横の[…]をクリックすると、マクロビルダーが起動し、作成したマクロを修正できます。

ポイント Point
[販売単価]は編集可能

自動入力された［販売単価］は、必要に応じて修正できます。割引価格で販売する場合には、手で修正してください。

定価	販売単価	数量
¥1,040	¥980	4

F_受注

受注登録

受注ID　　(新規)
顧客ID
顧客名
電話番号

16	吉川　美里
17	松本　修
18	鈴木　葵
19	佐藤　香里
20	森　正行
21	渡辺　郁夫
22	高橋　悦子
23	鷲山　怜奈
24	相沢　光彦
25	八木下　健
26	石川　順子
27	馬場　千春
28	白井　真菜
29	樋口　豊
30	近藤　誠
31	渡部　里香

商品ID　　　　　　　　　　定価

❻ 手順❹で登録した顧客を、［顧客ID］のドロップダウンリストから選べるようになった

8%対象　　　　　消費税

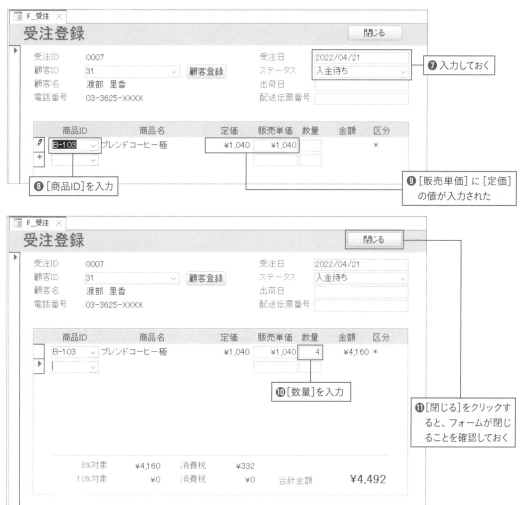

❼ 入力しておく

❽［商品ID］を入力

❾［販売単価］に［定価］の値が入力された

❿［数量］を入力

⓫［閉じる］をクリックすると、フォームが閉じることを確認しておく

223

06 受注一覧フォームを作成する

受注一覧フォームを作成し、ステータス単位でレコードを抽出する機能を付加します。また、[詳細]ボタンのクリックで受注情報が表示される仕組みを作成します。

Sample 販売管理_0506.accdb

○受注レコードをステータス単位で絞り込む

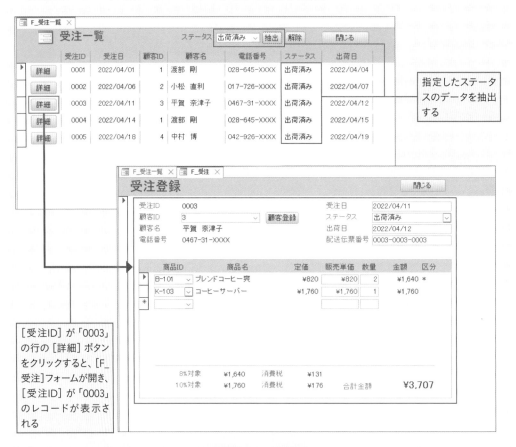

指定したステータスのデータを抽出する

[受注ID] が「0003」の行の [詳細] ボタンをクリックすると、[F_受注]フォームが開き、[受注ID] が「0003」のレコードが表示される

今回は、「フォームを作成する」っていうタイトルだけど、要となるテーマは"条件設定"よ。

一覧フォームは3回目だから楽勝と踏んでいたのに、まだまだ覚えることがたくさんありますね。

受注一覧フォームを作成する

オートフォーム機能を利用して、[Q_受注]クエリを基に表形式のフォームを作成します。[F_顧客一覧]フォームと同様の外観に仕上げます。

❶[Q_受注]をクリックして選択

❷[作成]タブの[その他のフォーム]→[複数のアイテム]をクリック

❸表形式のフォームが作成されるので、「F_受注一覧」の名前で保存しておく

❹P.62を参考に配置を整えておく

❺[配送伝票番号]のラベルをクリックし、[Shift]キーを押しながらテキストボックスをクリックすると、ラベルと全テキストボックスが選択されるので[Delete]キーで削除する

❼選択したコントロールを[受注ID]と[顧客ID]の間にドラッグ

❻[受注日]のラベルとテキストボックスを選択

🔅 **Point**

列の移動

ラベルとテキストボックスを選択し、選択したいずれかのコントロールにマウスポインターを合わせると、 🖑 の形になります。その状態でドラッグすると、列を移動できます。ドラッグ中に表示されるピンクの縦線が移動先の目安です。

❽ 下表を参考にA〜Fの設定をしておく

	設定対象	設定内容
Ⓐ	表タイトルのラベル	文字列を「受注一覧」に変更し、[書式]タブの[フォントの色]を使用して文字の色を変更する
Ⓑ	フォームヘッダー	[書式]タブの[図形の塗りつぶし]を使用して背景の色を変更する
Ⓒ	フォームヘッダー上のラベル	[書式]タブの[フォントの色]を使用して文字の色を変更する
Ⓓ	[顧客ID] [ステータス]のコンボボックス	P.129を参考に、右クリックメニューの[コントロールの種類の変更]を使用してコンボボックスをテキストボックスに変更する
Ⓔ	詳細セクションの全コントロール	P.129を参考に、[書式]タブの[図形の枠線]を使用して枠線を透明にする
Ⓕ	集合形式レイアウト	P.130を参考に[配置]タブの[枠線]から垂直線を引く

🗂 Memo

完成度を高める

細かいところまで気を配ると、フォームの完成度が高まります。例えば、[F_受注一覧] [F_顧客一覧] フォームは入力用ではないので、テキストボックスの[タブストップ]プロパティを[いいえ]にしておくとよいでしょう。また、[F_受注一覧] フォームの[受注日]や[F_顧客一覧]フォームの[生年月日]も入力用ではないので、日付選択カレンダー 📅 は不要です。[日付選択カレンダーの表示]プロパティを[なし]にするとよいでしょう。

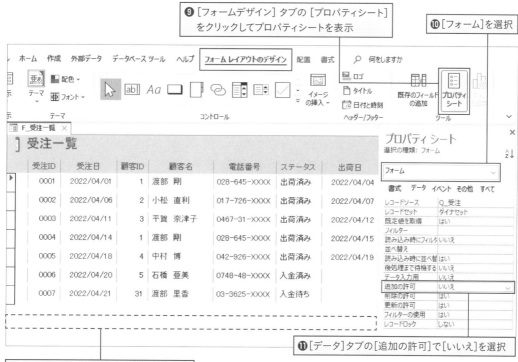

❾[フォームデザイン] タブの [プロパティシート]
をクリックしてプロパティシートを表示

❿[フォーム]を選択

⓫[データ]タブの[追加の許可]で[いいえ]を選択

⓬新規レコードの入力行が非表示になった

⓭[受注ID] のテキストボックスをクリックし、続いて [出荷日] のテキストボックスを
Shift キーを押しながらクリックして、全テキストボックスを選択

⓮[編集ロック]で[はい]を選択

🔶 Point
新規レコードの追加を禁止する

受注データの入力と編集は [F_受注]
フォームで行うので、[F_受注一覧] フォー
ムでは新規レコードの追加とデータの更新
を禁止することにします。新規レコードの
追加は、フォームの [追加の許可] プロパ
ティで[いいえ]を設定すると禁止できます。

🔶 Point
更新の許可と編集ロック

データの編集を禁止するには、P.128で紹介したようにフォームの
[更新の許可]プロパティに[いいえ]を設定する方法もあります。そ
の方法だとフォーム上のすべてのコントロールが使用できなくなり、
このあと配置する抽出用のコンボボックスも使えなくなってしまいま
す。テキストボックスの[編集ロック]プロパティに[はい]を設定す
る方法なら、設定したテキストボックスだけが使えなくなります。

詳細情報を表示するボタンを作成する

　詳細セクションに[詳細]ボタンを配置して、[F_受注一覧]フォームから[F_受注]フォームを呼び出すマクロを作成します。Chapter 5の05で行ったようにコマンドボタンウィザードを使用して同様のマクロを作成することもできますが、ここでは手動でマクロを組んでステップアップを目指しましょう。

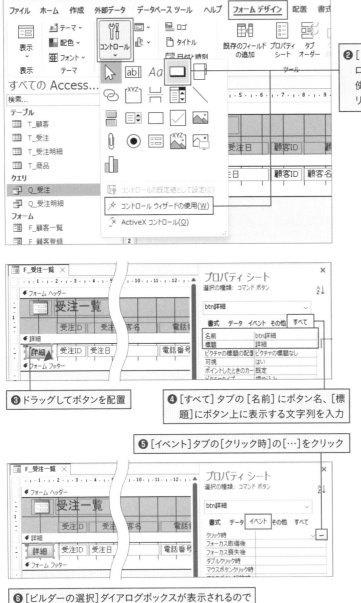

❶ デザインビューに切り替えておく

❷ [フォームデザイン]タブの[コントロール]→[コントロールウィザードの使用]をオフにしてから、[ボタン]をクリック

❸ ドラッグしてボタンを配置

❹ [すべて]タブの[名前]にボタン名、[標題]にボタン上に表示する文字列を入力

❺ [イベント]タブの[クリック時]の[…]をクリック

❻ [ビルダーの選択]ダイアログボックスが表示されるので[マクロビルダー]をクリックして[OK]をクリック

Point
完成目標

ここでは[詳細]ボタンをクリックしたときに、[F_受注]フォームを開き、クリックした行の受注レコードが表示されるようにします。例えば[受注ID]が「0003」の行の[詳細]ボタンをクリックすると❶、[F_受注]フォームに[受注ID]が「0003」であるレコードが表示されます❷。

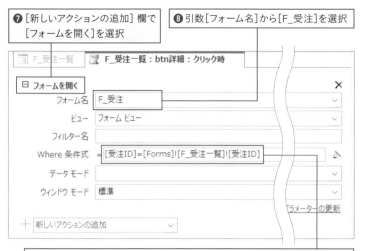

❼ [新しいアクションの追加] 欄で [フォームを開く]を選択

❽ 引数 [フォーム名]から[F_受注]を選択

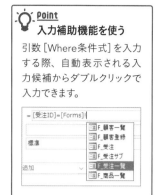

Point

入力補助機能を使う

引数 [Where条件式] を入力する際、自動表示される入力候補からダブルクリックで入力できます。

❾ 引数[Where条件式]に「[受注ID]=[Forms]![F_受注一覧]![受注ID]」と入力

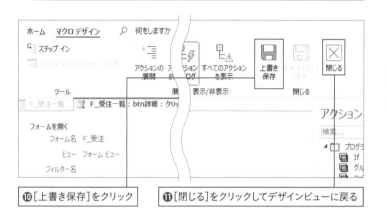

手順❶の [閉じる] をクリックするとデザインビューに戻るから、フォームビューに切り替えてマクロの動作を確認してね。

❿ [上書き保存]をクリック

⓫ [閉じる]をクリックしてデザインビューに戻る

Point

引数[Where条件式]

[フォームを開く] アクションの引数 [Where条件式] は、以下の構文に従って指定します。左辺の[フィールド名]には、開くフォーム (呼び出される側のフォーム) のフィールド名を指定します。右辺には、呼び出す側のフォーム名と条件が入力されているコントロール名を指定します。

[フィールド名]=[Forms]![フォーム名]![コントロール名]
[受注ID]=[Forms]![F_受注一覧]![受注ID]

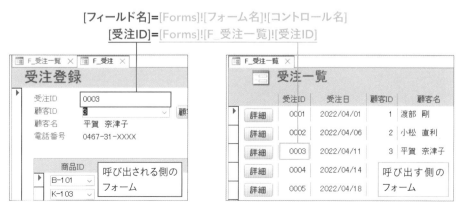

データベース構築編

Chapter 5 受注管理用のフォームを作ろう

229

受注データを抽出するボタンを作成する

　フォームヘッダーに抽出条件を指定するためのコンボボックスを配置して、指定されたステータスの受注データを抽出する仕組みを作成します。また、[F_受注一覧] フォームを閉じる仕組みも作成します。

❶ デザインビューに切り替えておく

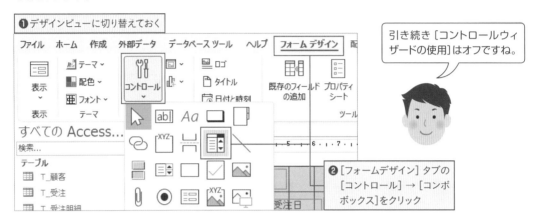

❷ [フォームデザイン] タブの [コントロール] → [コンボボックス] をクリック

引き続き [コントロールウィザードの使用] はオフですね。

❸ コンボボックスを配置

❹ ラベルの文字列を「ステータス」に変更し、書式や配置を整えておく

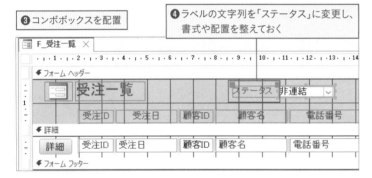

Point
コンボボックスの設定

ここでは抽出条件の指定欄となる、下図のようなコンボボックスを作成します。プロパティの設定は、P.148のフィールドプロパティと同じです。

❺ プロパティシートを表示し、下表の設定をしておく

タブ	プロパティ	設定値
その他	名前	jknステータス
データ	値集合ソース	入金待ち;入金済み;出荷済み
	値集合タイプ	値リスト
	値リストの編集の許可	いいえ

コンボボックスの名前はあとで使うから、きちんと設定してね。ボタンの名前はこの先使わないから、自分がわかりやすい名前を付ければOK。

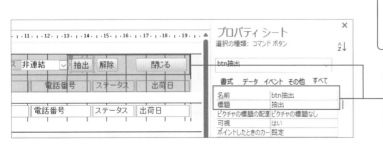

❻ ボタンを3つ配置して、P.228を参考に [名前] と [標題] をそれぞれ設定しておく

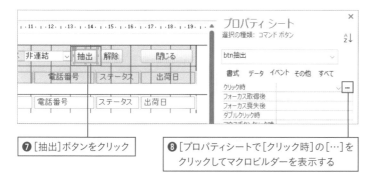

手順⑩のWhere条件式の書式は、P.229の［フォームを開く］アクションと同じですね!

❼［抽出］ボタンをクリック

❽［プロパティシートで［クリック時］の［…］をクリックしてマクロビルダーを表示する

❾［新しいアクションの追加］欄で［フィルターの実行］を選択

❿引数［Where条件式］に「［ステータス］=[Forms]![F_受注一覧]![jknステータス]」と入力

⓫［上書き保存］、［閉じる］を順にクリックしてデザインビューに戻る

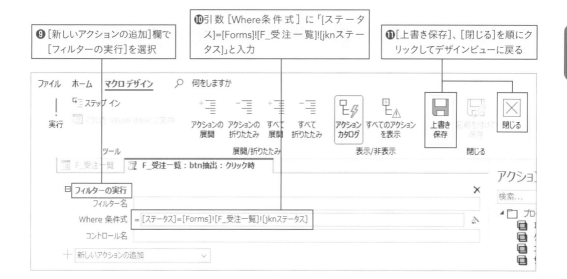

・ᄋ゙ Point
引数[Where条件式]

［フィルターの実行］アクションの引数［Where条件式］には、抽出条件を下記の要領で指定します。左辺の［フィールド名］には、抽出対象となるフィールドを指定します。右辺には、抽出条件が入力されているフォーム名とコントロール名を指定します。

[フィールド名]=[Forms]![フォーム名]![コントロール名]
[ステータス]=[Forms]![F_受注一覧]![jknステータス]

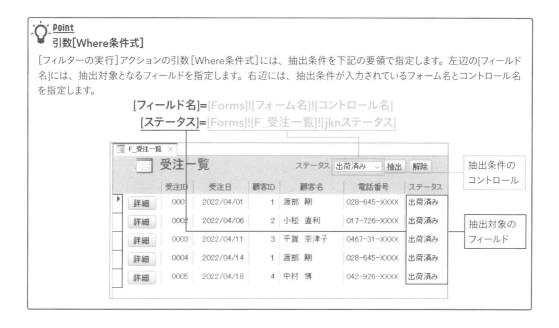

抽出条件のコントロール

抽出対象のフィールド

⑫[解除]ボタンをクリック

⑬プロパティシートで[クリック時]の[…]を
クリックしてマクロビルダーを表示する

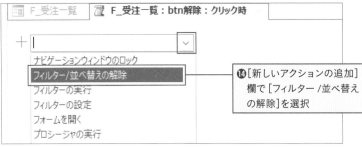

⑭[新しいアクションの追加]
欄で[フィルター/並べ替え
の解除]を選択

⑮[すべてのアクションを表示]をクリック

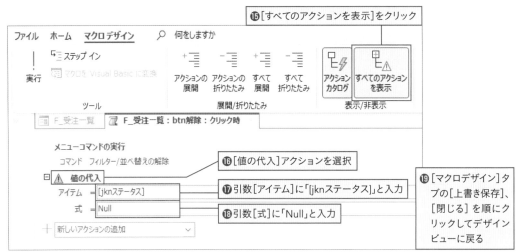

⑯[値の代入]アクションを選択

⑰引数[アイテム]に「[jknステータス]」と入力

⑱引数[式]に「Null」と入力

⑲[マクロデザイン]タ
ブの[上書き保存]、
[閉じる]を順にク
リックしてデザイン
ビューに戻る

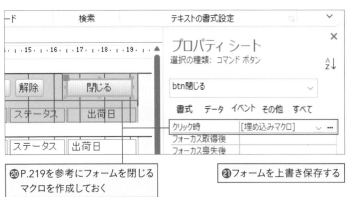

⑳P.219を参考にフォームを閉じる
マクロを作成しておく

㉑フォームを上書き保存する

マクロの動作を確認する

以上で、受注一覧フォームは完成です。フォームビューでマクロの動作を確認しましょう。

❶フォームビューに切り替えておく　　❷[ステータス]から抽出条件を選択　　❸[抽出]をクリック

❹抽出条件に合致するレコードが抽出された

❺ここをクリックすると、[受注ID]が「0003」
　の受注登録フォームが開く

❻[解除]をクリックすると抽出が解除され、
　[ステータス]欄の条件が消去される

 受注登録フォームが完成したことだし、どんどん注文を取って、バンバン入力するぞ!

次は、商品を送付するときに同梱する「納品書」作りにチャレンジよ。

 販売管理システム1つで、受注から納品まで一連の処理を管理できるようになるんですね。楽しみです♪

Memo

開くときにフィルターが実行される場合は

フォームの作成段階でいろいろ設定の変更をしているうちに、何らかのタイミングで抽出の設定がフォームに保存されてしまい、次回フォームが開くときに抽出が実行されてしまうことがあります。その場合、デザインビューでフォームを選択してプロパティシートを表示し、[データ]タブの[フィルター]を空欄に、[読み込み時にフィルターを適用]を[いいえ]に戻してください。

Memo

タブオーダーでカーソルを順序よく移動する

フォームビューで Tab キーを押したときにカーソルが次のコントロールに移動しますが、その移動順のことを「タブオーダー」と呼びます。タブオーダーを設定するには、デザインビューで[フォームデザイン]タブの[タブオーダー]をクリックします❶。設定画面でセクションを選択すると❷、選択したセクションのタブオーダーが表示されるので❸、行頭の四角形をドラッグして順序を変更します❹。もしくは、[自動]をクリックすると❺、コントロールの位置の順序でタブオーダーが設定されます。この節で作成したフォームは入力対象のコントロールがないので、タブオーダーを設定する意味はあまりありませんが、入力順を指定したいときに役立つので覚えておいてください。

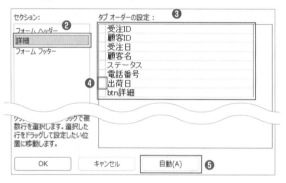

StepUp

[Where条件式]で部分一致や期間の条件を指定するには

[フォームを開く]アクションや[フィルターの実行]アクションの引数[Where条件式]の指定には、P.116で紹介した演算子やP.117で紹介したワイルドカードを使用できます。

▶ 抽出条件の指定例

Sample 商品管理_0506-S.accdb

[Where条件式]の指定例	説明
[受注ID]<=5	[受注ID]が5以下
[顧客ID] In (1,3,5)	[顧客ID]が1または3または5
[受注日]>=#2022/04/15#	[受注日]が2022/4/15以降
[受注日] Between Date()-10 And Date()	[受注日]が10日前から今日まで
Month([受注日])=4	[受注日]が4月
[ステータス] Like "入金*"	[ステータス]が「入金」で始まる
[出荷日] Is Null	[出荷日]が入力されていない
[出荷日] Is Not Null	[出荷日]が入力されている

▶ 文字列の部分一致を条件にする

「○○を含む」のような条件を指定するには、ワイルドカードの「*」（アスタリスク）とLike演算子を使用します。下図では、[F_受注一覧2] フォームの [jkn顧客名] テキストボックスの値を抽出条件として、テキストボックスに入力された文字を含む顧客名を抽出しています。

[顧客名] Like "*" &[Forms]![F_受注一覧2]![jkn顧客名] & "*"

氏名の一部を入力するだけで該当者のデータを抽出できるんですね!

[jkn顧客名] の [IME入力モード] プロパティに [ひらがな] を設定しておくと、入力モードを自動で [ひらがな] に切り替えてすぐに条件を入力できるわ。

▶「○日から△日まで」を条件にする

日付の範囲を指定するには、Between And演算子を使用します。下図では、[jkn日付1] と [jkn日付2]の2つのテキストボックスに入力した日付の範囲にある受注日を抽出しています。

[受注日] Between [Forms]![F_受注一覧3]![jkn日付1]

And [Forms]![F_受注一覧3]![jkn日付2]

[jkn日付1] [jkn日付2]の[書式]プロパティに[日付 (標準)]、[日付選択カレンダーの表示] プロパティに [日付] を設定しておくと、日付をカレンダーから条件の日付を入力できて便利になるわ。

オブジェクトの依存関係を調べる

テーブルやフォームなどのオブジェクトは互いに、リレーションシップやルックアップ、フォーム／サブフォームなど、さまざまな関係性にあり、オブジェクトを不用意に削除すると、システムに不具合が生じる原因になります。事前に[オブジェクトの依存関係]を使用して、指定したオブジェクトに関係しているオブジェクトがないか確認しましょう。

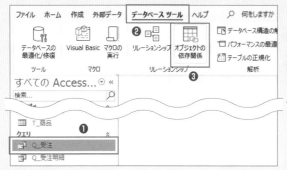

ここでは、[Q_受注]クエリに関係しているオブジェクトを調べます。[Q_受注]をクリックして❶、[データベースツール]タブの❷、[オブジェクトの依存関係]をクリックします❸。

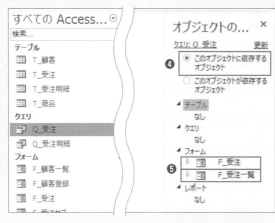

画面右にウィンドウが開きます。最初は、[このオブジェクトに依存するオブジェクト]が選ばれており❹、[Q_受注]クエリを基に作成したオブジェクトなど([F_受注]と[F_受注一覧])が表示されます❺。

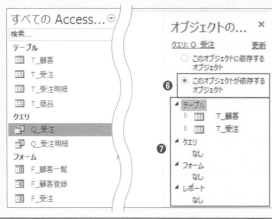

[このオブジェクトが依存するオブジェクト]を選択すると❻、[Q_受注]クエリの基になるテーブルを確認できます❼。

Chapter

6

データベース構築編
●
納品書発行の
仕組みを作ろう

受注データをフォームで登録できるようになったら、次は、商品を納品するときに同梱する納品書発行の仕組みを作ります。客先に配布する書類なので、これまで以上に見た目や体裁にこだわりながら、レポート作りに取り組みましょう。

Chapter 6

01 全体像をイメージしよう

○ 納品書を作成する

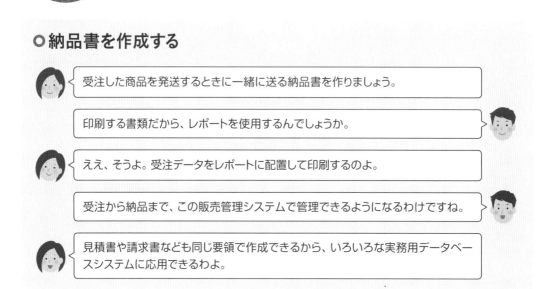

受注した商品を発送するときに一緒に送る納品書を作りましょう。

印刷する書類だから、レポートを使用するんでしょうか。

ええ、そうよ。受注データをレポートに配置して印刷するのよ。

受注から納品まで、この販売管理システムで管理できるようになるわけですね。

見積書や請求書なども同じ要領で作成できるから、いろいろな実務用データベースシステムに応用できるわよ。

このChapterで作成するオブジェクト

　このChapterでは、「納品書」として使用するレポートを作成します。納品書に表示するのは、[T_受注]［T_受注明細］［T_顧客］［T_商品］の4つのテーブルのフィールドと、「販売単価×数量」の式で求めた金額です。金額の計算はChapter 5の02で作成した［Q_受注明細］クエリで行っており、また、［Q_受注明細］クエリには[T_受注明細]と[T_商品]のフィールドが含まれています。そこで、[T_受注]［T_顧客］［Q_受注明細］の3つのオブジェクトから、納品書を作成することにします。

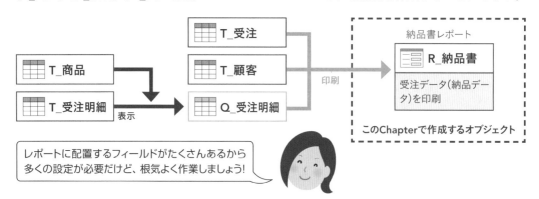

作成するオブジェクトを具体的にイメージする

どのようなレポートを作成するのか、概要をつかんでおきましょう。

▶ 納品書レポート(R_納品書)

受注日や出荷日などの受注情報、顧客名や住所の情報、納品する商品と金額の情報を印刷するレポート。受注テーブルの1件のレコードにつき、1枚の納品書を発行する。Chapter 6の02 〜 04の3つのSectionに渡って作成する

画面遷移を考える

Chapter 5で作成した「受注登録フォーム」に[納品書印刷]ボタンを追加します。ボタンのクリックで、フォームに表示されているレコードに対応する納品書の印刷プレビューが開きます。

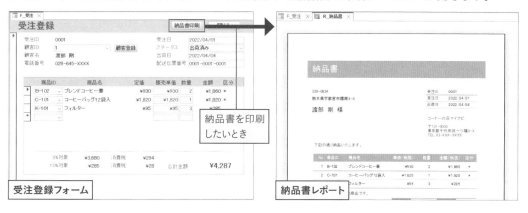

納品書を印刷したいとき

受注登録フォーム

納品書レポート

Chapter 6
02 ウィザードで納品書の骨格を作成する

ここから3 Sectionにわたって納品書を作成していきます。まずこのSectionでは、レポートウィザードを使用して納品書の骨格を作成します。複数の受注データが連続して印刷される納品書が作成されるので、別々の用紙に印刷されるように改ページの設定を行います。

Sample | 販売管理_0602.accdb

納品書の骨格を作成する

受注ID「0001」の受注データ（[T_受注]と[T_顧客]の データ）

受注ID「0001」の受注明細データ（[Q_受注明細]の データ）

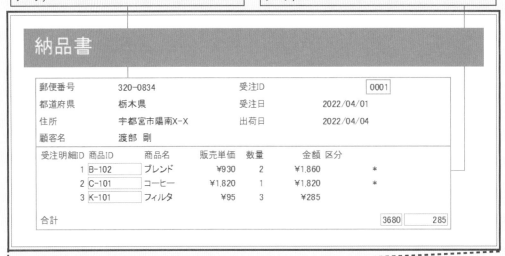

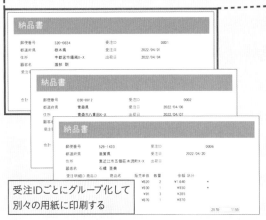

受注IDごとにグループ化して別々の用紙に印刷する

受注登録フォームのレポート版ですね。"メイン／サブレポート"を作るんでしょうか？

メイン／サブレポートも納品書を作る1つの方法だけど、客先に送る大切な書類だから、より詳細に見栄えを設定できる「グループ化」の機能を利用することにしましょう。

レポートのグループ化とセクション

納品書のような体裁のレポートを作成するには、グループとセクションの理解が不可欠です。下図を見て、各セクションが用紙のどこに何回印刷されるのかを確認してください。

▶ デザインビュー

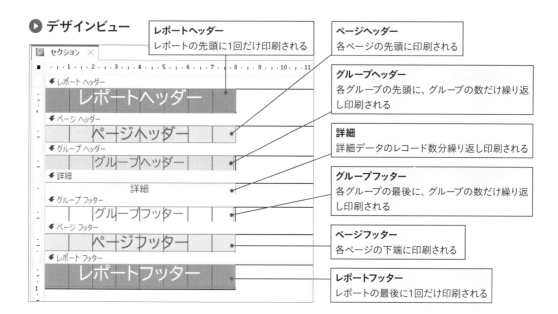

レポートヘッダー
レポートの先頭に1回だけ印刷される

ページヘッダー
各ページの先頭に印刷される

グループヘッダー
各グループの先頭に、グループの数だけ繰り返し印刷される

詳細
詳細データのレコード数分繰り返し印刷される

グループフッター
各グループの最後に、グループの数だけ繰り返し印刷される

ページフッター
各ページの下端に印刷される

レポートフッター
レポートの最後に1回だけ印刷される

▶ 印刷物

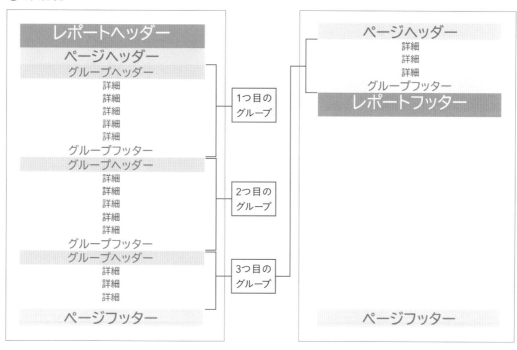

241

受注IDでグループ化したレポートを作成する

[T_受注]テーブル、[T_顧客]テーブル、および[Q_受注明細]クエリを基に、レポートウィザードを使用してレポートを作成します。ウィザードの中で、[受注ID]ごとにグループ化する設定と、グループごとに[K金額][H金額]フィールドを合計する設定を行います。

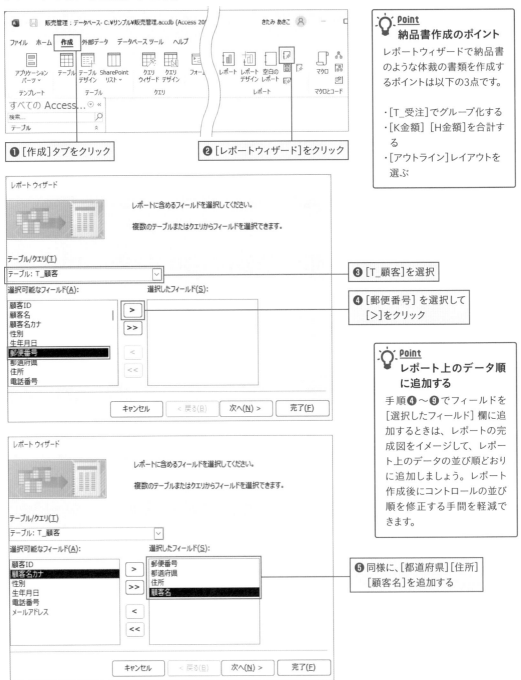

❶ [作成]タブをクリック

❷ [レポートウィザード]をクリック

❸ [T_顧客]を選択

❹ [郵便番号]を選択して[>]をクリック

❺ 同様に、[都道府県][住所][顧客名]を追加する

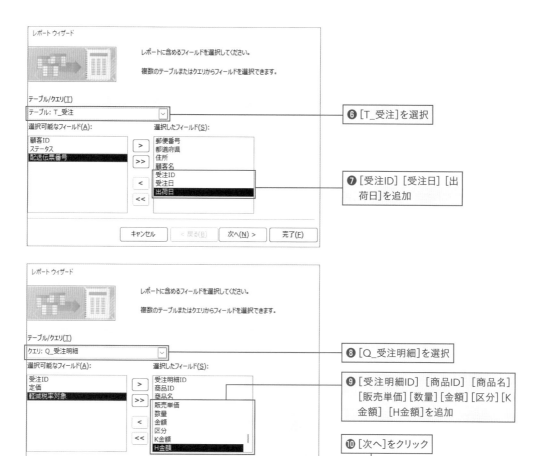

⑥ [T_受注]を選択

⑦ [受注ID] [受注日] [出荷日]を追加

⑧ [Q_受注明細]を選択

⑨ [受注明細ID] [商品ID] [商品名] [販売単価] [数量] [金額] [区分] [K金額] [H金額]を追加

⑩ [次へ]をクリック

⑪ [byT_受注]を選択

⑫ [T_受注]テーブルと[T_顧客]テーブルのフィールドが上部に配置された

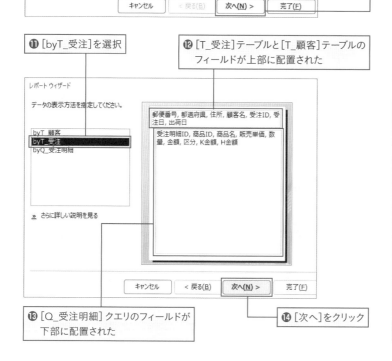

⑬ [Q_受注明細]クエリのフィールドが下部に配置された

⑭ [次へ]をクリック

> **Point**
> **データの表示方法**
>
> 手順⑪では、どのテーブル（またはクエリ）でグループ化を行うかを指定します。[byT_受注] を選択すると、[T_受注]の主キーである[受注ID]フィールドでグループ化されたレポートが作成されます。[受注ID] フィールドを結合フィールドとして、リレーションシップの一側のフィールドがレポートの上部に、多側のフィールドが下部に配置されます。なお、手順❸の画面で基になるテーブルを1つしか指定していない場合、この画面は表示されません。

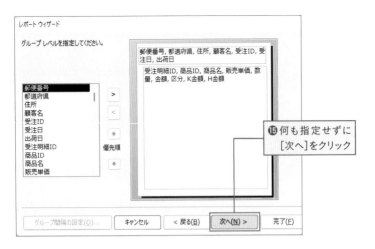

⑮ 何も指定せずに
[次へ]をクリック

グループレベルの指定

レポートウィザードでグループ化を設定するには、手順⑪の画面か手順⑮の画面を使います。手順⑪では複数のフィールドがレポートの上部に集められますが、手順⑮で設定する場合はグループ化するフィールドだけがレポートの上部に配置されます。ここでは手順⑪の画面でグループ化したので、手順⑮では何も指定しませんでした。

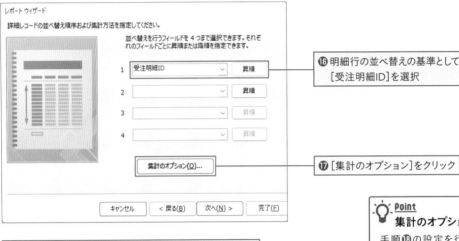

⑯ 明細行の並べ替えの基準として
[受注明細ID]を選択

⑰ [集計のオプション]をクリック

Point
集計のオプション

手順⑱の設定を行うと、グループ化の単位である[受注ID]ごとに[K金額][H金額]フィールドの合計値が求められます。

⑱ [K金額][H金額]フィールドの[合計]にチェックを付ける

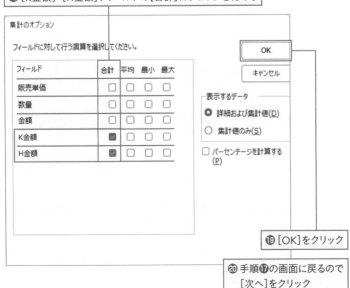

Point
[K金額][H金額]の扱い

手順⑱の画面には、前ページの手順⑨の画面で選択したフィールドのうち、数値型や通貨型のフィールドが表示されます。実際の納品書に必要なのは[K金額][H金額]の合計値だけです。[K金額][H金額]そのものの値は印刷する必要がないので、あとで削除します。

⑲ [OK]をクリック

⑳ 手順⑰の画面に戻るので
[次へ]をクリック

㉑ レイアウトとして[アウトライン]を選択

㉒ 印刷の向きとして[縦]を選択

㉓[次へ]をクリック

㉔ 次画面でレポート名として「R_納品書」と入力して[完了]をクリック

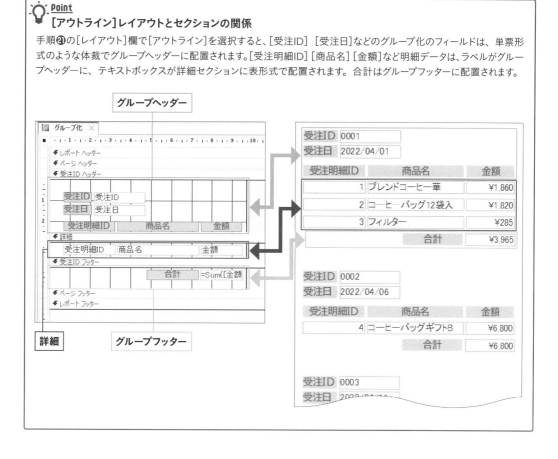

Point
レイアウト

手順㉑の[レイアウト]欄には3つの選択肢があります。[ステップ]と[ブロック]は、いずれもすべてのフィールドが表形式で表示されます。[アウトライン]では、[受注ID][受注日]などのグループ化のフィールドは単票のような形式で表示され、[受注明細ID][商品名][金額]など明細データのみが表形式で表示されます。

Point
[アウトライン]レイアウトとセクションの関係

手順㉑の[レイアウト]欄で[アウトライン]を選択すると、[受注ID][受注日]などのグループ化のフィールドは、単票形式のような体裁でグループヘッダーに配置されます。[受注明細ID][商品名][金額]など明細データは、ラベルがグループヘッダーに、テキストボックスが詳細セクションに表形式で配置されます。合計はグループフッターに配置されます。

㉕ レポートが作成された　㉖ [2ページ]をクリックすると、2ページ分のレポートを表示できる

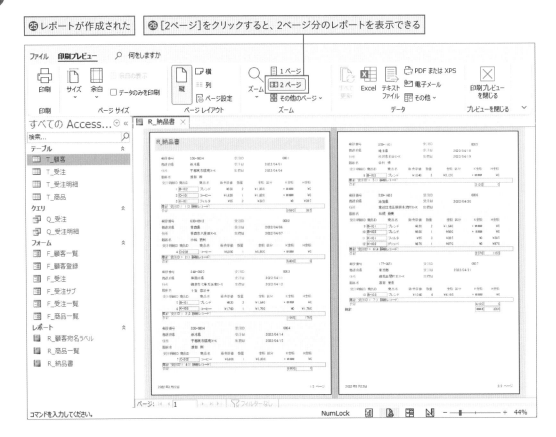

StepUp

単一フィールドでグループ化するには

P.244の手順⑮の画面では、単一のフィールドでグループ化する設定を行えます。レポートの基になるテーブルまたはクエリが1つの場合でもグループ化できます。以下のレポートでは、[T_商品] テーブルの [商品分類] フィールドでグループ化しており❶、商品レコードを[商品分類]（「コーヒーバッグ」「コーヒー豆」「器具」）ごとに印刷できます❷。

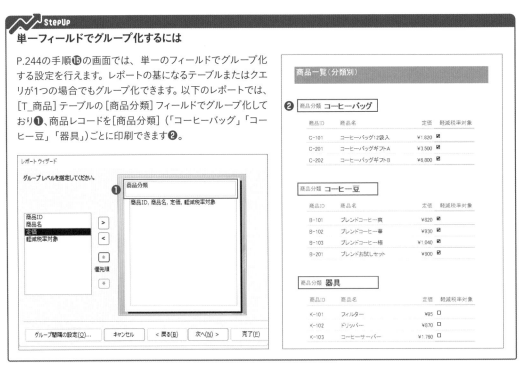

印刷プレビューを確認し、修正箇所を検討する

作成したレポートの印刷プレビューを確認し、このあと、どこを修正すればよいのかを把握しておきましょう。

❶このタイトルは1ページ目にしか表示されないので削除。各ページの先頭にタイトルが表示されるように設定し直す

❷受注IDごとに別の用紙に印刷されるように改ページを設定する

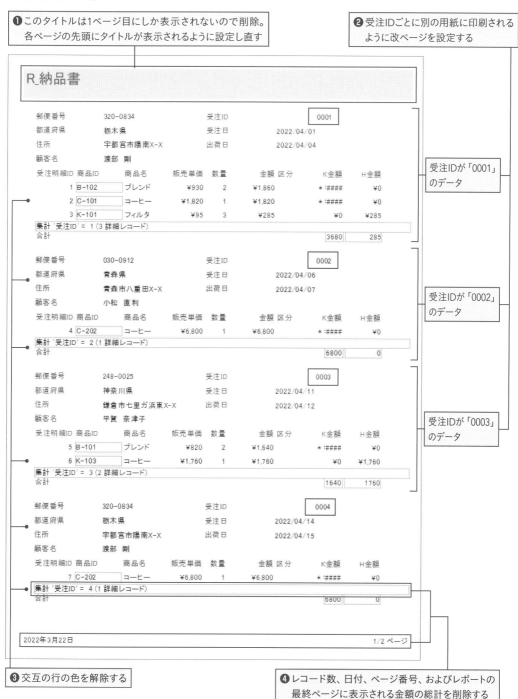

R_納品書

郵便番号	320-0834	受注ID	0001
都道府県	栃木県	受注日	2022/04/01
住所	宇都宮市陽南X-X	出荷日	2022/04/04
顧客名	渡部 剛		

受注明細ID	商品ID	商品名	販売単価	数量	金額	区分	K金額	H金額
1	B-102	ブレンド	¥930	2	¥1,860	＊	!####	¥0
2	C-101	コーヒー	¥1,820	1	¥1,820	＊	!####	¥0
3	K-101	フィルタ	¥95	3	¥285		¥0	¥285

集計 '受注ID' = 1 (3 詳細レコード)
合計 … 3680 | 285

受注IDが「0001」のデータ

郵便番号	030-0912	受注ID	0002
都道府県	青森県	受注日	2022/04/06
住所	青森市八重田X-X	出荷日	2022/04/07
顧客名	小松 直利		

受注明細ID	商品ID	商品名	販売単価	数量	金額	区分	K金額	H金額
4	C-202	コーヒー	¥6,800	1	¥6,800	＊	!####	¥0

集計 '受注ID' = 2 (1 詳細レコード)
合計 … 6800 | 0

受注IDが「0002」のデータ

郵便番号	248-0025	受注ID	0003
都道府県	神奈川県	受注日	2022/04/11
住所	鎌倉市七里ガ浜東X-X	出荷日	2022/04/12
顧客名	平賀 奈津子		

受注明細ID	商品ID	商品名	販売単価	数量	金額	区分	K金額	H金額
5	B-101	ブレンド	¥820	2	¥1,640	＊	!####	¥0
6	K-103	コーヒー	¥1,760	1	¥1,760		¥0	¥1,760

集計 '受注ID' = 3 (2 詳細レコード)
合計 … 1640 | 1760

受注IDが「0003」のデータ

郵便番号	320-0834	受注ID	0004
都道府県	栃木県	受注日	2022/04/14
住所	宇都宮市陽南X-X	出荷日	2022/04/15
顧客名	渡部 剛		

受注明細ID	商品ID	商品名	販売単価	数量	金額	区分	K金額	H金額
7	C-202	コーヒー	¥6,800	1	¥6,800	＊	!####	¥0

集計 '受注ID' = 4 (1 詳細レコード)
合計 … 6800 | 0

2022年3月22日 … 1/2 ページ

❸交互の行の色を解除する

❹レコード数、日付、ページ番号、およびレポートの最終ページに表示される金額の総計を削除する

セクションのサイズと書式を整える

前ページで検討した修正個所に基づいて、レポートを修正していきましょう。まずは、セクションのサイズと「納品書」の文字の位置を整えます。

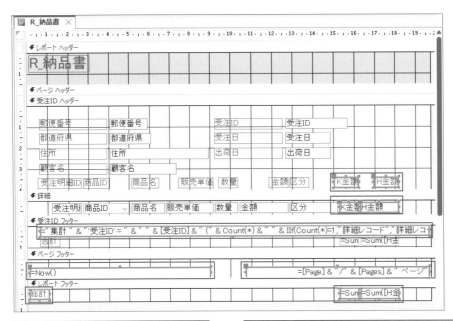

❶ 印刷プレビューを閉じ、デザインビューを表示しておく

❷ 下表に記載のあるコントロールをそれぞれ選択して[Delete]キーで削除する

セクション	削除するコントロール
受注IDヘッダー	[K金額]のラベル、[H金額]のラベル
詳細	[K金額]のテキストボックス、[H金額]のテキストボックス
受注IDフッター	「="集計 " & "'受注ID' = " & ……」と表示されたテキストボックス
ページフッター	すべてのコントロール
レポートフッター	すべてのコントロール

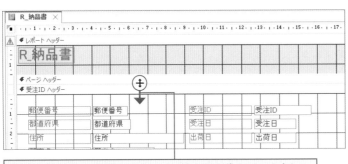

❸ ページヘッダーのセクションバーの下端にマウスポインターを合わせ、下方向にドラッグして領域を広げる

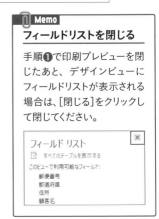

📷 Memo

フィールドリストを閉じる

手順❶で印刷プレビューを閉じたあと、デザインビューにフィールドリストが表示される場合は、[閉じる]をクリックして閉じてください。

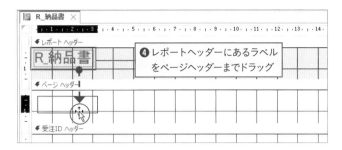

❹ レポートヘッダーにあるラベルをページヘッダーまでドラッグ

❺ 文字を「納品書」に変更

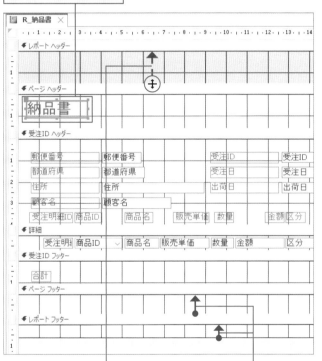

❻ レポートヘッダーの領域の下端にマウスポインターを合わせ、上方向にドラッグして高さを「0」にする

❼ 同様にページフッターとレポートフッターの高さも「0」にしておく

📄 Memo

グループヘッダー／フッター

レポートウィザードで［受注ID］フィールドをグループ化の単位としたことにより、「受注IDヘッダー」というグループヘッダーと、「受注IDフッター」というグループフッターがレポートに追加されます。

💡 Point
タイトルはページヘッダーに入れる

「納品書」の文字はすべてのページの先頭に入れたいので、ページヘッダーに移動します。レポートヘッダーに配置したままだと、受注IDが「0001」の納品書にしか「納品書」の文字が印刷されないので注意しましょう。

❽ ページヘッダーのセクションバーをクリック

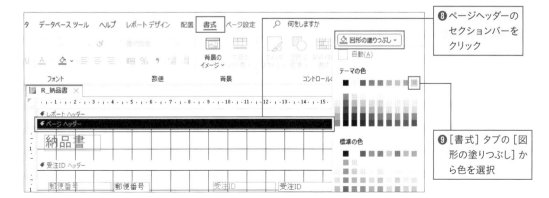

❾ ［書式］タブの［図形の塗りつぶし］から色を選択

⑩ページヘッダーに色が付いた　　⑪ラベルを選択

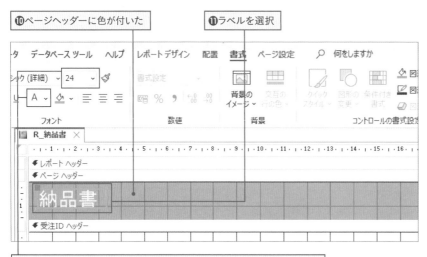

⑫[フォントサイズ]と[フォントの色]を使用して文字の書式を設定しておく

交互の行の色を解除する

　レポートウィザードでレポートを作成すると、グループヘッダー、詳細、グループフッターの3セクションに[交互の行の色]が自動設定されます。これを解除していきましょう。

❶ [受注IDヘッダー] のセクションバーをクリック　　❷ [書式] タブの [交互の行の色]の下側をクリック

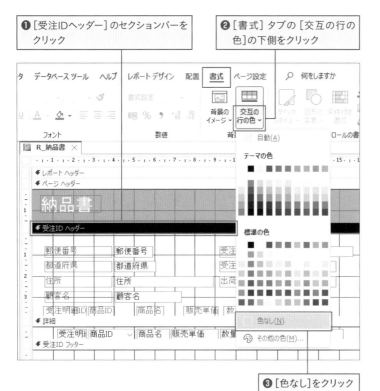

❸ [色なし]をクリック

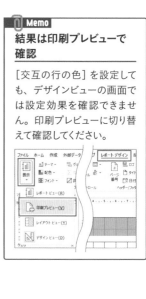

Memo

結果は印刷プレビューで確認

[交互の行の色] を設定しても、デザインビューの画面では設定効果を確認できません。印刷プレビューに切り替えて確認してください。

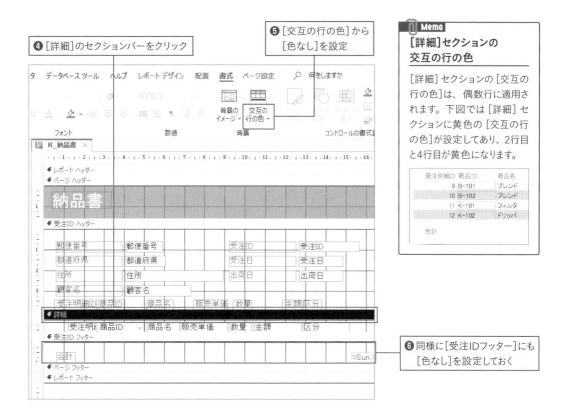

❹ [詳細]のセクションバーをクリック

❺ [交互の行の色]から[色なし]を設定

❻ 同様に[受注IDフッター]にも[色なし]を設定しておく

Memo

[詳細]セクションの交互の行の色

[詳細]セクションの[交互の行の色]は、偶数行に適用されます。下図では[詳細]セクションに黄色の[交互の行の色]が設定してあり、2行目と4行目が黄色になります。

受注明細ID	商品ID	商品名
9	B-101	ブレンド
10	B-102	ブレンド
11	K-101	フィルタ
12	K-102	ドリッパ
合計		

Point

グループヘッダー／フッターの交互の行の色

グループヘッダー／フッターの[交互の行の色]は、偶数番目のグループに適用されます。右横の図ではグループヘッダーに、その右隣の図ではグループフッターに黄色の[交互の行の色]が設定してあり、2つ目と4つ目のグループヘッダー／フッターが黄色になります。

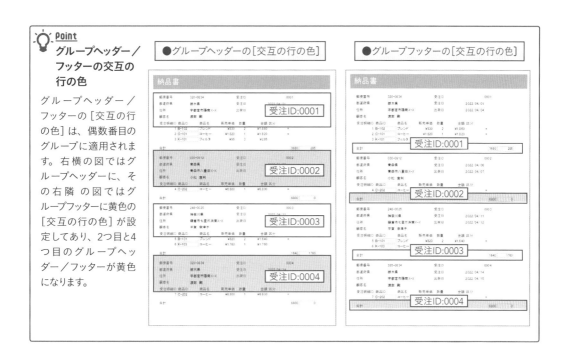

●グループヘッダーの[交互の行の色]

●グループフッターの[交互の行の色]

受注IDごとに改ページして印刷する

印刷プレビューに切り替えて現在の納品書の状態を確認してから、受注IDごとに別の用紙に印刷されるように、改ページの設定を行いましょう。

❶ 印刷プレビューを表示しておく

❷ [印刷プレビュー]タブの[2ページ]をクリック

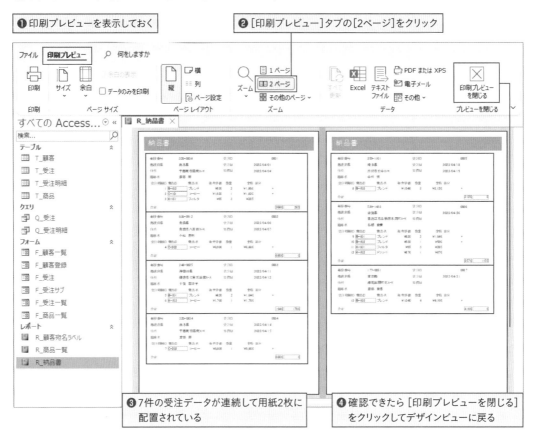

❸ 7件の受注データが連続して用紙2枚に配置されている

❹ 確認できたら[印刷プレビューを閉じる]をクリックしてデザインビューに戻る

Point
受注IDフッターの末尾に改ページを入れる

1件分の受注データは[受注IDヘッダー][詳細][受注IDフッター]の3セクションで構成されます。したがって、[受注IDフッター]の末尾に改ページを入れると、受注データ1件ずつ別の用紙に印刷できます。なお、「納品書」の文字は[ページヘッダー]に配置されているので、各ページの先頭に印刷されます。

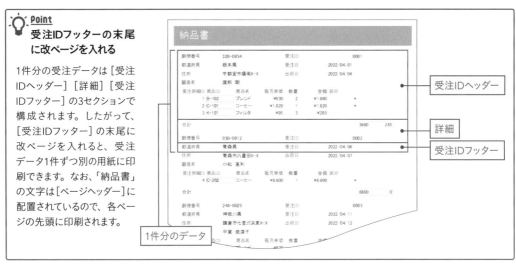

受注IDヘッダー

詳細

受注IDフッター

1件分のデータ

❺[受注IDフッター]のセクション
バーをクリック

❻[レポートデザイン]タブの[プロパティ
シート]をクリック

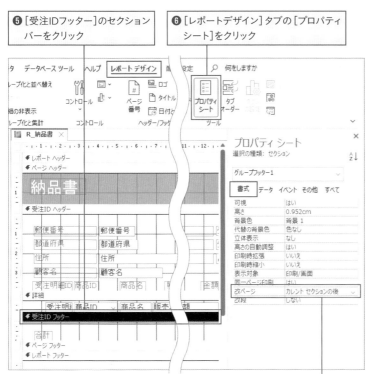

データベース構築編

Chapter 6 納品書発行の仕組みを作ろう

Point
改ページ

[改ページ]プロパティを使用
すると、セクションの前後に
改ページを入れられます。こ
こでは受注IDフッターの後で
改ページしたいので、[受注
IDフッター]の[改ページ]プ
ロパティを初期値の[しない]
から[カレントセクションの
後]に変更しました。「カレン
ト」とは、「現在の」という意味
です。

---

❼[書式]タブの[改ページ]から[カ
レントセクションの後]を選択

❽上書き保存して印刷プレビューに切り替える

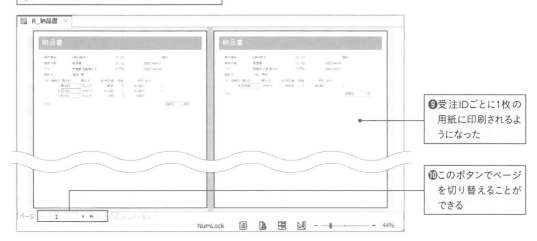

❾受注IDごとに1枚の
用紙に印刷されるよ
うになった

❿このボタンでページ
を切り替えることが
できる

StepUp

[セクション繰り返し]プロパティ

明細データのレコード数が多くて納品書が複数ページに渡る場合に、2ページ目以降に表の見出しを表示するには、
グループヘッダーの[セクション繰り返し]プロパティで[はい]を設定します。すると、2ページ目以降にも先頭にグループ
ヘッダーを印刷できます。

Chapter 6
03 納品書の明細部分を整える

このSectionでは、Chapter 6の02で作成した納品書の明細の部分を整えます。表形式レイアウトを上手に利用すると、Excelで作成した表のように、キレイに仕上げられます。また、明細行に連番を振る設定も行います。

Sample 販売管理_0603.accdb

◎ 納品書の明細部分の見栄えを整える

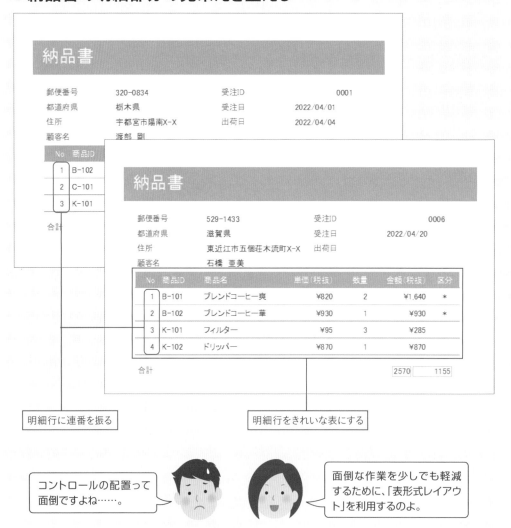

明細行に連番を振る

明細行をきれいな表にする

コントロールの配置って面倒ですよね……。

面倒な作業を少しでも軽減するために、「表形式レイアウト」を利用するのよ。

コントロールの色と枠線を整える

まずは、印刷プレビューで修正個所を把握します。本格的なレイアウト調整の前に、コントロールの色や枠線、フォントの色を整えておきましょう。

❶ 印刷プレビューを表示し、2枚目以降のページに切り替えておく

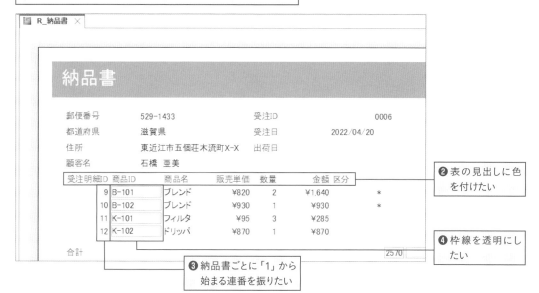

❷ 表の見出しに色を付けたい

❹ 枠線を透明にしたい

❸ 納品書ごとに「1」から始まる連番を振りたい

❺ デザインビューに切り替える

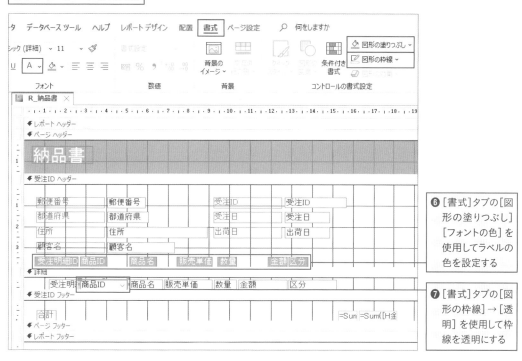

❻ [書式]タブの[図形の塗りつぶし][フォントの色]を使用してラベルの色を設定する

❼ [書式]タブの[図形の枠線]→[透明]を使用して枠線を透明にする

コントロールレイアウトを適用する

コントロールの配置を正確に揃えるには、コントロールレイアウトを設定するのが早道です。明細行に表形式レイアウトを適用しましょう。

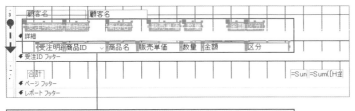

❶ ルーラーをドラッグして明細行のラベルとテキストボックスを選択

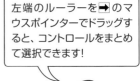

左端のルーラーを ➡ のマウスポインターでドラッグすると、コントロールをまとめて選択できます!

❷ [配置]タブの[表形式]をクリック

❸ ラベルとテキストボックスが左右に分かれる状態で表形式レイアウトが適用される

❹ テキストボックスを選択してドラッグ

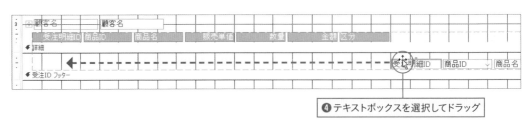

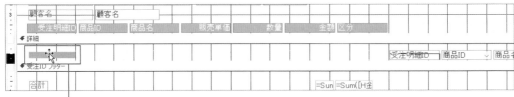

❺ 配置場所のセルの色が変わったのを確認してドロップする

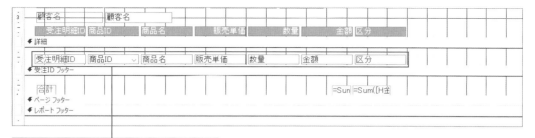

❻ ほかのテキストボックスも同様に移動しておく

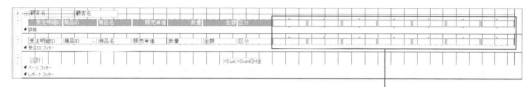

❼ 空白のセルをすべて選択して [Delete] キーを押して削除する

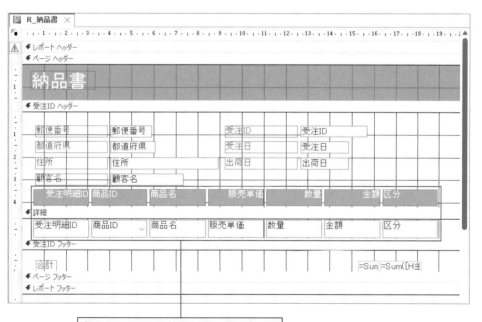

❽ ラベルとテキストボックスの高さを広げておく

📝 **Memo**

空白セルコントロール

コントロールレイアウトの適用の際にラベルとテキストボックスの対応が認識できない場合、前ページ手順❸のように
ラベルとテキストボックスが左右に分かれ、それぞれの上下に空白セルが表示されます。テキストボックスをドラッグし
てラベルと対応させると、右側に空白セルが残るので削除してください。

コントロールレイアウトの書式を整える

コントロールレイアウトを適用したコントロールのスペースの調整や枠線の設定を行い、見栄えを整えます。

❶明細欄のすべてのコントロールを選択
（手順❽の操作までずっと選択しておく）

❷[配置]タブの[スペースの調整]をクリック

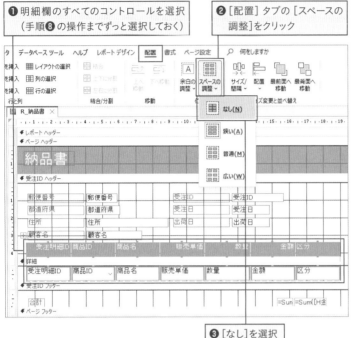

❸[なし]を選択

❹[余白の調整]をクリック

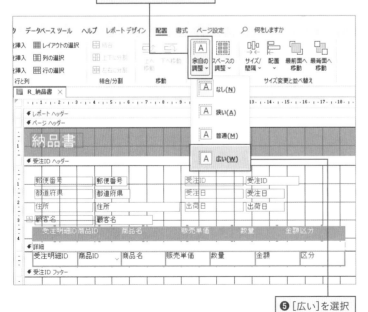

❺[広い]を選択

Point
スペースを0にする

手順❸で[スペースの調整]から[なし]を選択すると、コントロールレイアウト内のコントロールがすき間なくぴったりとくっつきます。ラベルに設定した色がつながり、行全体に色を塗ったように見せられます。

Memo
スペースと余白

手順❸の[スペースの調整]では、コントロールとコントロールの間の距離が調整されます。手順❺の[余白の調整]では、コントロール内の文字とコントロールの枠の間の距離が調整されます。

Point
余白でバランスを調整

テキストボックスの横方向の文字揃えは、[書式]タブにある[中央揃え]などのボタンで設定できますが、縦方向の文字揃え用のボタンはありません。通常はプロパティシートの[書式]タブにある[上余白]で、テキストボックスの上端から文字までの距離（cm単位）を指定して文字の位置を調整します。ここでは手っ取り早く[余白の調整]からサイズを選びましたが、きちんと指定したい場合は[上余白]プロパティを使用しましょう。

❻[枠線]をクリック

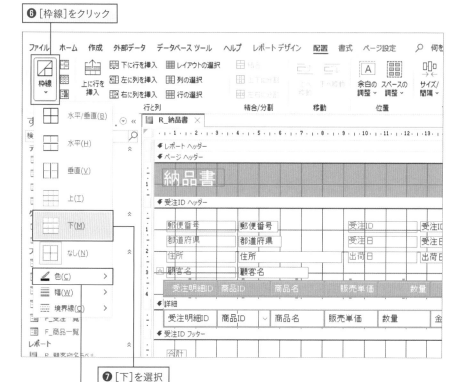

❼[下]を選択

❽[色]から枠線の色を選択

手順❽までは明細欄の
コントロールを選択した
まま操作してね!

❾レイアウトビューに切り替える

❿表の色と罫線が整った

Memo

レイアウトビューでは連続表示される

レイアウトビューでは、レポートの複数のページが連続して表示されます。

Memo

枠線を解除するには

あらかじめコントロールレイアウト内のコントロールを選択しておき、[配置]タブの[枠線]をクリックし、[なし]を選択します。

用紙にバランスよく配置調整する

　ページ設定を行い、それに合わせてコントロールの横幅を調整します。レイアウトビューでは改ページの位置が破線で表示されるので、それを目安に調整しましょう。

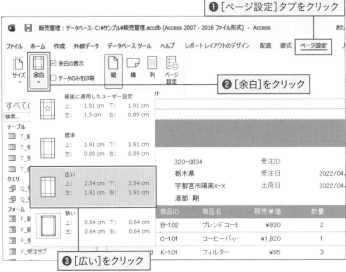

❶ [ページ設定]タブをクリック

❷ [余白]をクリック

❸ [広い]をクリック

Memo

レポートの左右中央印刷

Accessには、Excelの左右中央印刷のような機能はありません。破線の内側にコントロールをバランスよく配置することで、用紙の中央に印刷します。もしくは、用紙の幅に合わせて左余白を個別に調整してもよいでしょう。[ページ設定]タブにある[ページ設定]ボタンをクリックし、表示される画面の[印刷オプション]タブで左余白のサイズ（mm単位）を設定できます。

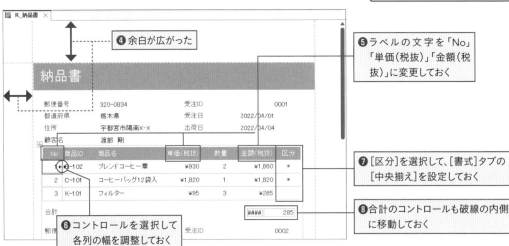

❹ 余白が広がった

❺ ラベルの文字を「No」「単価（税抜）」「金額（税抜）」に変更しておく

❻ コントロールを選択して各列の幅を調整しておく

❼ [区分]を選択して、[書式]タブの[中央揃え]を設定しておく

❽ 合計のコントロールも破線の内側に移動しておく

Memo

レポートの幅が自動調整される

A4用紙の横幅が21cm、手順❷で設定した左右の余白がそれぞれ1.91cmなので、印刷領域の幅は約17cmになります。レイアウトビューでは、コントロールを改ページの破線の内側に収めると、レポートの幅が約17cmに自動調整されます。
デザインビューでは自動調整されないので、右境界線をドラッグして調整します。いずれかのセクションで幅を調整すると、ほかのセクションも同じ幅に揃います。レポートの幅を印刷領域幅以内にしないと、空白のページが印刷されてしまうので注意してください。

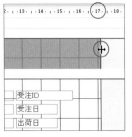

明細行に「1」から始まる連番を振る

[受注明細ID] フィールドはオートナンバー型で、全レコードの通し番号が割り振られるため、納品書の明細行の番号が「1」から始まりません。それでは見た目が悪いので、ここでは「1」から始まる連番が表示されるように設定しましょう。[集計実行]というプロパティを使用します。

❶ テキストボックスを選択

❷ [レポートレイアウトのデザイン]タブの[プロパティシート]をクリック

> **Point**
> **[集計実行]プロパティ**
>
> [集計実行] で [グループ全体] を選択すると、グループごとに [コントロールソース] に指定した値の累計を計算できます。ここでは「=1」と指定したので「1」の累計が計算され、結果として「1」「2」「3」と連番を表示できます。

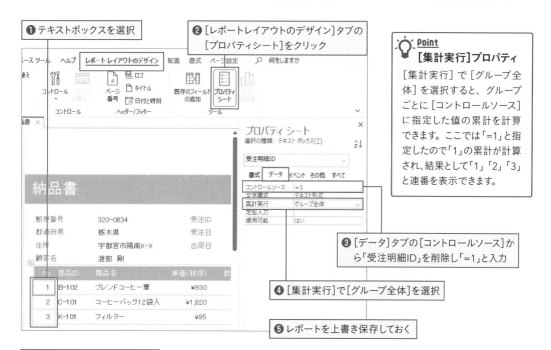

❸ [データ]タブの[コントロールソース]から「受注明細ID」を削除し「=1」と入力

❹ [集計実行]で[グループ全体]を選択

❺ レポートを上書き保存しておく

❻ 印刷プレビューに切り替える

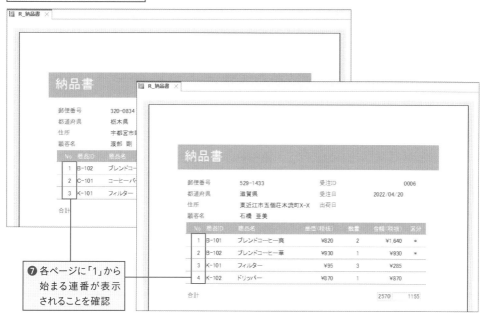

❼ 各ページに「1」から始まる連番が表示されることを確認

261

Chapter 6
04
請求額を計算して納品書を仕上げる

このSectionでは、ヘッダーとフッターの内容を調整して納品書を仕上げます。フッターでは金額の計算を行いますが、フォームと共通の式を使えます。

Sample 販売管理_0604.accdb

○ 請求額を計算して納品書を仕上げる

消費税や請求額を計算する

宛先や差出人の情報を整える

フッターのレイアウトを整える

必要なコントロールを追加して、[受注IDフッター]のレイアウトを整えます。

❶ デザインビューを表示する

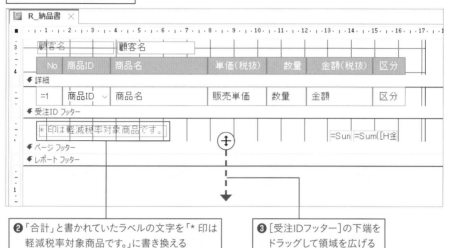

❷ 「合計」と書かれていたラベルの文字を「＊印は軽減税率対象商品です。」に書き換える

❸ [受注IDフッター]の下端をドラッグして領域を広げる

❹ 2つのテキストボックスを選択

❺ [配置]タブの[集合形式]をクリック

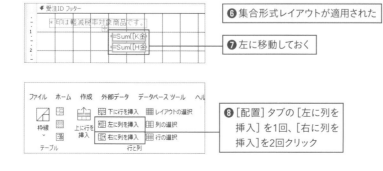

❻ 集合形式レイアウトが適用された

❼ 左に移動しておく

❽ [配置]タブの[左に列を挿入]を1回、[右に列を挿入]を2回クリック

> ☆ Point
> ## 列の挿入
> [配置]タブの[左に列を挿入]
> [右に列を挿入]を使用すると、選択したコントロールの左右に新しい列を挿入できます。

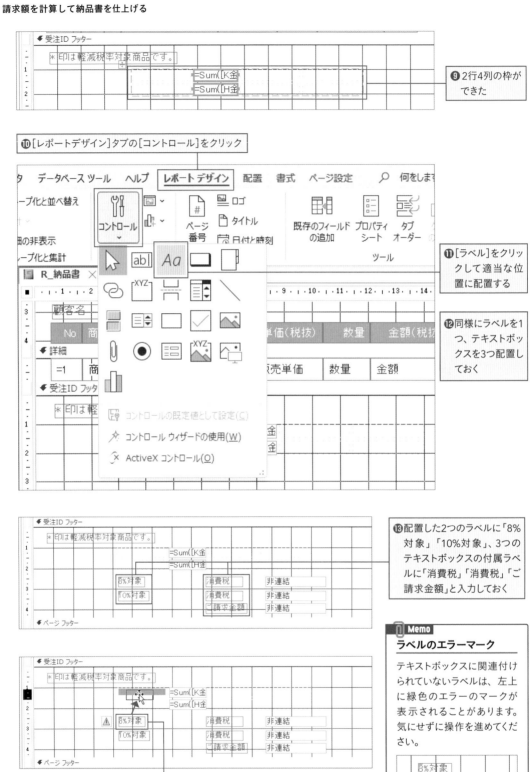

❾2行4列の枠ができた

❿[レポートデザイン]タブの[コントロール]をクリック

⓫[ラベル]をクリックして適当な位置に配置する

⓬同様にラベルを1つ、テキストボックスを3つ配置しておく

⓭配置した2つのラベルに「8%対象」「10%対象」、3つのテキストボックスの付属ラベルに「消費税」「消費税」「ご請求金額」と入力しておく

⓮ラベルをドラッグして集合形式レイアウトの空白セルに移動する

Memo

ラベルのエラーマーク

テキストボックスに関連付けられていないラベルは、左上に緑色のエラーのマークが表示されることがあります。気にせずに操作を進めてください。

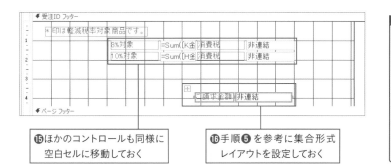

⑮ほかのコントロールも同様に
空白セルに移動しておく

⑯手順❺を参考に集合形式
レイアウトを設定しておく

Memo

テキストボックスの枠線

初期状態のテキストボックス
は枠線が付いているので、
手順⑰でコントロールの書
式を設定するときに、忘れず
に枠線を透明にしてください。
ラベルの枠線は最初から透
明です。

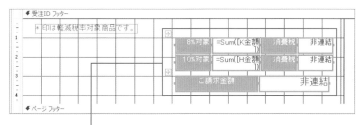

⑰[書式]タブのボタンを使用して、色
やフォントサイズ、文字配置、枠線
などを設定し、配置を整えておく

⑱2つの集合形式レイアウトを選択

Memo

設定結果の確認

適宜印刷プレビューに切り替
え、設定効果を確認してくだ
さい。下図は、手順㉑完了
後の状態です。

⑲[余白の調整]→[広い]を設定

⑳[スペースの調整]→[なし]を設定

Memo

より美しく仕上げるには

手順㉑で[水平]を設定する
と、上の表の中央の横線が
上下の横線より若干太く表
示されます。太さを揃えたい
場合は、1行目に[水平]、2
行目に[下]、という具合に
行単位で設定を変えるとよい
でしょう。

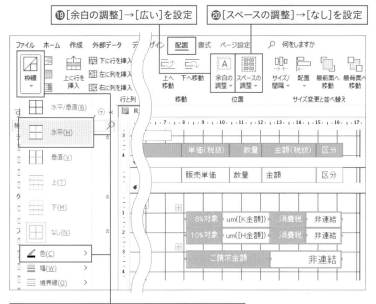

㉑[配置]タブの[枠線]→[水平]と[色]を設定しておく

請求金額を計算する

消費税率別の金額の合計は、すでにレポートウィザードで計算されています。この合計からそれぞれ消費税を求め、さらに総合計してご請求金額を求めましょう。

❶ (A)のテキストボックスを選択

❷ プロパティシートを表示して[すべて]タブをクリック

❸ [名前]に「K合計」を設定

❹ [コントロールソース]に「=Sum([K金額])」が設定されていることを確認

❺ [書式]から[通貨]を選択

❻ 同様に❸～❺のテキストボックスを下表のように設定しておく

設定する計算式は、P.202で学習した式と同じですね！

	名前	コントロールソース	書式
Ⓐ	K合計	=Sum([K金額])	通貨
Ⓑ	H合計	=Sum([H金額])	通貨
Ⓒ	K税	=Fix([K合計]*CCur(0.08))	通貨
Ⓓ	H税	=Fix([H合計]*CCur(0.1))	通貨
Ⓔ	請求金額	=[K合計]+[K税]+[H合計]+[H税]	通貨

❼ 印刷プレビューに切り替える

❽ 消費税や請求金額が計算されていることを確認する

ヘッダーのレイアウトを整える

最後に、ヘッダーの体裁を整えましょう。宛先の見栄えを整え、差出人の情報を追加します。

❶ デザインビューに戻り、[受注IDヘッダー] の下端を
下方向にドラッグして領域を広げておく

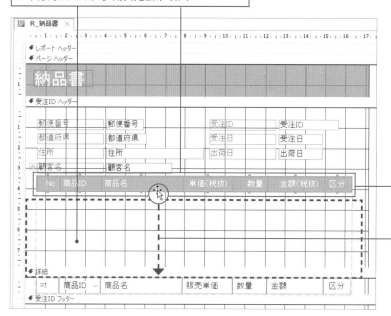

❷ 明細表のラベルを選択

❸ [受注IDヘッダー]の下端
までドラッグして移動

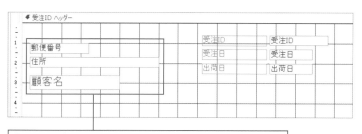

❹ [郵便番号] [都道府県] [住所] [顧客名] のラ
ベルと [都道府県] のテキストボックスを選択して
Delete キーを押して削除する

[都道府県] のテキスト
ボックスを削除するなら、
最初から追加しなくても
よかったのでは?

手順❽の式で [都道府
県] を使うには、レポート
のソースとして追加して
おく必要があるのよ。

❺ テキストボックスの配置、サイズ、文字サイズなどを整えておく

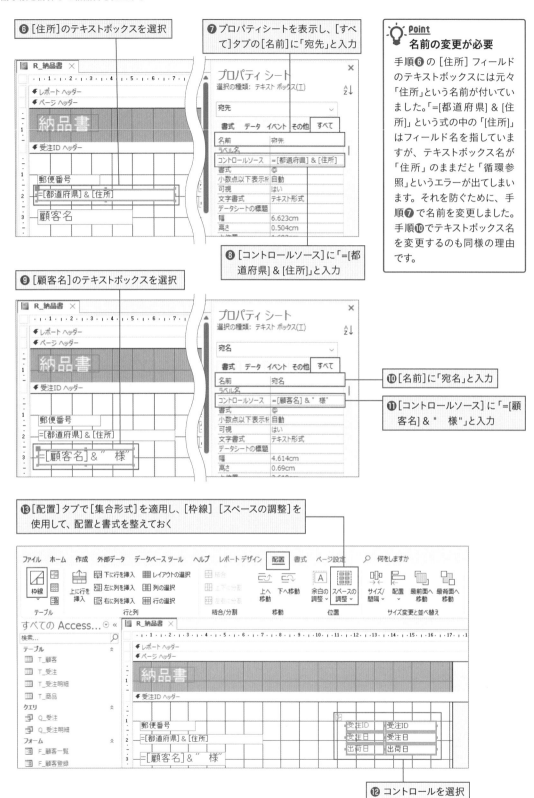

⑥[住所]のテキストボックスを選択

⑦プロパティシートを表示し、[すべて]タブの[名前]に「宛先」と入力

Point
名前の変更が必要

手順⑥の[住所]フィールドのテキストボックスには元々「住所」という名前が付いていました。「=[都道府県] & [住所]」という式の中の「[住所]」はフィールド名を指していますが、テキストボックス名が「住所」のままだと「循環参照」というエラーが出てしまいます。それを防ぐために、手順⑦で名前を変更しました。手順⑩でテキストボックス名を変更するのも同様の理由です。

⑧[コントロールソース]に「=[都道府県] & [住所]」と入力

⑨[顧客名]のテキストボックスを選択

⑩[名前]に「宛名」と入力

⑪[コントロールソース]に「=[顧客名] & " 様"」と入力

⑬[配置]タブで[集合形式]を適用し、[枠線][スペースの調整]を使用して、配置と書式を整えておく

⑫コントロールを選択

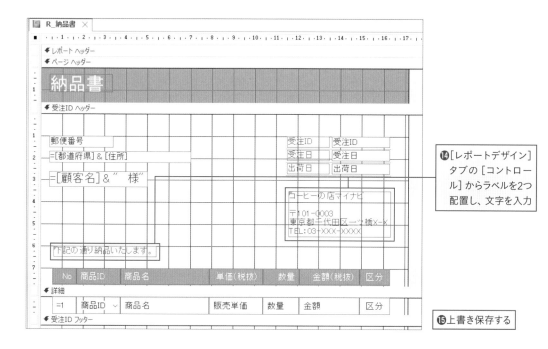

⓮ [レポートデザイン] タブの [コントロール] からラベルを2つ配置し、文字を入力

⓯ 上書き保存する

⓰ 印刷プレビューを確認してレポートを閉じる

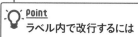

Point

ラベル内で改行するには

ラベルに文字を入力し、[Ctrl] キーを押しながら [Enter] キーを押すと、ラベル内で改行できます。

Chapter 6
05 納品書の印刷機能を作成する

マクロを使用して、[F_受注] フォームから [R_納品書] レポートを開く仕組みを作成します。印刷するデータがない場合は、自動で印刷がキャンセルされるように設定します。

Sample 販売管理_0605.accdb

● ボタンのクリックで納品書を印刷する

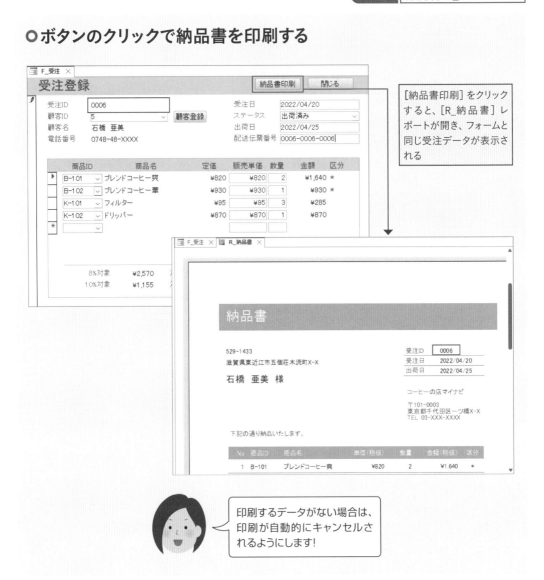

[納品書印刷] をクリックすると、[R_納品書] レポートが開き、フォームと同じ受注データが表示される

印刷するデータがない場合は、印刷が自動的にキャンセルされるようにします!

［納品書印刷］ボタンを作成する

［F_受注］フォームに［納品書印刷］ボタンを作成しましょう。データを入力した直後に印刷する場合に備えて、レコードを保存してから［R_納品書］レポートの印刷プレビューを開きます。

❶［F_受注］フォームのデザインビューを開いておく

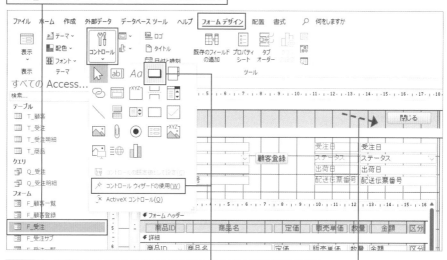

❷［フォームデザイン］タブの［コントロール］→［コントロールウィザードの使用］をオフにしてから、［ボタン］をクリック

❸ドラッグしてボタンを配置

❹プロパティシートを表示し、［すべて］タブの［名前］にボタン名、［標題］にボタン上に表示する文字列を入力

❺［イベント］タブの［クリック時］の［…］をクリック

❻［ビルダーの選択］ダイアログボックスが表示されるので［マクロビルダー］をクリックして［OK］をクリック

Point

完成目標

ここでは［納品書印刷］ボタンをクリックしたときに、［F_受注］フォームに表示されている受注データを保存したうえで、その受注データの納品書を印刷プレビューで開きます。［レコードの保存］と［レポートを開く］の2つのアクションを使用します。

編集中のレコードを保存せずにレポートを開くと、古いデータが印刷されてしまうから注意してね。

Point
[レコードの保存] アクション

[レコードの保存] アクション
を実行すると、現在編集中の
レコードが保存されます。

❼ [レコードの保存] アクションを
選択

Point
[レポートを開く] アクション

[レポートを開く] アクションを
実行すると、レポートを表示
／印刷できます。引数 [ビュー]
で [印刷プレビュー] を選択す
ると、印刷プレビューが開き、
実際に印刷するかどうかは
ユーザーに委ねられます。

❽ [レポートを開く] アクションを選択

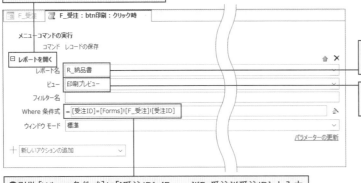

❾ 引数 [レポート名] から [R_納品
書] を選択

❿ 引数 [ビュー] から [印刷プレ
ビュー] を選択

Memo
直接印刷するには

手順❿で [印刷プレビュー]
の代わりに [印刷] を選択する
と、[納品書印刷] ボタンのク
リックで即座に印刷を行えま
す。

⓫ 引数 [Where条件式] に「[受注ID]=[Forms]![F_受注]![受注ID]」と入力

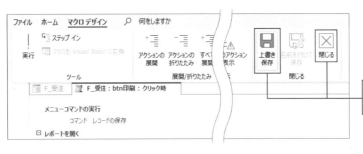

⓬ [上書き保存]、[閉じる] を順にク
リック

⓭ デザインビューに戻るので、
フォームを上書き保存しておく

Point
[Where条件式] の構文

引数 [Where条件式] の左辺の [フィールド名] には、開くレポートのフィールド名を指定します。右辺には、条件が入
力されているフォーム名とコントロール名を指定します。

[フィールド名]=[Forms]![フォーム名]![コントロール名]
[受注ID]=[Forms]![F_受注]![受注ID]

マクロの動作を確認する

作成したマクロの動作を確認してみましょう。

❶ フォームビューに切り替えて[受注ID]が「0006」のレコードを表示する

❷ [出荷日]などを入力して編集状態にする

❸ [納品書印刷]をクリック

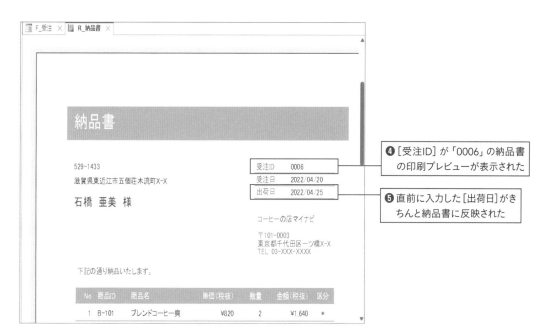

❹ [受注ID] が「0006」の納品書の印刷プレビューが表示された

❺ 直前に入力した[出荷日]がきちんと納品書に反映された

📋 **Memo**

[F_商品一覧]の印刷機能も修正しておこう

Chapter 2の10で商品一覧レポートを印刷するためのマクロを作成しましたが、コマンドボタンウィザードで作成したので[レポートを開く]アクションしか実行されません。マクロビルダーを開いて、[レコードの保存]アクションを追加しておきましょう。マクロの編集方法は、P.219とP.222のMemoを参考にしてください。なお、コマンドボタンウィザードで作成したマクロでは、開くレポート名が「=ChrW(82) & ChrW(95) & ……」のように関数と文字コードで指定されます。そのままでもかまいませんが、「R_商品一覧」に修正すると、わかりやすいでしょう。

データがないときに印刷をキャンセルする

[F_受注] フォームの新規レコードの画面でデータを入力する前に [納品書印刷] ボタンをクリックすると、空の納品書が作成されてしまいます。これを避けるために、印刷するデータがないときに印刷が(今回の例では印刷プレビューが)キャンセルされる仕組みを作成します。

❶ [R_納品書]をデザインビューで開いておく

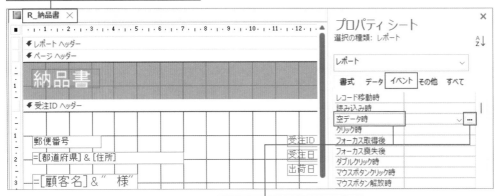

❷ プロパティシートを開き、[イベント] タブの [空データ時] の [⋯] をクリックし、表示される画面で[マクロビルダー]を選択

❸ [メッセージボックス] アクションを選択

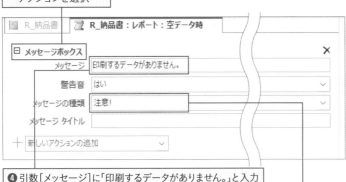

❹ 引数[メッセージ]に「印刷するデータがありません。」と入力

❺ 引数[メッセージの種類]から[注意!]を選択

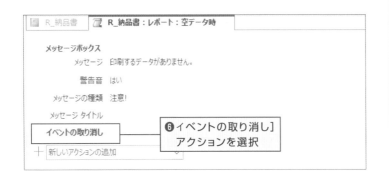

❻ イベントの取り消し] アクションを選択

Point
印刷の取り消し

レポートの [空データ時] イベントで [イベントの取り消し] アクションを実行すると、レポートで印刷するレコードが存在しない場合に印刷や印刷プレビューの実行を取り消すことができます。

Point
[メッセージボックス] アクション

[メッセージボックス] アクションの引数 [メッセージ] に文章を指定すると、その文章をメッセージ画面に表示できます。引数 [メッセージの種類] には下表のアイコンの種類を指定します。

設定値	名前
なし	(なし)
警告	❌
注意?	❓
注意!	⚠
情報	ℹ

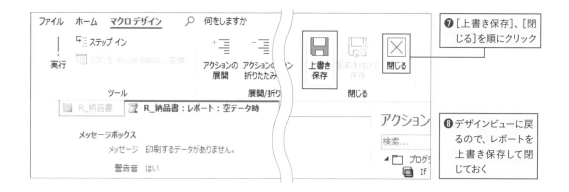

❼ [上書き保存]、[閉じる]を順にクリック

❽ デザインビューに戻るので、レポートを上書き保存して閉じておく

マクロの動作を確認する

[F_受注]フォームを開き、作成したマクロの動作を確認してみましょう。

❶ [F_受注]フォームを開き、新規レコードの画面を表示しておく

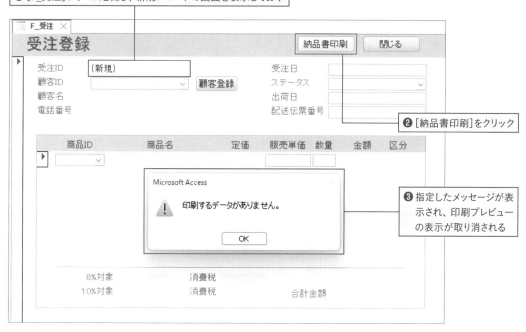

❷ [納品書印刷]をクリック

❸ 指定したメッセージが表示され、印刷プレビューの表示が取り消される

これで、受注から納品までの一連の作業を販売管理システムで管理できるようになったわね。

出荷日などの情報を入力したときに一緒に納品書を印刷できるから、納品の作業がスムーズになりますね!

いよいよ次は、販売管理システムの総仕上げ。メニュー画面の作成よ。

パスワードを使用して暗号化する

　データベースの情報を不正に使用されないようにするには、[パスワードを使用して暗号化]を設定するとよいでしょう。データベースが暗号化され、パスワードを知らない第三者はファイルを開けなくなります。設定するには、データベースを「排他モード」で開く必要があります。排他モードとは、ほかの人が同じデータベースを同時に開けなくすることです。

P.28を参考に［ファイルを開く］ダイアログボックスを表示し、パスワードを設定するデータベースファイルを選択します❶。[開く]の右にある［▼］をクリックし❷、[排他モードで開く]をクリックします❸。

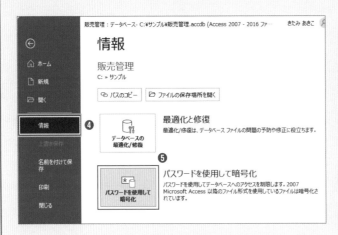

　ファイルが開いたら、[ファイル]タブ→[情報]❹→[パスワードを使用して暗号化]をクリックして❺、表示される画面でパスワードを指定します。次回からファイルを開くときにパスワードの入力を求められます。なお、パスワードを解除するには、[ファイル]タブ→[情報]→[データベースの解読]をクリックします。

著者紹介

きたみ あきこ

お茶の水女子大学理学部化学科卒。プログラマー、パソコンインストラクターを経て、現在はフリーのテクニカルライターとして、パソコン関連の雑誌や書籍の執筆を中心に活動中。主な著書に『できるAccessパーフェクトブック 困った！＆便利ワザ大全 2019/2016/2013＆Microsoft 365対応』（共著、インプレス刊）、『マンガで学ぶエクセルVBA・マクロ』『マンガで学ぶエクセルVBA・マクロ実用編』（マイナビ出版刊）などがある。

著者ホームページ：https://www.office-kitami.com/

STAFF

装丁・本文デザイン	吉村 朋子
イラスト	あおの なおこ
DTP	Dada House

自分でつくる
Access 販売・顧客・帳票 管理システム
2021/2019/2016、Microsoft 365対応

2022年 5月25日　初版第1刷発行

著者	きたみ あきこ
発行者	滝口 直樹
発行所	株式会社 マイナビ出版
	〒101-0003　東京都千代田区一ツ橋2-6-3　一ツ橋ビル 2F
	TEL：0480-38-6872（注文専用ダイヤル）
	TEL：03-3556-2731（販売部）
	TEL：03-3556-2736（編集部）
	編集部問い合わせ先：pc-books@mynavi.jp
	URL：https://book.mynavi.jp
印刷・製本	シナノ印刷株式会社

Chapter

7

データベース構築編

●

販売管理システムを
仕上げよう

これまでのChapterで、販売管理システムに必要な一通りのオブジェクトが揃いました。最後にメニュー画面を追加して、画面遷移を整えましょう。メニューから各オブジェクトへアクセスできるようになるので、システムの使いやすさが格段に上がります。

Chapter 7
01 全体像をイメージしよう

● メニュー画面を作成する

 受注登録から納品書の作成まで、販売管理システムで一通りの業務を行えるように
なったので、試験運用を始めました。

うまくいっている？

 それが、Accessに不慣れなスタッフがいて、受注登録用のフォームを探すのに
も一苦労だそうです。

ナビゲーションウィンドウには似た名前のオブジェクトが並んでいるから、確かにわ
かりづらいわね。ナビゲーションウィンドウを使わなくても済むように、メニュー画面
を用意しましょう。

作成するオブジェクトを具体的にイメージする

ここでは、以下のようなメニュー画面を作成します。

▶ メニュー画面（F_メニュー）

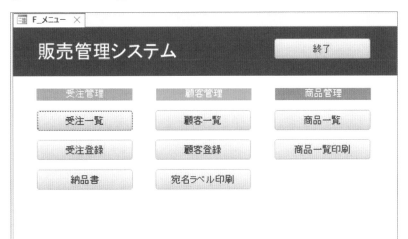

販売管理の起点となる
フォーム。この画面から
システム内のあらゆる機
能にアクセスできる。
データベースファイルの
起動時に自動表示する
（Chapter 7の02）

システム全体の画面遷移

このChapterで作成するメニュー画面からの画面遷移と、これまで作成してきた画面遷移をまとめると、下図のようになります。

● F_メインメニュー

システム内のすべての
フォームとレポートがつな
がりましたね!

Ⓐ **F_受注一覧**

Ⓓ **F_顧客一覧**

Ⓖ **F_商品一覧**

Ⓑ **F_受注**

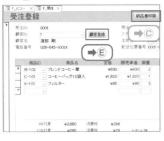

Ⓔ **F_顧客登録**

Ⓗ **R_商品一覧**

Ⓒ **R_納品書**

Ⓕ **R_顧客宛名ラベル**

メニュー画面を作成する

販売管理システムのメニューを作成し、起動時に自動表示されるようにします。システムのあらゆる機能にアクセスするためのメニューです。メニューがあると、システムの完成度が格段に上がります。

Sample 販売管理_0702.accdb

○販売管理システムのメインメニューを作成する

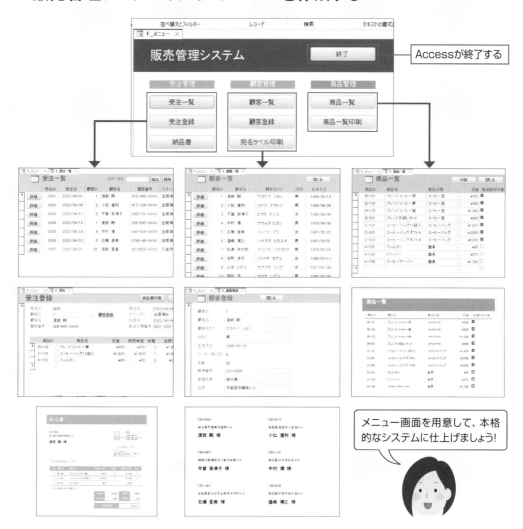

Accessが終了する

メニュー画面を用意して、本格的なシステムに仕上げましょう!

メニュー用のフォームを作成する

販売管理システムのメニュー用のフォームを作成しましょう。新規フォームをデザインビューで表示して、ラベルやボタンを配置します。

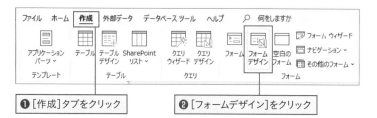

❶[作成]タブをクリック　　❷[フォームデザイン]をクリック

白紙のフォームに自分でコントロールを追加していくんですね!

❸白紙のフォームのデザインビューが表示された

❹フォームを右クリック

❺[フォーム ヘッダー /フッター]をクリック

> **Memo**
> **フォームヘッダー／フッター**
>
> [作成]タブの[フォームデザイン]からフォームを作成すると、詳細セクションのみのフォームが表示されます。右クリックメニューから[フォームヘッダー /フッター]を選択すると、フォームヘッダーとフォームフッターを表示できます。ここではフォームヘッダーだけを使用したいので、フォームフッターは高さを「0」にしてください。

❼フォームの幅を変更

❻各セクションの高さを変更

> **Memo**
> **フォームの幅**
>
> フォームのいずれかのセクションで幅を変更すると、ほかのセクションも自動で同じ幅に揃います。

❽フォームヘッダーの色を設定しておく

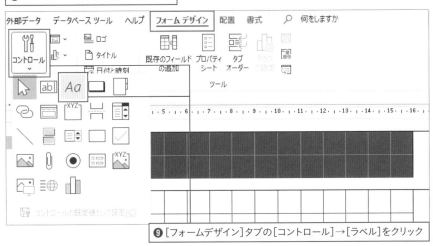

❾［フォームデザイン］タブの［コントロール］→［ラベル］をクリック

❿ラベルを配置して、文字や色を設定

⓫同様にラベルを配置して、文字や色を設定しておく

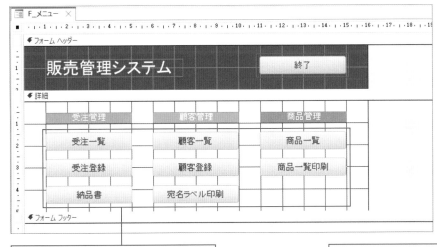

⓬フォームデザイン］タブの［コントロール］から
ボタンを配置し、文字や名前を設定しておく

⓭フォームを「F_メニュー」の
名前で保存しておく

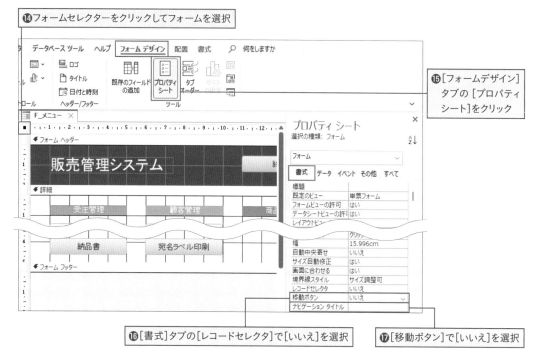

⑭フォームセレクターをクリックしてフォームを選択

⑮[フォームデザイン]タブの[プロパティシート]をクリック

⑯[書式]タブの[レコードセレクタ]で[いいえ]を選択

⑰[移動ボタン]で[いいえ]を選択

Point
レコードセレクタと移動ボタン

レコードセレクタと移動ボタンは、レコードを操作するときに使用するものです。メニュー画面では使用することがないので非表示にします。

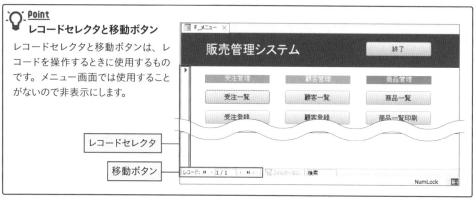

レコードセレクタ

移動ボタン

Memo
タブ オーダーを設定する

フォームビューで操作する際に、Tab キーを使ってボタンを順序よく選択できるように、タブオーダーを適切に設定しておきましょう。[フォームデザイン]タブの[タブ オーダー]をクリックします。すると[タブ オーダー]ダイアログボックスが表示されるので、ボタンを目的の順序に並べます。

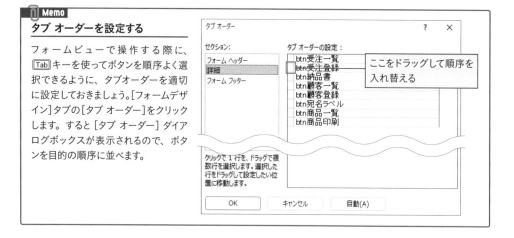

ここをドラッグして順序を入れ替える

各ボタンのマクロを作成する

メニュー画面に配置したボタンのマクロを作成します。

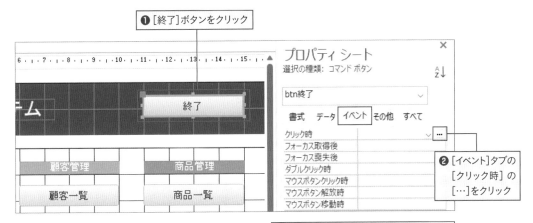

❶ [終了]ボタンをクリック

❷ [イベント]タブの
[クリック時]の
[…]をクリック

❸ 表示される画面で [マクロビルダー] を
選択し[OK]をクリック

❹ マクロビルダーが表示された

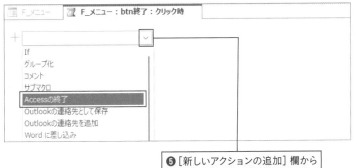

❺ [新しいアクションの追加] 欄から
[Accessの終了]アクションを選択

Point

[Accessの終了]
アクション

[Accessの終了] アクションを
実行すると、Accessが終了し
ます。引数[オプション]で[確
認] を選ぶと、Accessの終了
時にデータベースオブジェクト
が変更されている場合に保存
確認のメッセージが表示され
ます。

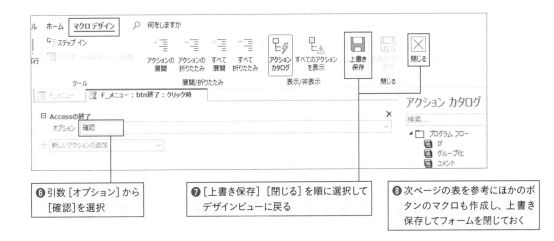

❻ 引数 [オプション] から
[確認]を選択

❼ [上書き保存] [閉じる] を順に選択して
デザインビューに戻る

❽ 次ページの表を参考にほかのボ
タンのマクロも作成し、上書き
保存してフォームを閉じておく

● [受注一覧]ボタン

アクション	引数	設定値
フォームを開く	フォーム名	F_受注一覧

● [受注登録]ボタン

アクション	引数	設定値
フォームを開く	フォーム名	F_受注

● [納品書]ボタン

アクション	引数	設定値
レポートを開く	レポート名	R_納品書
	ビュー	印刷プレビュー

● [顧客一覧]ボタン

アクション	引数	設定値
フォームを開く	フォーム名	F_顧客一覧

● [顧客登録]ボタン

アクション	引数	設定値
フォームを開く	フォーム名	F_顧客登録

● [宛名ラベル印刷]ボタン

アクション	引数	設定値
レポートを開く	レポート名	R_顧客宛名ラベル
	ビュー	印刷プレビュー

● [商品一覧]ボタン

アクション	引数	設定値
フォームを開く	フォーム名	F_商品一覧

● [商品一覧印刷]ボタン

アクション	引数	設定値
レポートを開く	レポート名	R_商品一覧
	ビュー	印刷プレビュー

起動時の設定を行う

ファイルを開いたときに、[F_メニュー] フォームが自動表示されるように設定します。併せて、Accessのタイトルバーに「販売管理システム」と表示されるように設定します。

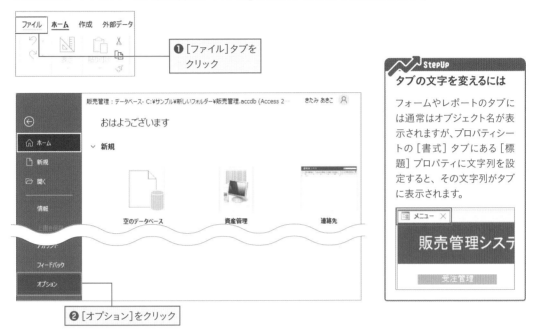

❶ [ファイル]タブをクリック

❷ [オプション]をクリック

StepUp

タブの文字を変えるには

フォームやレポートのタブには通常はオブジェクト名が表示されますが、プロパティシートの [書式] タブにある [標題] プロパティに文字列を設定すると、その文字列がタブに表示されます。

❸ [Accessのオプション]ダイアログボックスが表示された

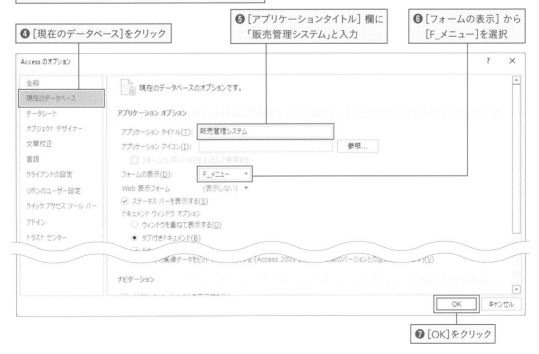

❹ [現在のデータベース]をクリック

❺ [アプリケーションタイトル] 欄に「販売管理システム」と入力

❻ [フォームの表示] から [F_メニュー]を選択

❼ [OK]をクリック

⑧ [OK]をクリック

⑨ ファイルを開き直す

⑩ 「販売管理システム」と表示された

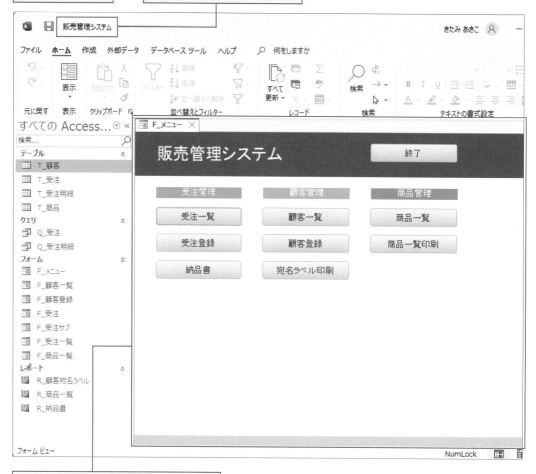

⑪ [F_メニュー]フォームが自動表示された

 以上で、販売管理システムは完成よ。

 ボタンのクリックであらゆる機能にアクセスできるから、Accessを知らないスタッフでも使いこなせそうです!

 Accessの機能は奥が深いから、よりよいシステムに改良する余地があるわ。これからも勉強を重ねてステップアップを図ってね。

誤操作でデザインが変更されることを防ぐ

Accessに不慣れな人が使用するデータベースシステムでは、データベースの構造やフォームのデザインなどが誤操作で変更される心配があります。それを防ぐために、ナビゲーションウィンドウやリボンを非表示にする方法を紹介します。

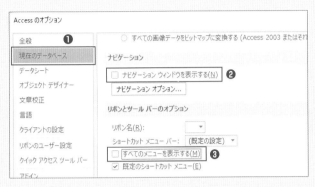

P.286を参考に[Accessのオプション]ダイアログボックスの[現在のデータベース]を表示し❶、[ナビゲーションウィンドウを表示する]と❷、[すべてのメニューを表示する]のチェックを外します❸。

ファイルを開き直すと、ナビゲーションウィンドウが表示されず❹、リボンにも[ファイル]タブと[ホーム]タブしか表示されません❺。編集関連のボタンが淡色表示になり使えるボタンも限られるため❻、誤操作でテーブルの構造やフォームのデザインが変更される心配がなくなります。

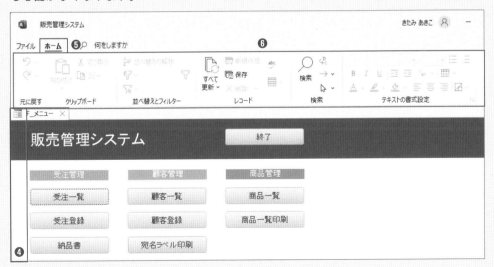

なお、こうした設定を無視してデータベースを開くには、Shiftキーを押しながらファイルアイコンをダブルクリックします。ナビゲーションウィンドウやすべてのタブが表示され、[Accessのオプション]ダイアログボックスから設定を元に戻すことも可能になります。

Chapter

8

データ分析編
●
販売データを
分析しよう

販売管理システムに蓄積された売上データは、1つ1つは単なる数値でも、月ごとや商品ごとに集計すれば、売上の動向や売れ筋商品が浮き彫りになり、価値のある情報に変わります。集計のテクニックを身に付けて、データをトコトン利用しましょう。

Chapter 8
01 毎日の売上高を集計する

「集計クエリ」を利用すると、特定のフィールドでグループ化して集計を行えます。ここでは8月の売上高を日単位で集計します。まず、8月の売上データを抽出して売上高を計算するクエリを作成し、同じ日にちでグループ化して売上高を合計します。

Sample データ分析_0801.accdb

○ 8月の売上高を日単位で集計する

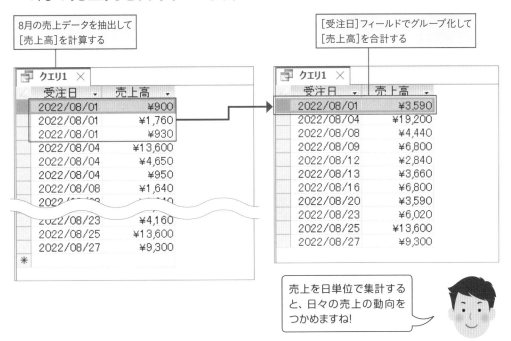

8月の売上データを抽出して[売上高]を計算する

[受注日]フィールドでグループ化して[売上高]を合計する

売上を日単位で集計すると、日々の売上の動向をつかめますね!

Keyword
グループ集計

特定のフィールドでグループ化して集計することを「グループ集計」と呼びます。グループ化とは、同じ値を持つレコードを1つのレコードにまとめることです。右図では、[商品名]フィールドでグループ化して[価格]フィールドの合計を求めています。

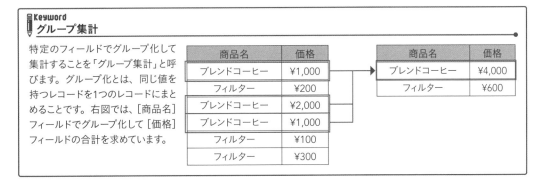

商品名	価格
ブレンドコーヒー	¥1,000
フィルター	¥200
ブレンドコーヒー	¥2,000
ブレンドコーヒー	¥1,000
フィルター	¥100
フィルター	¥300

商品名	価格
ブレンドコーヒー	¥4,000
フィルター	¥600

売上集計の準備として、8月の売上金額を一覧表示するクエリを作成します。

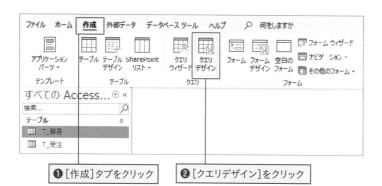

❶［作成］タブをクリック　❷［クエリデザイン］をクリック

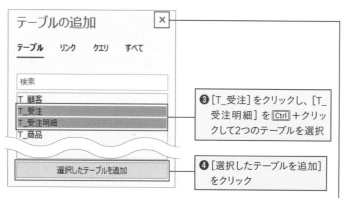

❸［T_受注］をクリックし、［T_受注明細］を Ctrl ＋クリックして2つのテーブルを選択

❹［選択したテーブルを追加］をクリック

❺［閉じる］をクリック

❻テーブルが追加された

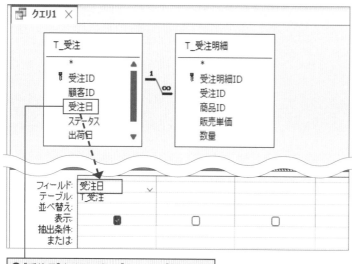

❼［受注日］をドラッグして［フィールド］欄に追加

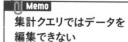

集計クエリではデータを編集できない

集計クエリでは、データの修正や追加などの編集を行えません。そのため、集計クエリには新規入力行が表示されません。

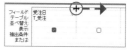

ダブルクリックでも追加できる

手順❸でテーブルをダブルクリックしても、クエリに追加できます。
また、手順❼でフィールドをダブルクリックしても、［フィールド］欄に追加できます。

列幅を広げる

クエリのデザインビューでは、入力する内容に応じて適宜列幅を広げてください。フィールドセレクターの境界線をドラッグすると、列幅を調整できます。

❽ ［並べ替え］から［昇順］を選択

❾ ［抽出条件］欄に「Between #2022/08/01# And #2022/08/31#」と入力

❿「売上高: [販売単価]*[数量]」と入力

⓫［クエリデザイン］タブの［表示］をクリック

⓬8月の売上データが［受注日］の昇順に表示された

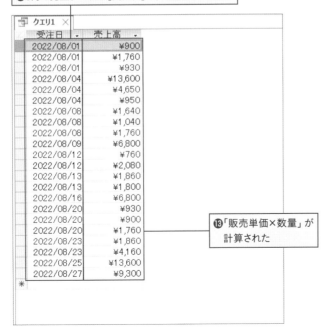

⓭「販売単価×数量」が計算された

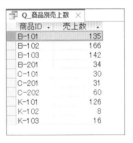

[受注日]でグループ化して[売上高]を集計する

　クエリのデザインビューで[クエリデザイン]タブにある[集計]をオンにすると、デザイングリッドに[集計]行が追加され、集計の設定を行えます。ここでは、[受注日]の値が同じレコードの[売上高]フィールドを合計します。

① デザインビューに切り替えておく

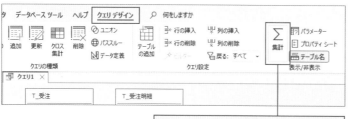

② [クエリデザイン]タブの[集計]をクリック

③ [集計]行が追加された

④ すべてのフィールドで[グループ化]が選択されている

⑤ [集計]欄から[合計]を選択

⑥ データシートビューに切り替える

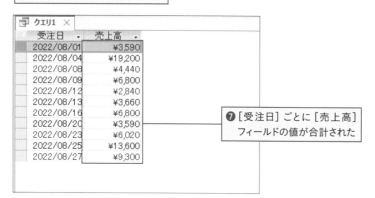

⑦ [受注日]ごとに[売上高]フィールドの値が合計された

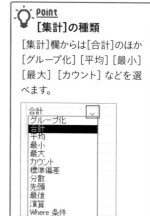

Point

[集計]の種類

[集計]欄からは[合計]のほか[グループ化][平均][最小][最大][カウント]などを選べます。

Point

演算フィールドの集計

演算フィールドの[集計]行で[合計]を選択した場合、クエリを保存して開き直すと、式は「売上高: Sum([販売単価]*[数量])」に変わり、[集計]行の設定は[演算]になります。[平均]や[カウント]など、そのほかの集計方法を選択した場合も、それぞれ対応する関数の式に変わります。

集計の種類	関数
合計	Sum
平均	Avg
最小	Min
最大	Max
カウント	Count

データ分析編

Chapter 8　販売データを分析しよう

Chapter 8
02 毎月の売上高を集計する

売上データを月ごとに集計するには、Format関数を使用して受注日から「年月」を取り出し、それを基準にグループ集計します。

Sample データ分析_0802.accdb

○ 受注日から「年月」を取り出して集計する

年月	売上高
2022/04	¥35,490
2022/05	¥70,995
2022/06	¥109,230
2022/07	¥83,890
2022/08	¥79,840
2022/09	¥94,175
2022/10	¥88,895
2022/11	¥90,240
2022/12	¥132,250
2023/01	¥112,920
2023/02	¥69,450
2023/03	¥94,175

クエリ1

売上高を月単位で集計する

「月」だけを取り出すのはNG！
2023年の「01、02、03」が
2022年の「04」の前に並んで
しまうから。

 Point

Format関数

Format関数は、引数[データ]に[書式]を適用した文字列を返す関数です。[書式]に「"yyyy/mm"」を指定すると、「年/月」が取り出されます。例えば、データが「2022/4/1」なら「2022/04」、データが「2022/10/6」なら「2022/10」が取り出されます。取り出される結果は文字列なので、左揃えで表示されます。

Format(データ, 書式)

 Point

月の数字の並べ替え

月の数字の並べ替えでは、その数字が数値なのか文字列なのかによって並び順が変わります。数値の場合は、数値としての大きさ順に「1、2、3、…10、11、12」と並びます。文字列の場合は、1文字目が「1」の数字が「1、10、11、12」と並んだ後に「2、3、4、…」が並ぶので、数値の大きさ順になりません。これは、五十音順の並べ替えで1文字目が「あ」の言葉の後ろに1文字目が「い」の言葉が並ぶのと同じです。なお、2桁の場合は「01、02、03、…12」と数値の大きさ順に並びます。

Format 関数で年月を求めて集計する

Format関数を使用して、[受注日] フィールドから「2022/04」形式で年月データを取り出します。それをグループ化すると、売上高を月別で集計できます。

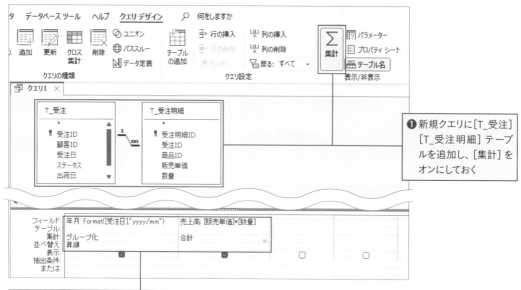

❶ 新規クエリに [T_受注] [T_受注明細] テーブルを追加し、[集計] をオンにしておく

❷ 下表を参考にフィールドの設定を行う

フィールド	集計	並べ替え
年月: Format([受注日],"yyyy/mm")	グループ化	昇順
売上高: [販売単価]*[数量]	合計	―

❸ データシートビューに切り替える

年月	売上高
2022/04	¥35,490
2022/05	¥70,995
2022/06	¥109,230
2022/07	¥83,890
2022/08	¥79,840
2022/09	¥94,175
2022/10	¥88,895
2022/11	¥90,240
2022/12	¥132,250
2023/01	¥112,920
2023/02	¥69,450
2023/03	¥94,175

❹ 毎月の売上高が集計された

Memo

Format関数の書式

下表は、Format関数の引数 [書式] に指定する記号の例です。単独、または組み合わせて指定します。なお、「q」を指定すると、1月～3月を第1四半期として四半期が求められます。

記号	取り出される値
yyyy	年
q	四半期(1 ～ 4)
mm	2桁の月(01 ～ 12)
m	月(1 ～ 12)
dd	2桁の日(01 ～ 31)
d	日(1 ～ 31)
aaa	曜日(日～土)

Chapter 8
03 売れ筋商品を調べる

売れ筋商品を分析するには、集計が欠かせません。商品ごとに売上高を集計し、金額の高い順に並べましょう。並べ替えることで、売れ行きのよい商品とよくない商品が一目瞭然になります。

Sample データ分析_0803.accdb

○ 売上高の高い順に並べて集計する

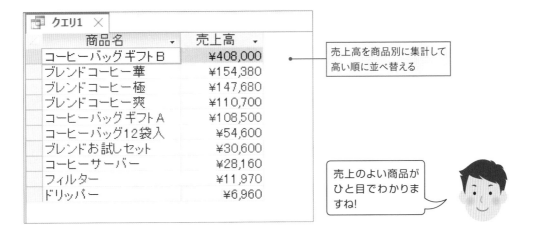

商品名	売上高
コーヒーバッグ ギフトB	¥408,000
ブレンドコーヒー華	¥154,380
ブレンドコーヒー極	¥147,680
ブレンドコーヒー爽	¥110,700
コーヒーバッグ ギフトA	¥108,500
コーヒーバッグ12袋入	¥54,600
ブレンドお試しセット	¥30,600
コーヒーサーバー	¥28,160
フィルター	¥11,970
ドリッパー	¥6,960

売上高を商品別に集計して高い順に並べ替える

売上のよい商品がひと目でわかりますね!

商品ごとに集計して降順に並べ替える

[商品名]フィールドでグループ化して売上高を集計し、降順の並べ替えを行います。

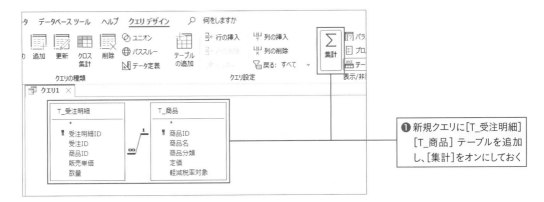

❶ 新規クエリに[T_受注明細][T_商品]テーブルを追加し、[集計]をオンにしておく

「降順」は数値の大きい順、
「昇順」は数値の小さい順よ!

❷ 下表を参考にフィールドの設定を行う

フィールド	集計	並べ替え
商品名	グループ化	—
売上高: [販売単価]*[数量]	合計	降順

❸ データシートビューに切り替える

商品名	売上高
コーヒーバッグ ギフト B	¥408,000
ブレンドコーヒー華	¥154,380
ブレンドコーヒー極	¥147,680
ブレンドコーヒー爽	¥110,700
コーヒーバッグ ギフト A	¥108,500
コーヒーバッグ12袋入	¥54,600
ブレンドお試しセット	¥30,600

❹ 各商品の売上高が高い順に表示された

StepUp

売上高トップ5の商品を抽出する

　[クエリデザイン]タブの[トップ値]欄で「5」を選択すると❶、データシートの上から「5行分」のレコードを抽出できます❷。レコードが売上高の大きい順に並んでいる場合は「トップ5」、小さい順に並んでいる場合は「ワースト5」の抽出となります。なお、[トップ値]欄には「10」「10%」など好きな数値を入力できます。[すべて]を選択すると、トップ値の抽出を解除できます。

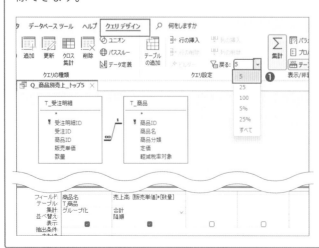

Chapter 8 04 特定の期間の売れ筋商品を調べる

商品ごとの売れ行きを調べる際に、過去のデータ全体ではなく、最近のデータだけを集計したいことがあります。集計項目の[商品][売上高]だけでは日付の条件を指定できないので、抽出条件を指定するための[受注日]フィールドを追加します。

Sample データ分析_0804.accdb

◎ 2023年1月～ 3月の各商品の売上高を集計する

全期間の集計（Chapter 8の03で作成）

2023年1月～ 3月の集計

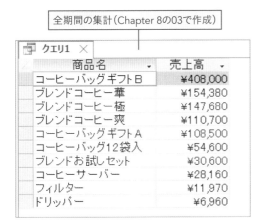

Where 条件を指定して抽出結果を集計する

抽出条件を指定するためだけに使用するフィールドでは、[集計]行で[Where条件]を選択します。ここでは、2023年1月～ 3月の商品別の売上高を調べます。

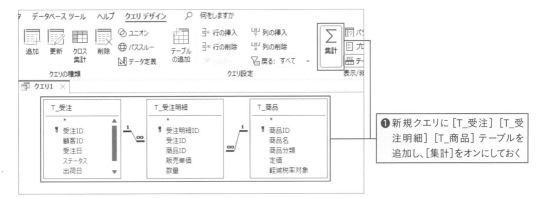

❶ 新規クエリに[T_受注][T_受注明細][T_商品]テーブルを追加し、[集計]をオンにしておく

Point
受注日は表示されない

手順❷で [Where条件] を選択すると、自動的に [表示] のチェックが外れます。そのため、データシートに [受注日] は表示されません。

❷ 下表を参考にフィールドの設定を行う

❸ [Where条件] を選択すると、自動で[表示]がオフになる

❹ データシートビューで集計結果を確認しておく

フィールド	集計	並べ替え	抽出条件
商品名	グループ化	—	—
売上高: [単価]*[数量]	合計	降順	—
受注日	Where条件	—	Between #2023/01/01# And #2023/03/31#

Point
集計結果の抽出と抽出結果の集計

[Where条件] の列で指定した抽出条件は、集計前の抽出条件となります。下図を見てください。どちらのクエリも抽出条件は「>=10」です。左のクエリでは[集計]行で[Where条件]を指定しているので❶、まずテーブルから[数量]フィールドが10以上であるレコードが抽出され、その抽出結果が集計されます❷。右のクエリでは[集計]行で[合計]を指定しているので❸、まず[数量]フィールドが集計され、その集計結果が10以上であるレコードが抽出されます❹。

抽出結果の集計

集計結果の抽出

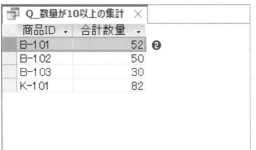

集計結果の抽出側:

商品ID	合計数量
B-101	135
B-102	166
B-103	142
B-201	34
C-101	30
C-201	31
C-202	60
K-101	126
K-103	16

Chapter 8 05 顧客の最新注文日や注文回数を調べる

集計クエリでは、合計のほかに最小、最大、カウント、平均などの集計方法を指定できます。集計方法を上手に利用して、蓄積したデータをさまざまな角度から分析しましょう。

Sample データ分析_0805.accdb

初回注文日、直近注文日、注文回数を求める

顧客ID	顧客名	初回注文日	直近注文日	注文回数
1	渡部 剛	2022/04/01	2023/02/24	11
2	小松 直利	2022/04/06	2023/02/03	7
3	平賀 奈津子	2022/04/11	2023/03/26	9
4	中村 博	2022/04/18	2023/02/11	5
5	石橋 亜美	2022/04/20	2023/01/22	5
6	塩崎 博之	2023/02/07	2023/03/23	3
7	松島 宗太郎	2022/05/06	2022/11/27	5
8	反町 洋子	2022/05/10	2023/03/13	3
9	山中 しのぶ	2022/05/16	2023/03/16	5
10	岡田 茂	2022/05/27	2023/01/30	4
11	佐藤 晴美	2022/06/01	2023/03/26	5
12	江成 和正	2022/06/02	2022/11/05	5
13	森山 温子	2022/06/02	2022/12/09	2

各顧客の初回注文日、直近注文日、注文回数を求める

顧客分析に役立ちますね!

最小値、最大値、データ数を求める

各顧客の初回注文日、直近注文日、注文回数を調べましょう。[受注日] フィールドの最小値と最大値を求めると、初回注文日と直近注文日がわかります。また、[受注ID] をカウントすると、注文回数が求められます。

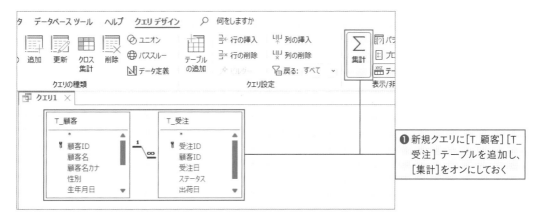

❶ 新規クエリに [T_顧客] [T_受注] テーブルを追加し、[集計] をオンにしておく

フィールド:	顧客ID	顧客名	初回注文日: 受注日	直近注文日: 受注日	注文回数: 顧客ID
テーブル:	T_顧客	T_顧客	T_受注	T_受注	T_受注
集計:	グループ化	グループ化	最小	最大	カウント
並べ替え:	昇順				
表示:	☑	☑	☑	☑	☑
抽出条件:					
または:					

❷ 下表を参考にフィールドの設定を行う

フィールド	集計	並べ替え
顧客ID	グループ化	昇順
顧客名	グループ化	—
初回注文日: 受注日	最小	—
直近注文日: 受注日	最大	—
注文回数: 顧客ID	カウント	—

❸ データシートビューに切り替える　　**❹ 各顧客の注文状況が表示された**

顧客ID ▾	顧客名 ▾	初回注文日 ▾	直近注文日 ▾	注文回数 ▾
1	渡部 剛	2022/04/01	2023/02/24	11
2	小松 直利	2022/04/06	2023/02/03	7
3	平賀 奈津子	2022/04/11	2023/03/26	9
4	中村 博	2022/04/18	2023/02/11	5
5	石橋 亜美	2022/04/20	2023/01/22	5
6	塩崎 博之	2023/02/07	2023/03/23	3
7	松島 宗太郎	2022/05/06	2022/11/27	5

Memo
各顧客の購入金額を求めるには

新規クエリに [T_顧客] [T_受注] [T_受注明細] テーブルを追加します❶。[顧客ID] [顧客名] フィールドでグループ化し❷「購入額: [販売単価]*[数量]」のフィールドで [合計] を指定すると❸、各顧客の購入金額が求められます❹。

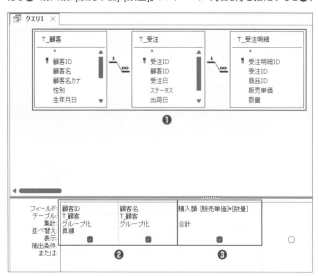

Chapter 8
06
商品別四半期別に
クロス集計する

これまでのSectionでは単純な集計クエリを紹介してきましたが、Accessには表の縦横に項目名を並べて集計する「クロス集計クエリ」という種類のクエリもあります。ここではクロス集計クエリを利用して、商品別四半期別に売上高を集計します。

Sample データ分析_0806.accdb

◉ 商品を行見出し、四半期を列見出しにして売上高を集計する

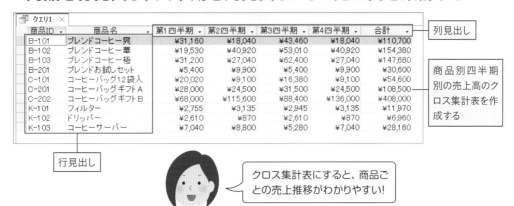

列見出し

商品別四半期別の売上高のクロス集計表を作成する

行見出し

クロス集計表にすると、商品ごとの売上推移がわかりやすい!

📖 Keyword
クロス集計クエリ

「クロス集計クエリ」は、縦横に見出しを並べた集計クエリです。一般的な集計クエリで2フィールドをグループ化すると、グループ化した項目が2つとも縦方向に並びます。そのうちの一方を縦に並べたまま、もう一方を横に並べて表を組み替えると、クロス集計表になります。

集計クエリ

商品名	半期	売上
コーヒー	上半期	100
コーヒー	下半期	120
ギフト	上半期	200
ギフト	下半期	250
フィルター	上半期	50
フィルター	下半期	40
ドリッパー	上半期	80
ドリッパー	下半期	90

クロス集計クエリ

商品名	上半期	下半期
コーヒー	100	120
ギフト	200	250
フィルター	50	40
ドリッパー	80	90

商品別四半期別に売上高を集計する

クロス集計クエリを作成する方法はいくつかありますが、ここでは集計クエリからクロス集計クエリを作成する方法を紹介します。まずは、商品別四半期別に売上高を集計する集計クエリを作成しましょう。単純な集計クエリなので、売上高は縦1列に並びます。

❶ 新規クエリに [T_受注] [T_受注明細] [T_商品] テーブルを追加し、[集計]をオンにしておく

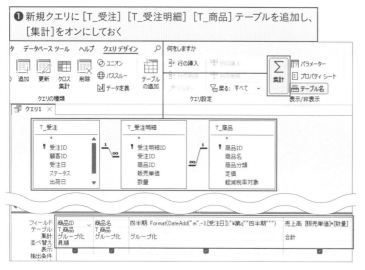

❷ 下表を参考にフィールドの設定を行う

フィールド	集計	並べ替え
商品ID	グループ化	昇順
商品名	グループ化	−
四半期: Format(DateAdd("m",-3,[受注日]),"第q四半期")	グループ化	−
売上高: [販売単価]*[数量]	合計	−

❸ データシートビューに切り替える

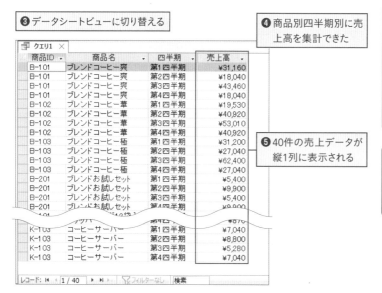

❹ 商品別四半期別に売上高を集計できた

❺ 40件の売上データが縦1列に表示される

Point
DateAdd関数

DateAdd関数は、[日付] に [単位] の時間を加える関数です。例えば、3か月前の日付を求めるには、引数[単位]に「月」を表す「m」、[時間]に「-3」を指定します。

DateAdd(単位, 時間, 日付)

Point
4月開始の四半期の計算

Format関数だけで四半期を求めると、1〜3月を第1四半期として四半期が求められます。4〜6月を第1四半期としたい場合は、手順❷のようにDateAdd関数を使用して日付を3か月前にずらしてから、Format関数で四半期を求めます。

Memo
書式が自動で変化する

手順❷でFormat関数を入力すると、引数 [書式] に指定した「"第q四半期"」は自動的に「"" ¥第q""四半期"""」に変わります。

「10商品×4四半期」で40件の売上データが縦1列に並ぶから、個々の商品の売上推移がつかみにくい！

クロス集計クエリに変更する

クエリの種類を［クロス集計］に変更すると、デザイングリッドに［行列の入れ替え］行が表示され、各フィールドをクロス集計表のどの位置に配置するかを指定できます。集計結果をイメージしながら指定しましょう。

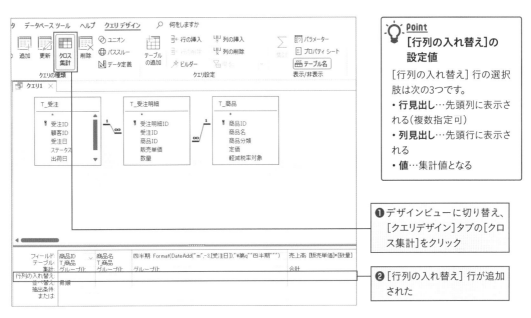

Point

［行列の入れ替え］の設定値

［行列の入れ替え］行の選択肢は次の3つです。

- **行見出し**…先頭列に表示される（複数指定可）
- **列見出し**…先頭行に表示される
- **値**…集計値となる

❶ デザインビューに切り替え、［クエリデザイン］タブの［クロス集計］をクリック

❷ ［行列の入れ替え］行が追加された

❸ ［商品ID］［商品名］フィールドで［行見出し］を選択

❹ ［四半期］フィールドで［列見出し］を選択

❺ ［売上高］フィールドで［値］を選択

❻ ［クロス集計表が作成された

列見出し

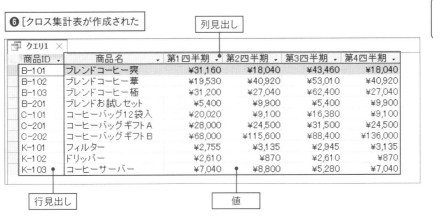

商品ID	商品名	第1四半期	第2四半期	第3四半期	第4四半期
B-101	ブレンドコーヒー爽	¥31,160	¥18,040	¥43,460	¥18,040
B-102	ブレンドコーヒー華	¥19,530	¥40,920	¥53,010	¥40,920
B-103	ブレンドコーヒー極	¥31,200	¥27,040	¥62,400	¥27,040
B-201	ブレンドお試しセット	¥5,400	¥9,900	¥5,400	¥9,900
C-101	コーヒーバッグ12袋入	¥20,020	¥9,100	¥16,380	¥9,100
C-201	コーヒーバッグ ギフトA	¥28,000	¥24,500	¥31,500	¥24,500
C-202	コーヒーバッグ ギフトB	¥68,000	¥115,600	¥88,400	¥136,000
K-101	フィルター	¥2,755	¥3,135	¥2,945	¥3,135
K-102	ドリッパー	¥2,610	¥870	¥2,610	¥870
K-103	コーヒーサーバー	¥7,040	¥8,800	¥5,280	¥7,040

行見出し

値

売上の推移がわかりやすい！

行ごとの合計値を求める

　クロス集計クエリで、行ごとの合計を求めてみましょう。[値] を設定したフィールドと同じフィールドを追加して [行見出し] を設定すれば、行ごとの合計が表示されます。データシートビューでは行見出しは表の左端に表示されるので、ドラッグして右端に移動しましょう。

❶ デザインビューに切り替え、[フィールド]欄に「合計: [販売単価]*[数量]」と入力

フィールド:	商品ID	商品名	四半期: Format(DateAdd("m",-3,[受注日]),"¥第q""四半期""")	売上高: [販売単価]*[数量]	合計: [販売単価]*[数量]
テーブル:	T_商品	T_商品			
集計:	グループ化	グループ化	グループ化	合計	合計
行列の入れ替え:	行見出し	行見出し	列見出し	値	行見出し
並べ替え:	昇順				
抽出条件:					
または:					

❷ [集計]行で[合計]、[行列の入れ替え]行で
　 [行見出し]を選択

クエリ1

商品ID	商品名	合計	第1四半期	第2四半期	第3四半期	第4四半期
B-101	ブレンドコーヒー爽	¥110,700	¥31,160	¥18,040	¥43,460	¥18,040
B-102	ブレンドコーヒー華	¥154,380	¥19,530	¥40,920	¥53,010	¥40,920
B-103	ブレンドコーヒー極	¥147,680	¥31,200	¥27,040	¥62,400	¥27,040
B-201	ブレンドお試しセット	¥30,600	¥5,400	¥9,900	¥5,400	¥9,900
C-101	コーヒーバッグ12袋入	¥54,600	¥20,020	¥9,100	¥16,380	¥9,100
C-201	コーヒーバッグ ギフトA	¥108,500	¥28,000	¥24,500	¥31,500	¥24,500
C-202	コーヒーバッグ ギフトB	¥408,000	¥68,000	¥115,600	¥88,400	¥136,000
K-101	フィルター	¥11,970	¥2,755	¥3,135	¥2,945	¥3,135
K-102	ドリッパー	¥6,960	¥2,610	¥870	¥2,610	¥870
K-103	コーヒーサーバー	¥28,160	¥7,040	¥8,800	¥5,280	¥7,040

❸ 合計が表示された

❹ [合計] フィールドのフィールド名をクリックして選択し、右端までドラッグ

クエリ1

商品ID	商品名	第1四半期	第2四半期	第3四半期	第4四半期	合計
B-101	ブレンドコーヒー爽	¥31,160	¥18,040	¥43,460	¥18,040	¥110,700
B-102	ブレンドコーヒー華	¥19,530	¥40,920	¥53,010	¥40,920	¥154,380
B-103	ブレンドコーヒー極	¥31,200	¥27,040	¥62,400	¥27,040	¥147,680
B-201	ブレンドお試しセット	¥5,400	¥9,900	¥5,400	¥9,900	¥30,600
C-101	コーヒーバッグ12袋入	¥20,020	¥9,100	¥16,380	¥9,100	¥54,600
C-201	コーヒーバッグ ギフトA	¥28,000	¥24,500	¥31,500	¥24,500	¥108,500
C-202	コーヒーバッグ ギフトB	¥68,000	¥115,600	¥88,400	¥136,000	¥408,000
K-101	フィルター	¥2,755	¥3,135	¥2,945	¥3,135	¥11,970
K-102	ドリッパー	¥2,610	¥870	¥2,610	¥870	¥6,960
K-103	コーヒーサーバー	¥7,040	¥8,800	¥5,280	¥7,040	¥28,160

❺ [合計]フィールドが表の右端に移動した

📝 Memo

列ごとの合計は表示できない

クロス集計クエリには、列ごとの合計を定義する機能はありません。
ただし、データシートの集計機能を使用することは可能です。それにはデータシートビューで、[ホーム]タブにある[Σ]ボタンをクリックします。すると表の下端に集計行が表示されるので、セルごとに集計の種類を選択します。

Chapter 8
07
消費税率別に消費税を計算する

受注IDごとに、軽減税率と標準税率、それぞれの売上金額と消費税額を求めます。同様の計算はフォーム（Chapter 5の04）やレポート（Chapter 6の04）でも行いましたが、ここでは集計クエリを利用して計算する方法を紹介します。

Sample データ分析_0807.accdb

○ 消費税率別に消費税を計算する

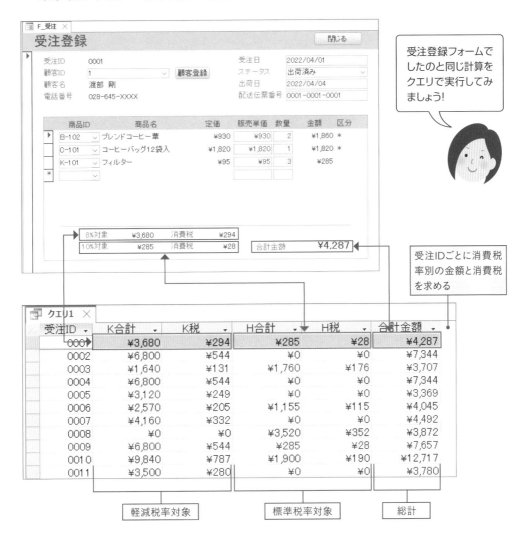

受注登録フォームでしたのと同じ計算をクエリで実行してみましょう!

受注IDごとに消費税率別の金額と消費税を求める

軽減税率対象　標準税率対象　総計

[K 金額] [H 金額] を求めるクエリを作成する

　消費税率別の消費税計算の準備として、新しいクエリで「[販売単価]*[数量]」を計算して「金額」という名前の演算フィールドを作成します。その金額が軽減税率対象の場合は [K金額] フィールドに、標準税率対象の場合は [H金額] フィールドに表示されるようにします。[K金額] [H金額]の計算式の考え方は、P.188を参照してください。

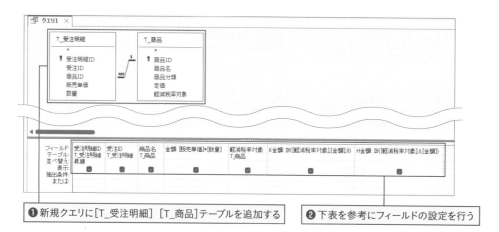

❶ 新規クエリに [T_受注明細] [T_商品] テーブルを追加する　　❷ 下表を参考にフィールドの設定を行う

「K」は「軽減税率」、「H」は「標準税率」のことですね!

フィールド	並べ替え
受注明細ID	昇順
受注ID	―
商品名	―
金額: [販売単価]*[数量]	―
軽減税率対象	―
K金額: IIf([軽減税率対象],[金額],0)	―
H金額: IIf([軽減税率対象],0,[金額])	―

❸ データシートビューに切り替える　　❹ [軽減税率対象] がYesの [金額] は [K金額] に表示される

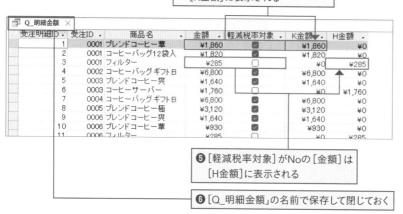

❺ [軽減税率対象] がNoの [金額] は [H金額] に表示される

❻ [Q_明細金額] の名前で保存して閉じておく

受注IDごとに消費税率別の売上金額と消費税額を求める

前ページで作成した［Q_明細金額］クエリを基に、受注IDごとに消費税率別の売上金額と消費税額を求めます。計算式を入力する列の［集計］欄で［演算］を選択することがポイントです。計算式の考え方は、P.201〜202を参照してください。

❶ 新規クエリを作成し、[テーブルの追加]の [クエリ] タブから [Q_明細金額] を追加しておく

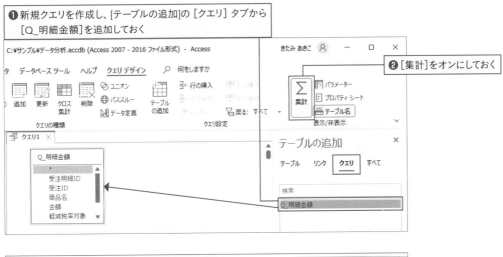

❷ ［集計］をオンにしておく

❸ 下表を参考にフィールドの設定を行う

フィールド	集計	並べ替え
受注ID	グループ化	昇順
K合計: K金額	合計	—
K税: Fix([K合計]*CCur(0.08))	演算	—
H合計: H金額	合計	—
H税: Fix([H合計]*CCur(0.1))	演算	—
合計金額: [K合計]+[K税]+[H合計]+[H税]	演算	—

❹ データシートビューに切り替える

受注ID	K合計	K税	H合計	H税	合計金額
0001	¥3,680	¥294	¥285	¥28	¥4,287
0002	¥6,800	¥544	¥0	¥0	¥7,344
0003	¥1,640	¥131	¥1,760	¥176	¥3,707
0004	¥6,800	¥544	¥0	¥0	¥7,344
0005	¥3,120	¥249	¥0	¥0	¥3,369
0006	¥2,570	¥205	¥1,155	¥115	¥4,045
0007	¥4,160	¥332	¥0	¥0	¥4,492
0008	¥0	¥0	¥3,520	¥352	¥3,872

❺ 受注IDごとに消費税率別の売上金額と消費税を計算できた

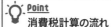

Point

消費税計算の流れ

［受注ID］フィールドの［集計］欄で［グループ化］、「K合計: K金額」の列の［集計］欄で［合計］を指定したので、［K合計］フィールドでは［受注ID］ごとに［K金額］が合計されます❶。「K税: Fix([K合計]*CCur(0.08))」の式を使用して、［K合計］に消費税率を掛けて、消費税を求めます❷。

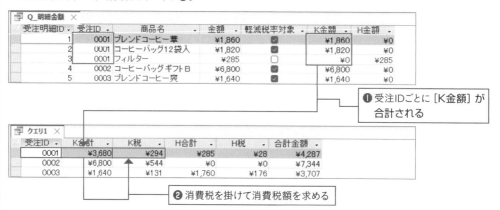

❶受注IDごとに［K金額］が合計される

❷消費税を掛けて消費税額を求める

データ分析編

Chapter 8 販売データを分析しよう

StepUp

フィールド名を変えずにデータシートの列見出しを変えるには

「K合計」「K税」のような短いフィールド名は、計算式が「合計金額: [K合計]+[K税]+…」のように簡潔になりますが、意味がわかりづらいのが難点です。データシートの列見出しを変更したい場合は、［標題］プロパティを利用しましょう。デザインビューでフィールドを選択し❶、プロパティシートで［標題］プロパティを設定します❷。データシートビューに切り替えると、設定した列見出しが表示されます❸。

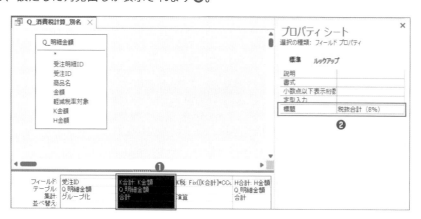

StepUp

消費税率をテーブルで管理するには

　本書では、データベースが複雑になることを避けるために、消費税率を「8%」と「10%」に固定して計算を行いました。ここでは、より発展的なデータベースを構築するためのヒントとして、消費税率の変遷をテーブルに保存し、受注日から消費税率を求める方法を紹介します。

Sample　データ分析　0807-S.accdb

▶ 消費税率の変遷を管理するテーブルを作成する

　新規にテーブルを作成し、下表を参考にフィールドを設定します❶。［軽減税率］［標準税率］フィールドは、演算誤差の発生を避けたいので［通貨型］としました。作成したテーブルを「T_消費税率」の名前で保存します❷。

フィールド名	データ型	その他の設定
税率ID	オートナンバー型	主キー
軽減税率	通貨型	［書式］プロパティ：パーセント
標準税率	通貨型	［小数点以下表示桁数］プロパティ：0
適用開始日	日付/時刻型	
適用終了日	日付/時刻型	

　データシートビューに切り替え、データを入力します❸。現在の消費税率の［適用終了日］フィールドにはとりあえず先の日付を入力しておき❹、今後新しい消費税を追加するタイミングで正しい日付に修正してください。

　なお、ここで入力したのはテストデータです。複数税率制度が開始される前の［軽減税率］フィールドには、便宜的に［標準税率］と同じ値を入力しました。実際には、データベースを運用する時点以降の消費税を入力すればOKです。

受注日から消費税率を求める

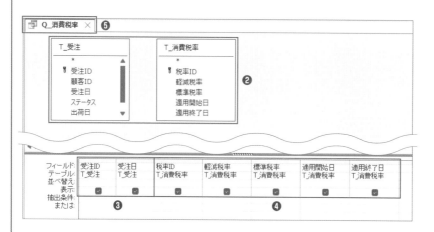

[T_受注]テーブルの[受注日]フィールドに、さまざまな年の日付が入力されています❶。この日付から消費税率を求めてみましょう。

新規クエリを作成します。[T_受注][T_消費税率]を追加し、2つのテーブルが結合線で結ばれていないことを確認します❷。[T_受注]テーブルから[受注ID][受注日]フィールドを❸、[T_消費税率]テーブルからすべてのフィールドを追加します❹。クエリを「Q_消費税率」の名前で保存します❺。

データシートビューに切り替えます。結合線で結ばれない2つのテーブルからクエリを作成すると、それぞれのテーブルのすべてのレコードが組み合わされます。[T_消費税率]テーブルに3件のレコードがあるので、1件の[受注ID]につき3件の消費税率データが組み合わされます❻。[T_受注]テーブルに4件のレコードがあるので、クエリのレコード数は「4×3＝12」件になります。

クエリのデータをよく観察しましょう。1件の［受注ID］に組み合わされている3件の消費税率データから［受注日］に該当する消費税率を求めるには、「［受注日］が［適用開始日］と［適用終了日］の間にある」という条件を設定すればいいことがわかります❼。

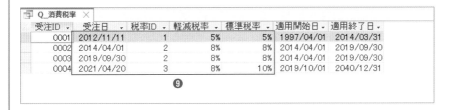

デザインビューに切り替え、［受注日］フィールドの［抽出条件］欄に「Between [適用開始日] And [適用終了日]」と入力します❽。

データシートビューを確認します。受注日から消費税率を求めることができました❾。

Column

Excelにエクスポートして分析する

- -

AccessのデータをExcelにエクスポートすると、Excelのグラフやピボットテーブルなどの機能を利用できるので、データ分析の幅が広がります。あらかじめ分析対象のデータをまとめたクエリを用意しておき、それをエクスポートするとよいでしょう。

エクスポートするクエリを選択し❶、[外部データ] タブの❷、[Excel] をクリックします❸。

設定画面が表示されます❹。[参照]ボタンをクリックして、エクスポート先のファイルの場所とファイル名を指定し❺、[OK]をクリックすると❻、指定したファイル名のExcelファイルが作成され、データがエクスポートされます。エクスポートの確認画面が表示されるので閉じておきましょう。

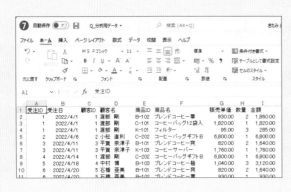

エクスポート先のExcelのファイルを開き❼、必要に応じて列幅や書式を調整します。

データ分析編

Chapter 8　販売データを分析しよう

313

INDEX